智能系统与技术丛书

MATLAB Machine Learning Recipes
A Problem-Solution Approach
Second Edition

MATLAB机器学习

人工智能工程实践

（原书第2版）

[美] 迈克尔·帕拉斯泽克（Michael Paluszek）
斯蒂芬妮·托马斯（Stephanie Thomas） 著
陈建平 译

图书在版编目（CIP）数据

MATLAB 机器学习：人工智能工程实践（原书第 2 版）/（美）迈克尔·帕拉斯泽克（Michael Paluszek），（美）斯蒂芬妮·托马斯（Stephanie Thomas）著；陈建平译．—北京：机械工业出版社，2020.2（2025.1 重印）
（智能系统与技术丛书）
书名原文：MATLAB Machine Learning Recipes: A Problem-Solution Approach, Second Edition

ISBN 978-7-111-64677-8

I. M… II. ①迈… ②斯… ③陈… III. Matlab 软件－应用－机器学习 IV. TP181

中国版本图书馆 CIP 数据核字（2020）第 023834 号

北京市版权局著作权合同登记 图字：01-2019-3878 号。

MATLAB 机器学习：人工智能工程实践（原书第 2 版）

出版发行：机械工业出版社（北京市西城区百万庄大街 22 号 邮政编码：100037）

责任编辑：冯秀泳	责任校对：李秋荣
印　刷：北京建宏印刷有限公司	版　次：2025 年 1 月第 1 版第 8 次印刷
开　本：186mm×240mm 1/16	印　张：19.75
书　号：ISBN 978-7-111-64677-8	定　价：89.00 元

客服电话：（010）88361066 68326294

Foreword 推荐序

随着机器学习和深度学习技术的迅猛发展，各种开发设计工具层出不穷。在众多可供选择的工具当中（包括像 Python、TensorFlow 这样的开源工具），MATLAB 在科学工程领域一直保持着独特的地位，是科学工作者和产品设计师开发机器学习应用的首选的可靠工具。主要原因在于以下三个方面：

- MATLAB 已经在科学和工程数据分析方面得到广泛的应用，是科研和工程工作者做数据分析的得力助手。
- MATLAB 提供的工具箱涵盖众多应用领域，包括计算金融、图像处理和计算机视觉、计算生物学、无线通信、汽车、航空航天和制造、自然语言处理，等等。
- MATLAB 提供 AI 开发的完整流程，包括数据产生、数据采集、数据预处理、特征工程、AI 算法开发、系统设计、系统部署，以及整合测试，可让行业专家快速掌握 AI 技术开发和产品设计的各个环节。

在 MathWorks 公司工作的 16 年中，我读过不少介绍 MATLAB 的图书，也浏览过很多关于机器学习方面的图书，但我感觉本书是为数不多的能真正把 MATLAB 的内在优势和机器学习的具体应用紧密结合，从解决问题的角度系统化地讲解相关知识的书籍之一。本书的内容完整地展现了 MATLAB 在机器学习中最重要的功能和最有效的使用方式。作者以科研工作者所习惯的"问题—方法—步骤"的思维方式来解释每一个应用实例，既容易理解又有实用性。

本书译者陈建平拥有 20 多年的 MATLAB 的实战经验，对 MATLAB 的核心技术和应用技巧了如指掌。在 MathWorks 公司工作的 11 年中，他为很多应用领域的客户遇到的技术问题提供过很多解决方案。最近几年他致力于大数据和机器学习的应用，积累了丰富的实战经验和案例。他的翻译为这本书注入了新的价值。

不论你是行业专家，还是数据分析师，抑或是刚入门的机器学习爱好者，MATLAB 应该是你学习、研究和开发机器学习应用的必备工具，而本书应该是你用 MATLAB 开发机器学习的重要指南。

赵志宏

MathWorks 全球产品市场经理

译者序 *The Translator's Words*

从几年前的“人工智能距离我们有多远”，到现在的言必称深度学习，人工智能在过去的几年间获得了突飞猛进的发展。大量先进的生产力工具层出不穷，TensorFlow、PyTorch、MXNet 等各种深度学习框架让人目不暇接，人工智能看起来唾手可得。似乎只要掌握了框架的使用，我们就可以成为一个人工智能专家了。在概念上，机器学习替代了人工智能，深度学习替代了机器学习，深度学习好像成了人工智能的主流。在应用领域，大部分的成功案例都集中在机器视觉和自然语言处理上。当前流行的狭义的人工智能离实际工程渐行渐远。

实际上，人工智能距离工程应用就是一墙之隔。周志华在“西瓜书”中总结机器学习为“致力于研究如何通过计算的手段，利用经验来改善系统自身的性能”，从这个意义上来说，人工智能应该有更加广泛的意义和应用方向。我们希望能够从更加广泛的工程应用的角度来看待人工智能的应用和影响。人工智能首先应该是一种工程应用手段。

市场上已经有大量的书籍讨论如何掌握具体的机器学习框架，也有很多专门讨论机器学习和深度学习原理的书籍，它们大都探讨机器学习和深度学习本身，涉及如何将人工智能技术和工程应用相结合的书籍却如凤毛麟角。如何让人工智能成为现代工业的生产动力？我们之前和很多客户讨论机器学习和深度学习的时候，感兴趣者甚多，知道如何入手者甚少；知其然者多，不知其所以然者众。大家都认识到这是工业 4.0 的驱动力，却苦于不知如何跟传统工程问题结合到一起。这也是我想要翻译这本书的一个主要动机，希望对大家的工作有所帮助。

本书作者具有近 20 年 MATLAB 大型工程项目开发的实践经历和丰富的教学经验。书中全面涵盖了机器学习领域的关键技术内容，原理阐释简洁清晰，兼顾理论和实践。应用实例则以独特的“问题—方法—步骤”的形式呈现给读者，具有极强的针对性与实用性，非常便于读者以问题驱动的方式快速有效地展开学习。

本书的目的是利用 MATLAB 的强大功能来帮助用户从原理上学习机器学习，并用于解决具体工程问题，适用于每个对机器学习感兴趣的工程人员。

陈建平

2019 年 10 月

Preface 前　言

机器学习在每个工程学科中正变得越来越重要，比如：

1. 自动驾驶。机器学习几乎用于汽车控制系统的各个方面。

2. 等离子体物理学家借助机器学习的帮助来指导聚变反应堆的实验。实际上，TAE Systems 在指导聚变实验方面取得了巨大成功。普林斯顿等离子体物理实验室已将其用于国家球形环实验，以研究核聚变发电厂的可能的候选技术。

3. 在金融领域，它应用于预测股票市场。

4. 医疗专业人员将机器学习用于医疗诊断。

5. 执法部门将其用于面部识别，并在面部识别的辅助下解决了若干犯罪行为的定罪问题！

6. 美国太空总署的深空 1 号航天器使用了专家系统。

7. 用自适应控制系统操纵油轮。

还有许许多多其他的例子证明了机器学习的广泛应用。

虽然可以很方便地从商业来源和开源库获得许多优秀的机器学习软件包，但是去了解一下这些算法的工作原理依然很有价值。有机会编写自己的算法是非常值得的，它可以让你有机会深入体会和了解商业与开源软件包背后的原理。

MATLAB 的起源就是出于这个原因。当时，需要对矩阵进行操作的科学家使用 FORTRAN 来编写数值软件，要学会用计算机语言来完成编写—编译—链接—执行过程，耗时且容易出错。MATLAB 向用户提供了一种脚本语言，允许用户通过几行即时执行的脚本来解决许多问题。MATLAB 具有内置的可视化工具，可帮助用户更好地理解结果。显然编写 MATLAB 比编写 FORTRAN 更有效率和乐趣。

本书的目的是帮助所有用户利用 MATLAB 的强大功能来解决各种机器学习的问题，适用于每个对机器学习感兴趣的人。另外，本书还涵盖一些内容，可以让那些对其他技术领域感兴趣的人看到机器学习和 MATLAB 如何帮助他们解决专业领域的问题。

如何使用随书软件

随书软件附带一个 MATLAB 的工具箱，实现了本书涉及的所有例子。工具箱包含

1. MATLAB 函数
2. MATLAB 脚本
3. html 帮助

MATLAB 脚本实现了本书中的所有示例，而函数则封装了各种算法。许多函数都有内置的演示，只需在命令窗口中键入函数名称，它就会执行演示。该演示通常封装在子函数中。你可以为自己的演示复制此代码并将其粘贴到脚本中。例如，在命令窗口中键入函数名称 `PlotSet`，将出现图 1。

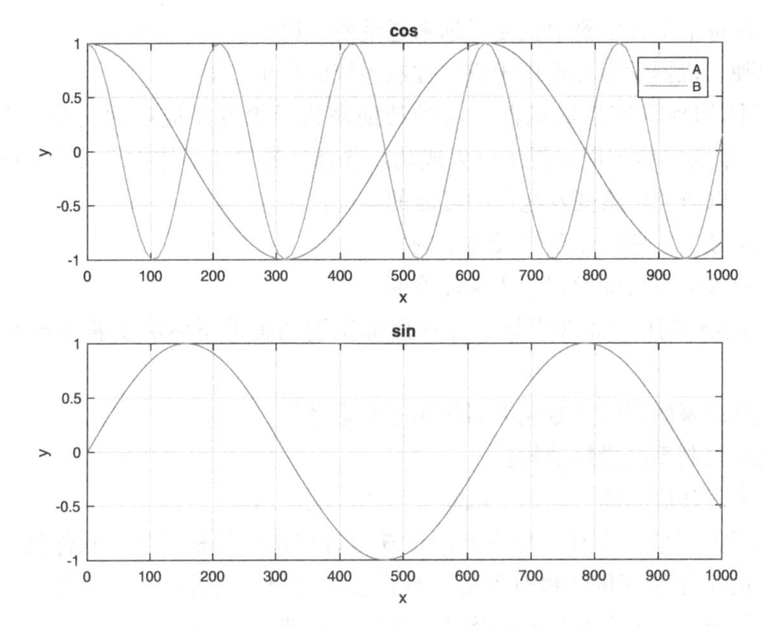

图 1　基于函数 `PlotSet.m` 的作图示例

打开函数源代码，你可以看到内置的演示子函数：

```
%%% PlotSet>Demo
function Demo

x = linspace(1,1000);
y = [sin(0.01*x);cos(0.01*x);cos(0.03*x)];
disp('PlotSet:␣One␣x␣and␣two␣y␣rows')
PlotSet( x, y, 'figure␣title', 'PlotSet␣Demo',...
    'plot␣set',{[2 3], 1},'legend',{{'A' 'B'},{}},'plot␣title',
    {'cos','sin'});
```

你可以基于这些演示开始构建你自己的脚本。某些函数，比如用于数值积分的右侧函数（函数句柄作为参数），则不带演示子函数。如果键入函数名，会报错：

```
>> RHSAutomobileXY
Error using RHSAutomobileXY (line 17)
a built-in demo is not available.
```

该工具箱根据本书的章节进行组织，文件夹名称是 Chapter_01、Chapter_02 等。此外，还有一个 general 文件夹，其中包含支持工具箱其余部分的基础函数。你还需要开源包 GLPK（GNU Linear Programming Kit）来运行一些代码。Nicolo Giorgetti 为 GLPK 编写了一个 MATLAB MEX 接口，该接口可在 SourceForge 上获得，并包含在此工具箱中。接口包括：

1. glpk.m
2. glpkcc.mexmaci64 或 glpkcc.mexw64 等
3. GLPKTest.m

该软件包可从 https://sourceforge.net/projects/glpkmex/ 获取。第二项是为机器编译的 glpkcc.cpp 的 MEX 文件，分别对应 Mac 或 Windows 操作系统下的文件。请到 https://www.gnu.org/software/glpk/ 获取 GLPK 库并将其安装在你的系统上。如果需要，也可以下载 GLPKMEX 源代码，并自行基于你的操作系统进行编译。

作者简介 *About the Authors*

Michael Paluszek 是普林斯顿卫星系统公司（PSS）总裁，该公司位于美国新泽西州 Plainsboro。Paluszek 先生于 1992 年创建了 PSS 公司，主要业务是提供航空航天咨询服务。他使用 MATLAB 开发了 Indostar-1 地球同步通信卫星的控制系统和仿真系统，并于 1995 年推出了普林斯顿卫星系统公司的第一个商业 MATLAB 工具箱：航天器控制工具箱。从那时起，他已经先后为飞行器、潜水艇、机器人和核聚变推进系统等开发了工具箱和软件包，并且形成了覆盖范围广泛的公司产品线。他目前正在与普林斯顿等离子体物理实验室合作开发一个用于发电和太空推进的紧凑型核聚变反应堆。

在成立普林斯顿卫星系统公司之前，Paluszek 先生是位于新泽西州 East Windsor 的通用电气公司（GE）宇航部门的工程师。在通用电气公司，他设计了全球地球科学极地消旋平台控制系统，并主导设计了 GPS IIR 姿态控制系统、Inmarsat-3 姿态控制系统和火星观测器 delta-V 控制系统，这些系统的控制设计都使用了 MATLAB。Paluszek 先生还致力于 DMSP 气象卫星姿态确定系统的研发。Paluszek 先生参与了超过 12 颗通信卫星的发射任务，其中包括 GSTAR III 恢复任务，第一次使用电推进器将卫星转移到作业轨道。在 Draper 实验室工作期间，Paluszek 先生负责航天飞机、空间站和海底导航等工作。他的空间站工作包括基于控制力矩陀螺仪系统的姿态控制设计。

Paluszek 先生获得了麻省理工学院的电气工程学士学位、航空航天学硕士和工程学位。他发表了很多论文，拥有十多项美国专利。Paluszek 先生是 Apress 出版社出版的图书 *MATLAB Recipes* 和 *MATLAB Machine Learning* 的合著者。

Stephanie Thomas 是位于美国新泽西州 Plainsboro 的普林斯顿卫星系统公司的副总裁。她于 1999 年和 2001 年分别从麻省理工学院获得航空航天学士学位和硕士学位。Thomas 女士于 1996 年在暑期实习期间加入普林斯顿卫星系统公司的 MATLAB 航天器控制工具箱开发项目，自那以后就一直使用 MATLAB 进行航空航天分析。在近 20 年的 MATLAB 实践经历中，她开发了许多软件工具：用于航天器控制工具箱的太阳能帆板模块，美国空军的近地轨道卫星操控工具箱，用于 Prisma 卫星任务的碰撞监测 Simulink 模块，用 MATLAB 和 Java 编写的运载火箭分析工具。她开发了空间状态评估的新方法，例如用 MATLAB 和 C++ 两种语言实现的数值算法，用来评估任意两颗卫星之间的一般会合问题。Thomas 女士还为普林斯顿卫星系统公司的《姿态和轨道控制》教材编写做出了贡献，其中介绍了使用航天器控制工具箱（SCT）的案例，并编写了许多软件用户指南。她为来自澳大利亚、加拿大、巴西和泰国等不同国家的工程师进行了航天器控制工具箱培训，并为美国太空总署、美国空军和欧洲航天局等提供 MATLAB 咨询服务。Thomas 女士是 Apress 出版的图书 *MATLAB Recipes* 和 *MATLAB Machine Learning* 的合著者。2016 年，Thomas 女士因“核聚动力冥王星轨道探测和登陆器”项目，被任命为美国太空总署 NIAC 研究员。

目　录 *Contents*

第 1 章 Chapter 1

机器学习概述

1.1 引言

机器学习是用已知数据对未来未知的数据进行预测或者响应的计算机科学的一个分支。它与模式识别、计算统计学和人工智能等领域密切相关。数据可以是历史数据或实时更新的数据。机器学习在诸如人脸识别、垃圾邮件过滤，以及那些不可行甚至不可能通过编写算法来执行任务的领域中发挥着重要的作用。

例如，早期尝试垃圾邮件过滤时，由用户定义规则来确定什么是垃圾邮件。成功与否取决于用户是否能够正确识别将电子邮件归类为垃圾邮件的特定属性（例如发件人地址或主题关键字），以及用户在对规则进行细微调整上愿意投入的时间成本。但是因为垃圾邮件发送者在预测过滤规则方面并不会有什么困难，这种方法的效果有限。现代系统使用机器学习技术取得了更大的成功。我们大多数人现在已经熟悉将指定邮件标记为“垃圾邮件”或“非垃圾邮件”的概念，我们认为邮件系统可以快速学习这些电子邮件的哪些特征将其标识为垃圾邮件，并阻止它们继续出现在我们的收件箱中。这些特征可以是 IP 地址、邮件地址、邮件主题或正文中关键字的任意组合，以及各种匹配规则。请注意该示例中的机器学习如何以数据驱动、自主地并在你接收电子邮件且标记它时不断地更新自身的学习规则。然而，即使在今天，这些系统还没有完全成功，因为它们还不了解它们正在处理的文本的“含义”。

那么在更泛化的意义上，机器学习是什么呢？机器学习意味着使用机器（计算机硬件与软件）从数据中获得知识，也意味着赋予机器从环境中学习的能力。数千年来机器已被用于帮助人类。考虑一个简单的杠杆，它可以使用岩石和一定长度的木头，或是利用倾斜平面来构造。这两种机器都能够执行有用的工作以帮助人类，但它们并没有学习能力，因为它们都被自身的构建方式所限制。一旦建成，如果没有人类干预，它们就不能适应不断变化的需求。图 1.1 显示了早期不具备学习能力的简单机器。

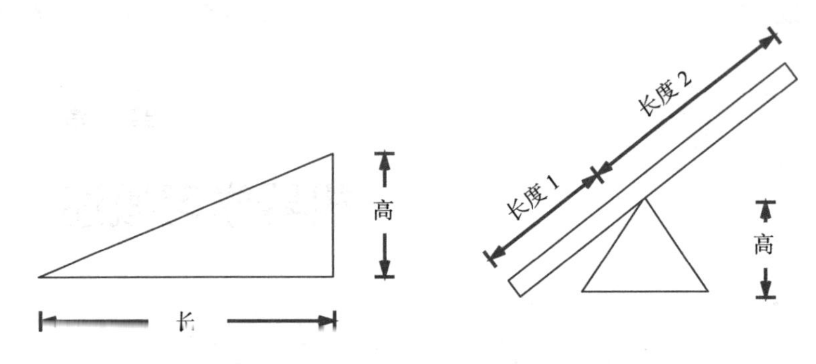

图 1.1　不具备学习能力的简单机器

这两种机器都能完成有用的工作，增强人类的能力。知识就固化在它们的参数当中，也就是每个部件的尺寸。倾斜平面的功能由其长度和高度决定，杠杆的功能由两个长度和高度决定。这些尺寸由设计者选择，本质上仍然是依赖于设计者所拥有的应用和物理知识来进行构建的。

机器学习涉及在机器运行时可以改变的存储参数。在上述两种简单机器的情形中，知识是通过设计被植入其中的。在某种意义上，记忆参数体现了设计者的想法，因此，知识是记忆固定化的一种形式。这些机器的学习版本将会在评估机器运行情况后自动更改参数。从而适应负载的移动或改变。现代起重机是适应负载变化的一个机器示例，尽管它仍然需要人的操作。起重机的吊臂长度可以根据操作者的需要而改变。

在本书中的软件语境下，机器学习指的是一个算法将输入数据转换为在解释未来数据时可用的参数的过程。构建学习过程的许多标准和方法源自优化技术，并且涉及诸多自动控制的经典领域。在本章的剩余部分，我们将介绍机器学习系统的术语和分类。

1.2　机器学习基础

本节介绍机器学习领域的关键术语。

1.2.1　数据

所有学习方法都是数据驱动的。数据集用于训练系统，这些数据集可以由人工来收集，也可以由其他软件工具自主收集。控制系统可以通过传感器收集数据并且使用这些数据来识别参数或者训练系统。数据集可能非常庞大，数据存储基础设施和可用数据库的爆炸式增长正在推动当今机器学习软件的发展。机器学习工具表现得依然和训练它的数据的质量一致，训练数据的选择实际上成为一个独立的领域。

注意　当收集数据用于训练时，必须确保能够正确理解系统随时间的变化。如果系统结构随时间变化，则可能有必要在训练系统之前丢弃旧数据。在自动控制中，有时这被称为估计器中的“遗忘因子”。

1.2.2　模型

模型在学习系统中被广泛应用。模型提供了一个用于学习的数学框架。模型是由人类基于自己的观察和经验衍生出来的。例如，一个汽车模型，从上面看会是一个与标准停车位尺寸相匹配的矩形形状。模型通常被认为是人类衍生的并且为机器学习提供了框架。然而，也有一些机器学习方法发展出了它们自己的模型，而没有使用人类衍生的结构。

1.2.3　训练

一个系统需要训练以将输入映射为输出。正如人们需要接受培训以执行任务一样，机器学习系统同样需要进行训练。通过给予系统输入和相应的输出并修改学习机中的结构（模型或数据）来完成训练，从而完成映射的学习。在某些方面，这就像曲线拟合或回归。如果我们有足够多的训练数据，则当引入新输入时，系统应该能够产生正确的输出。例如，如果我们给人脸识别系统提供数以千计的猫图像，并告诉它那些是猫，我们希望当输入新的猫图像时，它也会将它们识别为猫。当你不能提供足够多的训练集或训练数据不够多样化时，问题就会出现，例如，当训练数据仅由短毛猫组成，而识别目标是长毛猫或无毛猫时。功能神经网络需要训练数据的多样性。

1.2.3.1　监督学习

监督学习意味着将特定的数据训练集应用于系统。学习过程被监督，因为“训练集”是人类衍生的。但这并不一定意味着人们会主动验证结果的正确性。对给定输入集合的系统输出进行分类的过程称为标记。也就是说，你明确地指出哪些结果是正确的，或者指明每组输入的预期输出结果。

生成训练数据集的过程会是非常耗时的。必须非常小心以确保训练数据集提供充分的训练，以便系统能够对从真实世界收集到的数据产生正确的输出结果。训练数据集必须全面涵盖预期输入和期望输出。训练之后则是利用测试数据集验证结果。如果结果不好，则将测试集并入训练集的循环之中，并重复训练过程。

我们以一个专门学习古典芭蕾舞技术的芭蕾舞演员作为例子，如果要求她跳现代舞，结果可能不尽如人意，因为舞者没有合适的训练集，她的训练集不够多样化。

1.2.3.2　无监督学习

无监督学习不使用训练数据集，它通常用于在没有“正确”答案的数据中发现模式。例如，如果使用无监督学习来训练人脸识别系统，则系统会将集合中的数据聚类，其中一些可能是人脸。聚类算法属于无监督学习。无监督学习的优点是，你可以学习关于数据的某些事先并不知道的特征。它是一种在数据中发现隐藏结构的方法。

1.2.3.3 半监督学习

在半监督学习方法中，部分数据以标记训练集的形式存在，其他数据则不是 [11]。事实上，通常只有少量的输入数据被标记，而大多数不会被标记，因为标记过程可能需要熟练技术人员的密集劳动。半监督学习利用少量的标记数据集合来解释大量的未标记数据。

1.2.3.4 在线学习

在线学习系统不断地利用新数据来更新自己 [11]。之所以被称为“在线”，是因为许多学习系统使用在线收集的数据。它也被称为“递归学习”。周期性地“批量”处理数据直到给定时间，然后再返回在线学习模式，这种方式对在线学习来说也是有益的。引言中所述的垃圾邮件过滤系统使用的就是在线学习方法。

1.3 学习机

图 1.2 展示了学习机的概念。机器获取来自环境的信息并对环境进行适应。请注意，输入可以被分为产生立即响应的输入和用于学习的输入。某些情况下，它们是完全独立的。例如，对一个飞行器来说，高度测量值通常并不直接用于控制，相反，它被用来帮助选择实际控制规则的参数。学习过程和常规操作所需的数据可能是相同的，但在某些情况下，学习需要单独的测量或数据。测量数据不一定意味着由诸如雷达或摄像头这样的传感器收集的数据，它可以是通过民意调查收集的数据、股票市场价格、会计分类账目数据或通过任何其他方式收集的数据。机器学习则是将测量数据转换为用于未来操作的参数的过程。

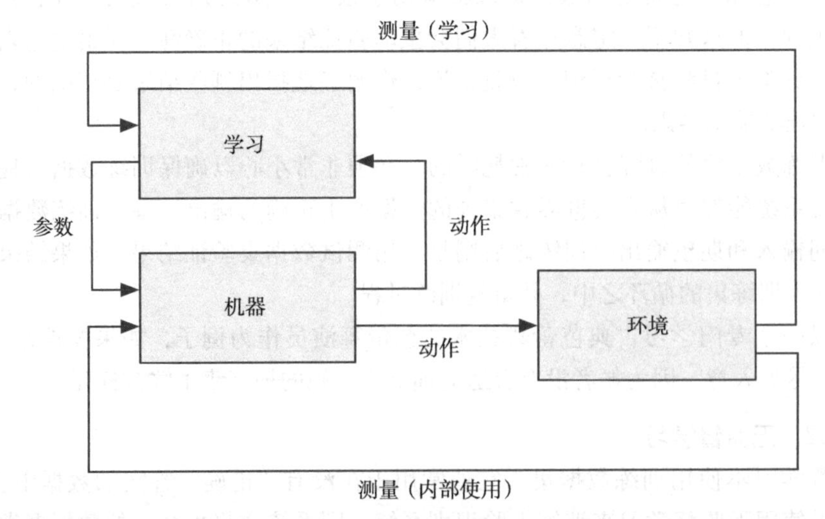

图 1.2 感知环境并将数据存储在内存中的学习机

请注意，机器以行为或动作的形式生成输出。行为副本也可以传递到学习系统，使得它可以将机器行为的效果与环境的效果分离。这类似于前馈控制系统，可以促进性能提高。

接下来我们将讨论几个例子来阐明学习机原理，包括医疗诊断、安全系统，以及航天器操控。

医生可能想更快地诊断疾病。她收集患者的检测数据然后分析并给出诊断结果。患者数据可能包括年龄、身高、体重、历史数据（如血压读数和处方药）以及表现出的症状。机器学习算法将检测数据中的模式，使得当对患者执行新的测试时，机器学习算法能够对诊断提出建议或者附加测试以缩小病因的可能性范围。当使用机器学习算法时，希望每一次成功或者失败的诊断能够使它变得更好。在这种情形下，环境就是病人自己。机器使用数据生成动作，也就是新的诊断。该系统可以以两种方式构建。在监督学习中，测试数据和已知的正确诊断结果被用来训练机器。在无监督学习中，数据将用于产生以前可能不知道的模式，并且可能导致诊断结果中包括通常不与那些症状相关的病症。

安全系统可以用来进行人脸识别。这时，测量数据是摄像机拍摄的人脸图像。从多个角度拍摄的面部图像用来训练系统。然后，用这些已知的面部图像来测试系统，并验证其成功率。在数据库中已有图像的人脸应该很容易被识别出，而那些数据库中不存在的则应该被标记为未知。如果成功率不可接受，可能需要更多的训练或算法本身需要做出调整。这种类型的人脸识别应用已经很常见，例如当在照片中“标记”朋友时，这种学习任务就会在 Mac OS X 系统的 Photos 程序的“面部识别”功能和 Facebook 应用中执行。

在航天器的精确操控中，需要知道航天器的惯性数据。如果航天器具有可以测量角速度的惯性测量单元，惯性矩阵就可以被确定。这对机器学习来说是一个很棘手的问题。无论是通过推进器还是动量交换装置，施加到航天器的扭矩仅在一定程度的精度上是已知的。因此，如果可能的话，识别系统必须从惯性中分离出扭矩比例因子，而惯性只有在施加扭矩时才能被确定，这就导致了激励的问题。如果要研究的系统不具有已知的输入，学习系统就无法学习，而且这些输入必须足以激励系统，才能够完成学习过程。用一张图片来训练人脸识别系统是行不通的。

1.4　机器学习分类体系

本书中我们采用比通常所说的范围更大的机器学习视图。前面描述的机器学习基本步骤为收集数据、寻找模式并基于这些模式来做有意义的事情。我们将机器学习扩展至包括自适应和学习控制。这个领域正在逐步形成一个独立的学科，但现在它仍然采用机器学习的技术和方法。图 1.3 展示了如何将机器学习技术做一个一致的分类。你会注意到，我们创建了一个包含三个学习分支的标题——自主学习。这意味着，在学习过程中不需要人为干预就能学习。本书不仅仅是关于“传统的”机器学习。还有其他更专业的书籍专注于某一个机器学习主题。优化属于分类体系的一部分，因为优化结果可以是新的发现，例如新的航天器或者飞行器轨迹类型。优化通常也是学习系统的一部分。

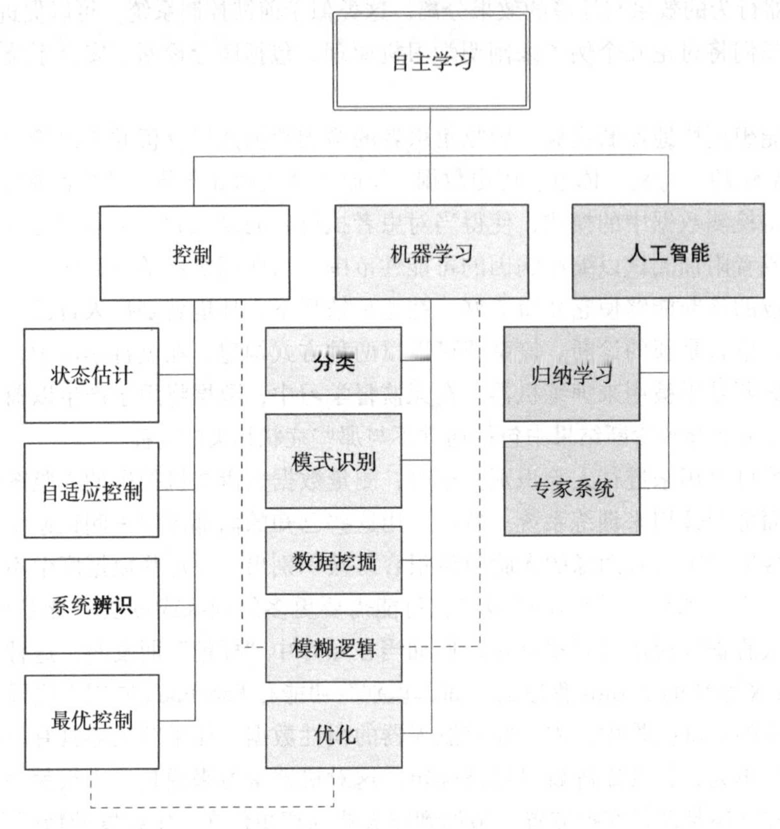

图 1.3 机器学习的分类体系

自主学习包括三个类别。第一类是控制，使用反馈控制以补偿系统中的不确定性或使系统表现不同于其通常的行为。如果没有不确定性，你就不需要反馈。例如，如果你是一个橄榄球比赛中的四分卫，正要掷球给一个跑动中的球员，而且假设你知道比赛中即将发生的一切。你清楚地知道这个球员某个时刻应该在哪里，所以你可以闭上你的眼睛，计数，然后把球抛到那个位置。假如球员技术熟练，你就会有 100% 的接球率！然而更加真实的场景是，你观察球员，估计球员的速度，并掷球。这时你就正在应用反馈来解决问题。当然，这并不能构成一个学习系统。然而，如果现在你反复练习同一个动作，记录你的成功率，并使用这些信息调整你的投掷力度和时间，你就拥有了一个自适应控制系统，即“控制”列表顶部往下的第二个框。控制学习发生在自适应控制系统中，也发生在系统辨识的一般领域。

系统辨识是针对一个系统的学习过程。所谓系统是指表征系统的数据和这些数据元素之间的关系。例如，沿直线移动的粒子是由质量、力、速度和位置定义的系统。该位置与速度乘以时间有关，速度与加速度相关，加速度是力除以质量。

最优控制可能不涉及任何学习。例如，所谓的全状态反馈产生最优控制信号，但不涉及学习。在完整的状态反馈中，模型和数据的组合告诉我们需要了解的有关系统的所有信息。然而，在更复杂的系统中，我们无法测量所有状态，也不能完全了解参数，因此需要某种形式的学习来产生“最优”或最好结果。

第二类是许多人认为的真正的机器学习。这是一种利用数据来产生解决方法的行为。其大部分背景源自于统计学和优化。学习过程可以在批处理过程中进行一次，也可以在递归过程中连续进行。例如，在股票购买套餐中，开发商可能已经处理了几年的（比如说 2008 年之前的）股票数据，并用它来决定购买哪些股票。在金融危机期间，该软件可能效果不佳。递归程序将不断合并新数据。模式识别和数据挖掘属于这一类。模式识别试图寻找图像中的模式。例如，早期的 AI Blocks World 软件可以识别其视野中的块。它可以在一堆块中找到某个块。数据挖掘则试图获取大量数据并寻找其模式，例如，获取股票市场数据并识别具有强劲增长潜力的公司。分类技术和模糊逻辑也属于这一类。

第三类自主学习是人工智能。机器学习可以溯源到人工智能。人工智能是研究领域，其目标是使机器可以推理。虽然很多人会说“像人一样思考”，但实际情况并非如此。可能存在与人类推理不相似的推理方法，但同样有效。在经典的图灵测试中，图灵提出，计算机只需要在其输出中模仿人类，就能成为“思维机器”，而不管这些输出是如何得到的。无论如何，智力通常涉及学习，因此学习是许多人工智能技术（例如归纳学习和专家系统）中固有的。我们的图表包括归纳学习和专家系统两种技术。

本书的章节按照此分类体系进行组织。开始的几章介绍使用卡尔曼滤波器和自适应控制的状态估计。然后引入模糊逻辑，这是一种使用分类的控制方法。后续的章节涵盖其他的机器学习方法，包括二叉树数据分类、神经网络（包括深度学习）和多重假设检验。然后我们有一章是关于飞机控制的，其中包含神经网络，展示了不同技术之间的协同作用。最后一章，总结了基于案例的专家系统的人工智能技术。

1.5 控制

反馈控制算法总是通过用于控制的测度来学习环境。这些章节展示了如何扩展控制算法以使用测度有效地自我设计。用于控制的测量可能和控制器同样快，但是自适应过程，或者学习过程往往比控制响应时间更慢。控制设计的一个重要方面是稳定性。稳定的控制器将为有界输入生成有界输出。它还将产生被控系统的平滑、可预测的行为。不稳定的控制器的幅度（例如速度或位置）通常会随着时间的振荡增加。我们常常将控制分为控制和估计两部分。后者可以独立于反馈控制来完成。

1.5.1 卡尔曼滤波器

第 4 章将会介绍如何用卡尔曼滤波器去理解已有模型的动态特性。本章提供了弹簧系统的可变增益卡尔曼滤波器的示例，即通过弹簧和阻尼器将质量连接到其基座的系统。这是一个线性系统。我们将在离散时间系统中编写模型，提供了卡尔曼滤波的入门介绍。我们将展示如何从贝叶斯统计中推导出卡尔曼滤波器。这将其与许多机器学习算法联系起来。而最初由 R. E. Kalman、C. Bucy 和 R. Battin 开发的卡尔曼滤波器，不是以这种方式衍生出来的。

第二个方案添加了非线性测量。线性测量是正比于其测量的状态（在这种情况下是位置）。我们的非线性测量将追踪设备的角度，该角度指向距离运动线的一定距离处的质量。一种方法是使用无迹卡尔曼滤波器（UKF）进行状态估计。UKF 让我们可以轻松使用非线性测量模型。

该章的最后一部分描述了配置用于参数估计的无迹卡尔曼滤波器。该系统学习了模型，尽管该模型已经具有了现成的数学模型。因此，它是一个基于模型的学习的例子。在该示例中，滤波器估计弹簧质量系统的振荡频率。它将演示如何激励系统去辨识参数。

1.5.2 自适应控制

自适应控制是控制系统的一个分支，其中控制系统的增益基于系统的测量而改变。增益是将来自传感器的测量值乘以产生控制动作（例如驱动电动机或其他传动器）的数字。在非学习控制系统中，增益在操作之前计算并保持固定。这在大多数情况下非常有效，因为我们通常可以选择增益，以便控制系统能够容忍系统中的参数变化。获得的“余量”告诉我们，我们对系统中的不确定性有多宽容。如果我们容忍参数的重大变化，我们说系统是健壮的。

自适应控制系统根据操作期间的测量值改变增益。这可以帮助控制系统更好地执行。我们越了解系统的模型，我们就越能控制系统。这就像开新车一样。首先，你必须谨慎驾驶一辆新车，因为你不知道转向轮的转向有多敏感，或者当你踩下油门踏板时加速的速度有多快。当你了解了汽车时，你可以更自信地操纵它。如果你不了解汽车，你需要以开新车的方式驾驶每辆汽车。

第 5 章首先介绍使用控制系统为弹簧增加阻尼的简单示例。我们的目标是获得特定的阻尼时间常数。为此，我们需要知道弹簧常数。我们的学习系统使用快速傅里叶变换来测量弹簧常数。我们将它与一个知道弹簧常数的系统进行比较。这是调整控制系统的一个例子。第二个例子是一阶系统的模型参考自适应控制。该系统自动调整，使系统的行为趋近于目标模型。这是一种非常强大的方法，适用于许多情况。另一个例子是船舶转向控制。船舶使用自适应控制，因为它比传统控制更有效。此示例演示了控制系统如何自动适应，以及如何比非自适应系统运行得更好。这是增益调节的一个例子。接着我们会给出一个航天器的例子。

最后一个例子是飞机的纵向控制，在这里做了更加广泛的讨论，并自成一章。我们可以使用升降舵控制俯仰角。我们有五个非线性方程用于俯仰旋转动态、x 方向的速度、z 方向的速度和高度的变化。系统适应速度和高度的变化。两者都改变了飞机上的阻力、升力以及力矩，也改变了对升降舵的响应。我们使用神经网络作为控制系统的学习基础。这一点适用于从无人机到高性能商用飞机的所有类型飞机的实际问题。

1.6　自主学习方法

本节向你介绍流行的机器学习技术。其中一些技术将应用在本书的示例中，其他则可以在 MATLAB 产品和开源产品中发现。

1.6.1　回归

回归是一种将数据拟合到模型的方法。模型可以是多维曲线。回归过程将数据拟合到曲线，产生可用于预测未来数据的模型。某些方法（例如线性回归或最小二乘法）是参数化的，因为拟合参数的数量是已知的。下面的代码 1.1 和代码 1.2 以及图 1.4 给出了一个线性回归学习的例子。该模型通过从直线 $y = x$ 开始，并向 y 方向添加噪声来创建，然后利用 MATLAB 的 pinv 伪逆函数使用最小二乘法拟合来重新构建直线。

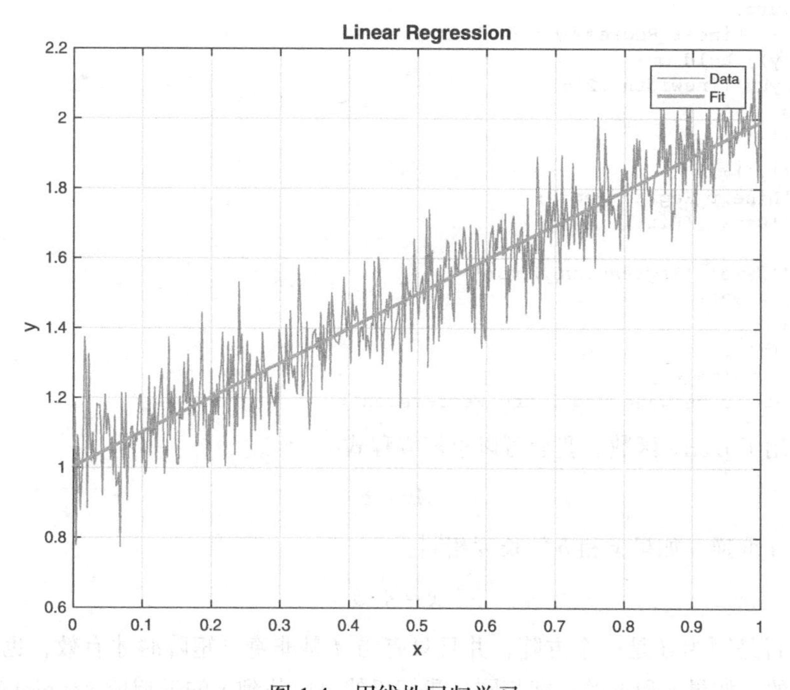

图 1.4　用线性回归学习

脚本的第一部分负责产生数据：

代码 1.1 线性回归数据产生

```
x     = linspace(0,1,500)';
n     = length(x);

% Model a polynomial, y = ax2 + mx + b
a     = 1.0;    % quadratic - make nonzero for larger errors
m     = 1.0;    % slope
b     = 1.0;    % intercept
sigma = 0.1; % standard deviation of the noise
y0    = a*x.^2 + m*x + b;
y     = y0 + sigma*randn(n,1);
```

真正的回归模型只有区区三行代码：

代码 1.2 线性回归

```
a     = [x ones(n,1)];
c     = pinv(a)*y;
yR    = c(1)*x + c(2); % the fitted line
```

最后一部分使用标准 MATLAB 绘图函数绘制结果。我们使用 grid on 而不是 grid 函数。后者切换网格模式，通常没问题，但有时候用 MATLAB 会混淆。grid on 更可靠。

代码 1.3 线性回归作图

```
h = figure;
h.Name = 'Linear␣Regression';
plot(x,y); hold on;
plot(x,yR,'linewidth',2);
grid on
xlabel('x');
ylabel('y');
title('Linear␣Regression');
legend('Data','Fit')

figure('Name','Regression␣Error')
plot(x,yR-y0);
grid on
xlabel('x');
ylabel('\Delta␣y');
title('Error␣between␣Model␣and␣Regression')
```

代码使用了 pinv 函数。我们可以求解方程式

$$Ax = b \tag{1.1}$$

通过对矩阵 A 取逆，如果 x 和 b 的长度相同。

$$x = A^{-1}b \tag{1.2}$$

这个方法可行是因为 A 是一个方阵，并且只有当 A 是非奇异矩阵时才有效，也就是说，它必须是可逆的。如果 x 和 b 的长度相同，我们仍然可以找到 x 的近似值 $x = \text{pinv}(A)b$。例如，在下面示例中的第一种情况下 A 是 2×2 的；在第二种情况下，它是 3×2 的，意味着 x 有 3 个元素和 b 有 2 个元素。

```
>> inv(rand(2,2))

ans =

    1.4518   -0.2018
   -1.4398    1.2950

>> pinv(rand(2,3))

ans =

    1.5520   -1.3459
   -0.6390    1.0277
    0.2053    0.5899
```

系统从数据中学习斜率和 y 截距等参数。数据越多，拟合效果越好。这时我们的模型：

$$y = mx + b \tag{1.3}$$

是正确的。然而，如果它是错误的，拟合会很差。这是基于模型的学习方法的问题，结果的质量高度依赖于模型。如果你能确定你的模型，那么应该使用它。如果不是，那么其他方法（例如无监督学习）可能会产生更好的结果。例如，如果添加二次项 x^2，我们会得到如图 1.5 所示的拟合曲线。请注意图中曲线的拟合程度不如我们想象的那么好。

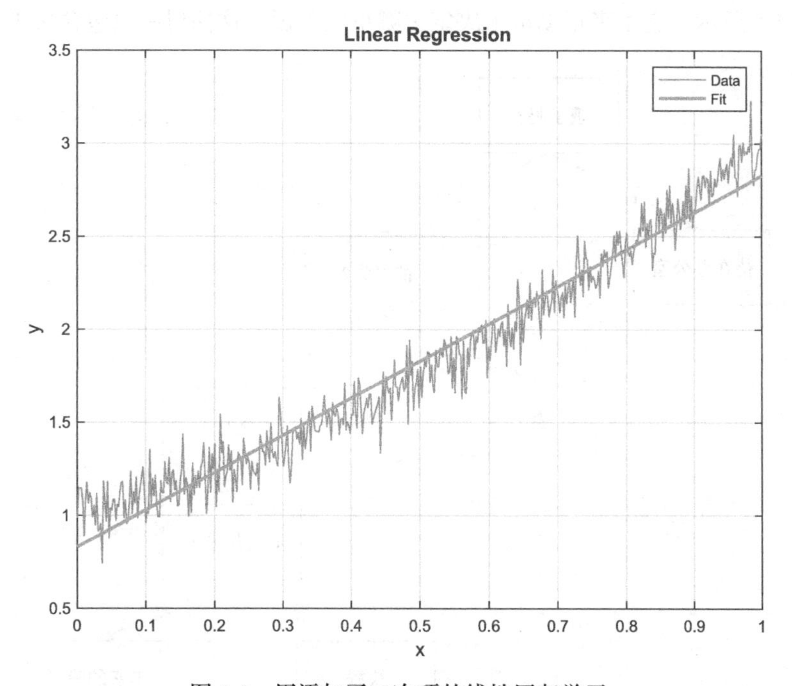

图 1.5　用添加了二次项的线性回归学习

在这些例子中，我们从一个能够正确拟合数据的模式开始。我们将数据拟合到模型中。在第一种情况下，我们假设系统是线性的；而第二种情况假设了一个二阶系统。如果模型很好，数据将拟合得很好。如果我们选择了错误的模型，那么拟合结果就会很差。如果是这种情况，我们将需要尝试各种不同的模型。例如，我们的系统可能是

$$y = \cos(x) \tag{1.4}$$

其中 x 的跨度为几个周期。在这种情况下，线性拟合和二次拟合都不会很好。这种方法的局限性导致了其他技术的发展，包括神经网络。

1.6.2 决策树

决策树是用于做出决策的树状图，包含三种类型的节点：

1. 决策节点
2. 机会节点
3. 结束节点

学习过程遵循从开始节点到结束节点的路径。决策树易于理解和解释。决策过程是完全透明的，尽管有时非常大的决策树可能很难在视觉上追踪。难点在于为一组训练数据找到最佳的决策树。

决策树包括两种类型，产生类别输出的分类树和产生数值输出的回归树。一个分类树的示例如图 1.6 所示，它用来帮助员工决定去哪里吃午饭。这棵树中只包含决策节点。

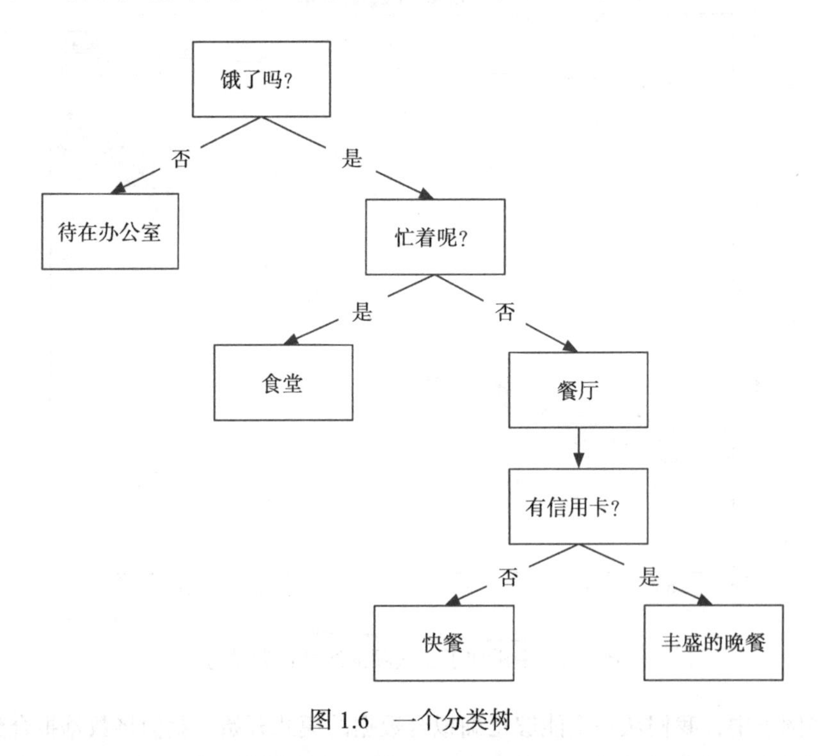

图 1.6　一个分类树

这个决策模型也可以被管理层用来预测在午餐时间是否可以找到某个雇员的位置。通

1.7.2 智能汽车

我们的“人工智能”示例实际上是贝叶斯估计和控制的混合的结果。但是它仍然反映了机器在做我们所认为的智能行为。当然，这可以回到如何定义智能的问题上。

自动驾驶是汽车制造商和普通大众都非常感兴趣的领域。自动驾驶汽车今天正在街头行驶，但还没有为公众的普遍使用做好准备。自动驾驶涉及许多技术，包括：

1. 机器视觉：将摄像机数据转换为对自主控制系统有用的信息
2. 感知：使用许多技术，包括视觉，雷达和声音来感知汽车周围的环境
3. 控制：使用算法让汽车行驶到导航系统指定的位置
4. 机器学习：使用来自测试车辆的大量数据来创建对情况的响应数据库
5. GPS 导航：将 GPS 测量与感知和视觉相结合，以确定去哪里
6. 通信 /ad hoc 网络：与其他汽车交谈，以帮助确定它们的位置和所做的事情

以上所有领域之间都存在相互交叉的现象。通信和 ad hoc 网络与 GPS 导航一起使用，以确定绝对位置（你的位置对应的街道和地址）和相对导航（你相对于其他车辆的位置）。在这种情况下，如果你无法判断汽车是由人还是计算机驾驶，那么这就算通过了图灵测试。现在，由于许多司机的技术都不好，有人可能会说，一台驾驶得很好的计算机将无法通过图灵测试！这又回到了什么是智能的问题上了。

这个例子探讨了一辆汽车想要超过多辆汽车并需要为每辆汽车计算轨道的问题。我们的确只是解决了控制和避碰问题。针对双车道道路上的单辆车展示了单一传感器版本的轨道定向多重假设检验。该示例包括 MATLAB 图形，使你更容易理解算法的思想。该演示假定光学或雷达预处理已经完成，并且每个目标都是通过二维的单个“光点”进行测量。包括汽车仿真。它将考虑汽车如何超过正在进行追踪的汽车，而被超过的汽车所使用的通过控制系统，其本身就是机器智能的一种形式。

我们的自动驾驶技巧使用无迹卡尔曼滤波器来估计状态。这是传播状态的基础算法（即在仿真中及时改进状态）并将测量值加到状态之中。卡尔曼滤波器或其他估计器是许多目标追踪系统的核心。

本技巧还将引入图形辅助工具，以帮助你了解追踪决策过程。当你实现学习系统时，你希望确保它以你认为应该的方式工作，或者理解它为什么以它的方式工作。

1.7.3 专家系统

专家系统也称为基于知识的系统，系统使用知识库来推理并向用户呈现结果以及如何得到该结果的解释。建立专家系统的过程称为“知识工程”，其中需要包括懂得如何建立专家系统的知识工程师——拥有系统所需知识的领域专家。某些系统可以从数据中推导出规则，这将加速数据采集过程。

专家系统相对于人类专家的优点在于来自多个人类专家的知识可以被纳入数据库中。

另一个优点是系统可以详细地解释该过程，使得用户准确地知道结果是如何产生的。即使是领域专家也可能会忘记检查某些事情，而专家系统则始终按部就班地在完整的数据库中进行检查，同时它也不受疲劳或情绪的影响。

知识获取是构建专家系统的主要瓶颈。另一个问题是，系统不能外推超出数据库中已经编程写入的知识的范围。必须谨慎使用专家系统，因为它对不确定性的问题也将产生确定的答案。另外，解释机制也很重要，因为具有领域知识的人可以利用专家系统的解释来判断结果的可信度。当需要考虑不确定性时，建议使用概率专家系统。贝叶斯网络，也称作信念网络，可以用作一个专家系统。它是一个表示一组随机变量及其依赖关系的概率图模型。在简单的情形下，贝叶斯网络可以由专家来构建。情形变得复杂时，就需要利用机器学习方法从数据中生成。第 12 章深入研究专家系统。

在第 14 章中，我们探索一个简单的基于案例的推理系统。另一种选择是基于规则的系统。

1.8 小结

本章中的所有技术目前都在大量使用之中。它们中的任何一个都可以构成有用产品的基础。许多系统，例如汽车自动驾驶系统，则会使用其中几种技术。机器学习领域和我们独特的分类学的广阔视野，展示了机器学习和人工智能与经典控制和优化领域的关系。我们希望这一点对你有所启发。在本书的其余部分，我们将向你展示如何构建实现这些技术的软件。这可以构成你自己更强大的生产软件的基础，或者帮助你更有效地使用许多优质商业产品。表 1.1 列出了配套代码中包含的脚本。

表 1.1 本章代码列表

文件	描述
LinearRegression	一个演示线性回归和曲线拟合地脚本

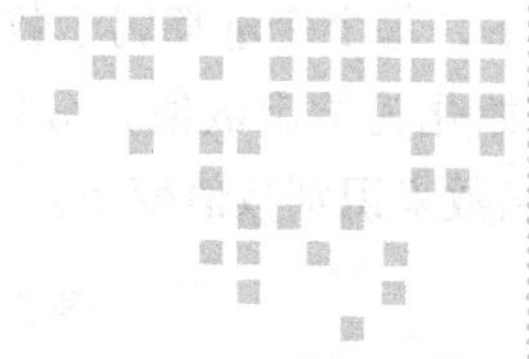

第 2 章 Chapter 2

用于机器学习的 MATLAB 数据类型

2.1 MATLAB 数据类型概述

2.1.1 矩阵

默认情况下，MATLAB 中所有变量都是双精度矩阵。你不需要显式声明变量类型。矩阵可以是多维的，通过在括号中使用基于 1 的索引访问。你可以使用单个索引，按列方式或每个维度一个索引来寻址矩阵元素。要创建一个矩阵变量，只需为其分配值即可，例如下面的 2 × 2 矩阵 a：

```
>> a = [1 2; 3 4];
>> a(1,1)
    1

>> a(3)
    2
```

> 提示 分号终止表达式，使之不会出现在命令窗口中。如果省略分号，它将在命令窗口中打印结果。在不使用 MATLAB 调试器的情况下省略分号是一种方便的调试方法，但以后很难找到丢失的分号！

你可以简单地对没有特殊语法定义的矩阵进行加、减、乘和除等运算。矩阵必须符合所请求的线性代数运算的正确大小。使用单引号后缀 A' 表示转置，而矩阵幂运算使用运算符 ^。

```
>> b = a'*a;
>> c = a^2;
>> d = b + c;
```

默认情况下，每个变量都属于数值变量。你可以使用 zeros、ones、eye 或 rand 等函数将矩阵初始化为给定数值，分别为 0、1、单位矩阵（对角线全为 1）或随机数。使用 isnumeric 函数来识别数值变量。表 2.1 列出了矩阵操作的关键函数。

表 2.1 矩阵操作的关键函数

函数	功能
zeros	初始化一个 0 矩阵
ones	初始化一个 1 矩阵
eye	初始化一个单位矩阵
rand, randn	用随机数初始化矩阵
isnumeric	识别矩阵或标量是否为数值类型
isscalar	识别一个标量（1×1 矩阵）
size	返回一个矩阵的大小

MATLAB 可以支持 *n* 维数组。二维数组就像一张表。可以将三维数组可视化为立方体，其中立方体内的每个块都包含数字。四维阵列更难以可视化，但我们大可不必止步于此！

2.1.2 元胞数组

元胞数组是 MATLAB 独有的一种变量类型。它实际上是一个列表容器，可以在数组元素中存储任何类型的变量。就像矩阵一样，元胞数组也可以是多维的，并且在许多代码运行环境中都非常有用。

元胞数组用大括号 {} 表示。它们可以是任意维度，并且包含任意数据，包括字符串、结构和对象。可以使用 cell 函数进行初始化，使用 celldisp 函数递归显示内容，像矩阵一样使用括号访问数组子集。下面是一个简短的示例。

```
>> c = cell(3,1);
>> c{1} = 'string';
>> c{2} = false;
>> c{3} = [1 2; 3 4];
>> b = c(1:2);
>> celldisp(b)
b{1} =
string

b{2} =
     0
```

使用大括号访问元胞数组将按照元素的基本类型返回。当使用括号访问元胞数组的元素时，将返回另一个元胞数组，而不是元胞内容。MATLAB 帮助功能中使用一种特殊的逗号分隔列表来突出显示作为列表使用的元胞数组。代码分析器还将建议以更有效的方式来使用元胞数组。例如，

替换

```
a = {b{:} c};
```

为

```
a = [b {c}];
```

元胞数组对于字符串集合特别有用，许多 MATLAB 的字符串搜索函数（如 strcmp）针对元胞数组进行了优化。

使用 iscell 来判断变量是否为元胞数组。使用 deal 来操作结构数组和元胞数组的内容。表 2.2 列出了元胞数组的主要函数。

表 2.2　元胞数组的主要函数

函数	功能
cell	元胞数组初始化
cellstr	从字符数组中生成元胞数组
iscell	判断是否为元胞数组
iscellstr	判断元胞数组中是否只包含字符串
celldisp	递归显示元胞数组的内容

2.1.3　数据结构

MATLAB 中的数据结构非常灵活，由用户来保证字段和类型的一致性。在向其分配字段之前，初始化数据结构并不是必需的，但最好是这样做，尤其在脚本中，以避免变量冲突。例如

替换

```
d.fieldName = 0;
```

为

```
d = struct;
d.fieldName = 0;
```

事实上，我们发现创建一个特殊函数来初始化在整个函数集中使用的较大结构通常是一个好主意。这类似于创建类定义。从函数生成数据结构，而不是在脚本中定义字段，这意味着你始终拥有正确的字段。初始化函数还允许指定变量类型并提供样本或缺省数据。记住，MATLAB 并不要求你声明变量类型，但是这样做并将其赋值为默认值，会使你的代码更加清晰。

提示　为数据结构创建初始化函数。

通过分配一个附加的副本便可简单地将数据结构转换为数组。字段必须具有相同的名字（区分大小写）并且保持相同的顺序，这是使用函数初始化结构的另一个原因。数据结构可以嵌套，而不受嵌套深度限制。

```
d = MyStruct;
d(2) = MyStruct;

function d = MyStruct
```

```
d = struct;
d.a = 1.0;
d.b = 'string';
```

MATLAB 现在允许使用变量作为动态字段名，即 structName（动态表达式）。这种方式提供了比 getfield 更好的性能，其中将字段名称作为字符串传递。这就允许用户去构建各种结构编程方式。以前述代码片段中使用的数据结构数组为例，我们使用动态字段名来获取字段 a 的值，这些值将在元胞数组中返回。

```
>> field = 'a';
>> values = {d.(field)}

values =
    [1]    [1]
```

使用 isstruct 来判断是否为结构变量，使用 isfield 来检查字段是否存在。注意，对于用 struct 初始化的结构体，即使没有字段，isempty 也将返回 false。表 2.3 列出了结构体的主要函数。

```
>> d = struct
d =
  struct with no fields.

>> isempty(d)

ans =
  logical
   0
```

表 2.3　结构体的主要函数

函数	功能
struct	初始化带或不带字段的结构体
isstruct	判断是否为结构体
isfield	判断字段是否存在于结构体中
fieldnames	获取元胞数组中结构体的字段
rmfield	从结构体中删除字段
deal	为结构体中的字段设置值

2.1.4　数值类型

MATLAB 默认在命令行或脚本中输入的任何数据都为双精度，你也可以指定为其他数值类型，包括 single、uint8、uint16、uint32、uint64、logical（即布尔数组）。整数类型尤其适合在处理大型数据集（如图像）时使用。在代码中使用你所需要的最小数据类型，尤其当数据集较大时。

2.1.5 图像

MATLAB支持各种图像格式，包括GIF、JPG、TIFF、PNG、HDF、FITS和BMP。你可以直接使用imread读取图像，它可以根据文件扩展名自动识别图像类型，或者使用fitsread。（FITS代表Flexible Image Transport System，由CFITSIO库提供接口。）imread对于某些图像类型有特殊的语法，例如处理PNG格式中的Alpha通道，因此你需要查看特定图像类型的可用选项。imformats管理文件格式注册表，并允许你通过提供具有读写功能的函数来指定新的用户定义类型的处理方式。

你可以使用imshow、image或imagesc显示图像，其中imagesc将根据图像中的数值范围对颜色映射表进行缩放。

例如，我们将在第7章的人脸识别中使用一组猫的图像。以下代码使用imfinfo查看其中某个样本数据的图像信息：

```
>> imfinfo('IMG_4901.JPG')
ans =
            Filename: 'MATLAB/Cats/IMG_4901.JPG'
         FileModDate: '28-Sep-2016␣12:48:15'
            FileSize: 1963302
              Format: 'jpg'
       FormatVersion: ''
               Width: 3264
              Height: 2448
            BitDepth: 24
           ColorType: 'truecolor'
     FormatSignature: ''
     NumberOfSamples: 3
        CodingMethod: 'Huffman'
       CodingProcess: 'Sequential'
             Comment: {}
                Make: 'Apple'
               Model: 'iPhone␣6'
         Orientation: 1
         XResolution: 72
         YResolution: 72
      ResolutionUnit: 'Inch'
            Software: '9.3.5'
            DateTime: '2016:09:17␣22:05:08'
    YCbCrPositioning: 'Centered'
       DigitalCamera: [1x1 struct]
             GPSInfo: [1x1 struct]
       ExifThumbnail: [1x1 struct]
```

这些是告诉相机软件和图像数据库的图像生成位置和方式的元数据。这在从图像学习时非常有用，因为它可以帮助你校正分辨率（width和height）位深度和其他因子。

然后我们使用imshow查看这个图像，则会显示一个警告，提示图像太大，不能在屏幕上完全显示，将按照33%的比例来显示。如果我们使用image来查看图像，会有一个可见的坐标轴。image对于显示以每个像素作为元素个体的二维矩阵数据来说是有用的。这两个函数都返回一个图像对象的句柄，只是坐标轴的属性不同。图像显示选项如图2.1所示。表 2.4 列出了操作图像的主要函数。

```
>> figure; hI = image(imread('IMG_2398_Zoom.png'))
hI =
  Image with properties:

           CData: [680x680x3 uint8]
    CDataMapping: 'direct'

  Show all properties
```

图 2.1　图像显示选项。左图使用 imshow 生成，右图使用 image 生成

表 2.4　操作图像的主要函数

函数	功能
imread	读取各种格式的图像
imfinfo	收集图像文件的信息
imformats	判定结构体中是否存在一个字段
imwrite	将数据写入图像文件中
image	从数组中显示图像
imagesc	显示映射至当前色图的图像数据
imshow	显示图像，优化图形、坐标轴和图像对象属性，并将数组或文件名作为输入
rgb2gray	将 RGB 图像或真彩颜色图转换为灰度图
ind2rgb	将索引图像转换为 RGB 图像
rgb2ind	将 RGB 图像转换为索引图像
fitsread	读取 FITS 文件中的数据
fitswrite	将图像写入 FITS 文件
fitsinfo	有关 FITS 文件的信息
fitsdisp	显示 FITS 元数据

2.1.6 datastore

数据存储 datastore 允许用户与那些因为内容过大导致内存无法容纳的数据文件进行交互。datastore 为各种不同类型的数据提供支持，诸如表格数据、图像、电子表格、数据库和自定义文件等。每个 datastore 都提供函数来提取适合内存容量的较小数量的数据以供分析，其主要函数见表 2.5。例如，你可以搜索图像集合中具有最亮像素或最大饱和度值的图像。我们使用猫的图像集合来作为例子。

```
>> location = pwd
location =
/Users/Shared/svn/Manuals/MATLABMachineLearning/MATLAB/Cats
>> ds = datastore(location)
ds =
  ImageDatastore with properties:

      Files: {
             '␣.../Shared/svn/Manuals/MATLABMachineLearning/MATLAB/
                Cats/IMG_0191.png';
             '␣.../Shared/svn/Manuals/MATLABMachineLearning/MATLAB/
                Cats/IMG_1603.png';
             '␣.../Shared/svn/Manuals/MATLABMachineLearning/MATLAB/
                Cats/IMG_1625.png'
              ... and 19 more
             }
     Labels: {}
    ReadFcn: @readDatastoreImage
```

创建 datastore 后，你可以使用适用的类函数与其进行交互。Datastore 具有标准容器样式的函数诸如 read、partition 和 reset。每种类型的 datastore 都有不同的属性。DatabaseDatastore 需要数据库工具箱，并允许用户使用 SQL 查询。

MATLAB 提供了 MapReduce 框架，用于处理数据存储中的内存不足数据。输入数据可以是任意 datastore 类型，输出是键 – 值对 datastore。map 函数处理块中的 datastore 输入，而 reduce 函数计算每个键的输出值。mapreduce 可以通过与 MATLAB 并行计算工具箱、分布式计算服务器或编译器共同使用来进行加速。

表 2.5 操作 datastore 的主要函数

函数	功能
datasetore	为大型数据集合创建数据存储
read	从数据存储中读取数据子集
readall	读取数据存储中的全部数据
hasdata	检查数据存储中是否还有更多数据
reset	重置为默认值
partition	引用数据存储中的一个分区数据
numpartitions	预估一个合理的分区数
ImageDatastore	图像数据的数据存储

（续）

函数	功能
TabularTextDatastore	表格文本文件的数据存储
SpreadsheetDatastore	用于电子表格文件的数据存储
FileDatastore	自定义格式文件的数据存储
KeyValueDatastore	键–值对数据的数据存储
DatabaseDatastore	数据库连接，提供数据库工具箱

2.1.7 tall数组

tall数组是MATLAB R2016b发行版中的新功能，允许数组中拥有超出内存大小的更多的行。你可以使用它们来处理可能有数百万行的datastore。tall数组可以使用几乎任意MATLAB类型作为列变量，包括数值数据、元胞数组、字符串、时间和分类数据。MATLAB文档提供了支持tall数组的函数列表，主要函数见表2.6。仅当使用gather函数显式请求在数组上的操作结果时才会对其进行求值。histogram函数可以与tall数组一起使用，并将立即执行。

MATLAB统计和机器学习工具箱™、数据库工具箱、并行计算工具箱、分布式计算服务器和编译器都提供了额外的扩展来处理tall数组。有关此新功能的详细信息，请在帮助文档中使用以下主题进行检索：

- tall数组
- 使用tall数组进行大数据分析
- 支持tall数组的函数
- 索引和查看tall数组元素
- tall数组的可视化
- 其他产品中的tall数组扩展
- tall数组支持，使用说明和限制

表2.6 操作tall数组的主要函数

函数	功能
tall	tall数组初始化
gather	执行请求的操作
summary	在命令行界面中显示摘要信息
head	访问tall数组的第一行
tail	访问tall数组的最后一行
istall	检查数组类型是否为tall数组
write	将tall数组写入磁盘

2.1.8　稀疏矩阵

稀疏矩阵中的大多数元素为 0，属于一种特殊的矩阵，其主要函数见表 2.7。它们通常出现在大型优化问题中，并被许多工具箱使用。矩阵中的 0 被“挤压”出来，MATLAB 只存储非 0 元素及其索引数据，使得完整矩阵仍然可以被重新创建。许多常规 MATLAB 函数（如 chol 或 diag）保留输入矩阵的稀疏性。

表 2.7　操作稀疏矩阵的主要函数

函数	功能
sparse	从完整矩阵或从索引与值列表中创建稀疏矩阵
issparse	判断矩阵是否为稀疏矩阵
nnz	稀疏矩阵中非 0 元素的数目
spalloc	为稀疏矩阵分配非零空间
spy	可视化稀疏模式
spfun	选择性地将函数应用于稀疏矩阵的非 0 元素
full	将稀疏矩阵转换为完整模式

2.1.9　表格与分类数组

表格是 MATLAB R2013 发行版本中引入的一个新数据结构，它允许将表格数据与元数据共同存储在一个工作空间变量中，其主要函数见表 2.8。它是一种用来存储可以输入或从电子表格中导入的数据并与之进行交互的有效方式。表格中的列可以被命名、分配单元和描述，并作为数据结构中的一个字段来访问，即 T.DataName。有关从文件创建表格的信息，请参阅 readtable，或者在命令窗口中尝试 Import Data 按钮。

分类数组允许存储离散的非数值数据，并且经常在 table 中用于定义行组。例如，时间数据可以按照星期几来分组，地理数据按照州或县来组织。它们可以使用 unstack 在表中重新排列数据。

你还可以使用 join、innerjoin 和 outerjoin 将多个数据集合并为单个表，这些都是使用数据库的常用操作。

表 2.8　操作表格的主要函数

函数	功能
table	在工作区中创建包含数据的表
readtable	从文件中创建表
join	通过变量匹配来合并表
innerjoin	两个表的内连接，只保留表中的匹配行
outerjoin	外连接，保留两个表中的所有行
stack	将多个 table 变量的数据堆叠到一个变量中
unstack	将单个变量中的数据拆分至多个变量中

（续）

函数	功能
summary	计算并显示 table 的摘要数据
categorical	创建离散分类数据的数组
iscategorical	判断是否为 categorical 分类数组
categories	数组中的分类列表
iscategory	判定是否为指定类别
addcats	将类别添加至类别数组中
removecats	从分类数组中删除类别
mergecats	合并分类数组中的类别

2.1.10 大型 MAT 文件

你可以访问大型 MAT 文件的部分内容，而无须使用 matfile 函数将整个文件加载至内存中。这将创建一个对象，对象连接到所请求的 MAT 文件而无须加载文件内容。只有在请求特定变量或变量的一部分时，才会加载数据。你也可以动态添加新的数据到 MAT 文件中。

例如，我们可以加载在后面章节中生成的神经网络权重的 MAT 文件。

```
>> m = matfile('PitchNNWeights','Writable',true)
m =
  matlab.io.MatFile

  Properties:
      Properties.Source: '/Users/Shared/svn/Manuals/
         MATLABMachineLearning/MATLAB/PitchNNWeights.mat'
    Properties.Writable: true
                      w: [1x8 double]
```

我们即可以使用对象 m 访问之前卸载的 w 变量的部分数据，也可以在对象中增加一个新的变量 name。

```
>> y = m.w(1:4)
y =
     1     1     1     1
>> m.name = 'Pitch␣Weights'
m =
  matlab.io.MatFile

  Properties:
      Properties.Source: '/Users/Shared/svn/Manuals/
         MATLABMachineLearning/MATLAB/PitchNNWeights.mat'
    Properties.Writable: true
                   name: [1x13 char]
                      w: [1x8  double]
>> d = load('PitchNNWeights')
d =
       w: [1 1 1 1 1 1 1 1]
    name: 'Pitch␣Weights'
```

对于未加载的数据，例如结构数组和稀疏数组，进行索引时有一些限制。此外，

matfile 需要使用 7.3 版本的 MAT 文件，自 R2016b 版本开始，这不是通常情况下 save 操作的默认值。你必须使用 matfile 创建 MAT 文件以利用这些特征或在保存文件时添加标志选项 -v7.3'。

2.2　使用参数初始化数据结构

使用一个特殊的函数来定义数据结构总是一个好主意，你在代码库中将其作为类型来使用，类似于编写类，但是开销更少。然后，用户可以重载其代码中的单个字段，但是有一种替代方法可以一次设置多个字段：使用初始化函数，它能够处理参数对的输入列表。这就允许你在初始化函数中进行其他处理。此外，参数字符串名称可以比你选择创建字段的名称更具描述性。

2.2.1　问题

我们想要初始化数据结构，以便用户清楚地知道他正在输入什么。

2.2.2　方法

实现参数对最简单的方法是使用 varargin 和 switch 语句。或者，你可以编写一个 inputParser，它允许指定必需的和可选的输入以及命名参数。在这种情况下，你必须编写单独用于验证的函数或匿名函数，可以将其传递给 inputParser，而不仅仅是添加验证代码。

2.2.3　步骤

我们将使用第 12 章中为汽车仿真开发的数据结构作为示例。函数头部列出了输入参数以及可用的输入维度和单位。

```
%% AUTOMOBILEINITIALIZE Initialize the automobile data structure.
%
%% Form
%  d = AutomobileInitialize( varargin )
%
%% Description
% Initializes the data structure using parameter pairs.
%
%% Inputs
% varargin:  ('parameter',value,...)
%
% 'mass'                                (1,1) (kg)
% 'steering angle'                      (1,1) (rad)
% 'position tires'                      (2,4) (m)
% 'frontal drag coefficient'            (1,1)
% 'side drag coefficient'               (1,1)
% 'tire friction coefficient'           (1,1)
% 'tire radius'                         (1,1) (m)
% 'engine torque'                       (1,1) (Nm)
```

```
% 'rotational inertia'                        (1,1)  (kg-m^2)
% 'state'                                     (6,1)  [m;m;m/s;m/s;rad;rad/s]
```

该函数首先使用一组默认值创建数据结构，然后处理由用户输入的参数对。参数处理完成之后，使用尺寸和高度计算出两个面积。

```
function d = AutomobileInitialize( varargin )

% Defaults
d.mass          = 1513;
d.delta         = 0;
d.r             = [  1.17 1.17 -1.68 -1.68;...
                    -0.77 0.77 -0.77  0.77];
d.cDF           = 0.25;
d.cDS           = 0.5;
d.cF             = 0.01; % Ordinary car tires on concrete
d.radiusTire     = 0.4572; % m
d.torque        = d.radiusTire*200.0; % N
d.inr           = 2443.26;
d.x             = [0;0;0;0;0;0];
d.fRR           = [0.013 6.5e-6];
d.dim           = [1.17+1.68 2*0.77];
d.h             = 2/0.77;
d.errOld        = 0;
d.passState     = 0;
d.model         = 'MyCar.obj';
d.scale         = 4.7981;

for k = 1:2:length(varargin)
  switch lower(varargin{k})
    case 'mass'
      d.mass          = varargin{k+1};
    case 'steering␣angle'
      d.delta         = varargin{k+1};
    case 'position␣tires'
      d.r             = varargin{k+1};
    case 'frontal␣drag␣coefficient'
      d.cDF           = varargin{k+1};
    case 'side␣drag␣coefficient'
      d.cDS           = varargin{k+1};
    case 'tire␣friction␣coefficient'
      d.cF            = varargin{k+1};
    case 'tire␣radius'
      d.radiusTire        = varargin{k+1};
    case 'engine␣torque'
      d.torque        = varargin{k+1};
    case 'rotational␣inertia'
      d.inertia       = varargin{k+1};
    case 'state'
      d.x             = varargin{k+1};
    case 'rolling␣resistance␣coefficients'
      d.fRR           = varargin{k+1};
    case 'height␣automobile'
      d.h             = varargin{k+1};
    case 'side␣and␣frontal␣automobile␣dimensions'
      d.dim           = varargin{k+1};
    case 'car␣model'
```

```
        d.model       = varargin{k+1};
      case 'car␣scale'
        d.scale       = varargin{k+1};
    end
  end

  % Processing
  d.areaF = d.dim(2)*d.h;
  d.areaS = d.dim(1)*d.h;
  d.g     = LoadOBJ(d.model,[],d.scale);
```

如果要调用 inputParser 执行相同的任务，请在 switch 语句的每个分支中添加 addRequired、addOptional 或 addParameter 调用。命名参数需要默认值。你可以选择指定验证函数。在下面的示例中，我们使用 isNumeric 将输入值限制为数值数据。

```
>> p = inputParser
p.addParameter('mass',0.25);
p.addParameter('cDF',1513);
p.parse('cDF',2000);
d = p.Results

p =

  inputParser with properties:

       FunctionName: ''
      CaseSensitive: 0
      KeepUnmatched: 0
    PartialMatching: 1
       StructExpand: 1
         Parameters: {1x0 cell}
            Results: [1x1 struct]
          Unmatched: [1x1 struct]
      UsingDefaults: {1x0 cell}
d =

  struct with fields:

     cDF: 2000
    mass: 0.2500
```

在这种情况下，参数解析的结果将被存储在 Results 子结构体中。

2.3 在图像 datastore 上执行 mapreduce

2.3.1 问题

我们在本章的概述中讨论了数据存储 datastore 类。现在让我们用它来对全部的猫图像使用 mapreduce 进行分析，分析操作可以扩展至非常大量的图像数据。mapreduce 由两步操构成：首先 map 操作用于 datastore，创建中间值，接着 reduce 负责操作中间数据，并产生最终结果。

2.3.2 方法

我们将猫图像文件夹的路径作为参数来创建数据存储 datastore。我们还需要创建 map 函数和 reduce 函数以传递到 mapreduce。如果你使用其他工具箱（如并行计算工具箱），则需要使用 mapreducer 来指定 reduce 环境。

2.3.3 步骤

首先，使用图像路径创建数据存储 datastore。

```
>> imds = imageDatastore('MATLAB/Cats');
imds =
  ImageDatastore with properties:

      Files: {
             '␣.../MATLABMachineLearning/MATLAB/Cats/IMG_0191.png';
             '␣.../MATLABMachineLearning/MATLAB/Cats/IMG_1603.png';
             '␣.../MATLABMachineLearning/MATLAB/Cats/IMG_1625.png'
              ... and 19 more
             }
     Labels: {}
    ReadFcn: @readDatastoreImage
```

然后，编写 map 函数，它必须能够生成和存储将由 reduce 函数处理的中间值。每个中间值必须使用 add 作为键存储在中间值的键 - 值对数据存储中。在这种情况下，map 函数将在每次调用时接收一个图像。我们称它为 catColorMapper，因为它使用简单的平均值处理每个图像的红色、绿色和蓝色值。

```
function catColorMapper(data, info, intermediateStore)

% Calculate the average (R,G,B) values
avgRed = mean(mean(data(:,:,1)));
avgGreen = mean(mean(data(:,:,2)));
avgBlue = mean(mean(data(:,:,3)));

% Store the calculated values with text keys
add(intermediateStore, 'Avg␣Red', struct('Filename',info.Filename,'
   Val', avgRed));
add(intermediateStore, 'Avg␣Green', struct('Filename',info.Filename,'
   Val', avgGreen));
add(intermediateStore, 'Avg␣Blue', struct('Filename',info.Filename,'
   Val', avgBlue));
```

Reduce 函数将从数据存储中接收图像文件列表，每次对应于中间值数据中的一个键。它接收中间值数据存储迭代器以及输出数据存储。同样，每个输出必须是一个键 – 值对。使用的 hasnext 和 getnext 函数是 mapreduce ValueIterator 类的一部分。

```
function catColorReducer(key, intermediateIter, outputStore)

% Iterate over values for each key
minVal = 255;
minImageFilename = '';
while hasnext(intermediateIter)
```

```
    value = getnext(intermediateIter);

    % Compare values to find the minimum
    if value.Val < minVal
        minVal = value.Val;
        minImageFilename = value.Filename;
    end
end

% Add final key-value pair
add(outputStore, ['Minimum␣-␣␣' key], minImageFilename);
```

最后，我们使用指向两个辅助函数的函数句柄来调用 mapreduce。进度被输出到命令行之中，首先是映射步骤，然后紧跟着是 reduce 步骤（一旦映射进度到达 100%）。

```
minRGB = mapreduce(imds, @catColorMapper, @catColorMapper);

********************************
*      MAPREDUCE PROGRESS      *
********************************
Map   0% Reduce   0%
Map  13% Reduce   0%
Map  27% Reduce   0%
Map  40% Reduce   0%
Map  50% Reduce   0%
Map  63% Reduce   0%
Map  77% Reduce   0%
Map  90% Reduce   0%
Map 100% Reduce   0%
Map 100% Reduce  33%
Map 100% Reduce  67%
Map 100% Reduce 100%
```

计算结果存储在MAT文件中，例如结果文件 results_1_28-Sep-2016_16-28-38_347。返回的存储是指向该MAT文件的键－值存储，而MAT文件中又包含拥有最终键－值结果的存储。

```
>> output = readall(minRGB)
output =
          Key                             Value
    _______________    _____________________________________________
    ''Minimum - Avg Red'      '/MATLAB/Cats/IMG_1625.png'
    ''Minimum - Avg Blue'     '/MATLAB/Cats/IMG_4866.jpg'
    ''Minimum - Avg Green'    '/MATLAB/Cats/IMG_4866.jpg'
```

你会注意到图像文件是不同的文件类型。这是因为它们有不同的来源。MATLAB 可以很好地处理大多数图像类型。

2.4 从文件中创建表格

对于大数据，通常我们会把复杂的数据结构存放在多个文件之中。MATLAB 提供的功能可以轻松地处理大量数据。在本节中，我们将从一组天气文件中收集数据，并对两年的数据执行快速傅里叶变换（FFT）。首先，我们将编写 FFT 函数。

2.4.1 问题

我们想要做 FFT。

2.4.2 方法

使用 fft 编写一个函数并计算 FFT 的能量。能量只是 FFT 输出及其转置乘积的实部。

2.4.3 步骤

以下函数对采样间隔为 tSamp 的数据 y 执行 FFT。

```
function [e, w] = FFTEnergy( y, tSamp )

% Demo
if( nargin < 1 )
  Demo;
  return;
end

[n, m] = size( y );

if( n < m )
  y = y';
end

n = size( y, 1 );

% Check if an odd number and make even
if(2*floor(n/2) ~= n )
  n = n - 1;
  y = y(1:n,:);
end

x  = fft(y);
e  = real(x.*conj(x))/n;

hN = n/2;
e  = e(1:hN,:);
r  = 2*pi/(n*tSamp);
w  = r*(0:(hN-1));

if( nargout == 0 )
  tL = sprintf('FFT␣Energy␣Plot:␣Resolution␣=␣%10.2e␣rad/sec',r);
  PlotSet(w,e','x␣label','Frequency␣(rad/sec)','y␣label', 'Energy',
  'plot␣title', tL,'plot␣type', 'xlog', 'figure␣title', 'FFT');
  clear e
end
```

我们通过两行代码计算能量。

```
x  = fft(y);
e  = e(1:hN,:);
```

提取实部只考虑了数值误差。数字及其复共轭的乘积应该是实数。

该函数计算分辨率。请注意，它是采样周期和 FFT 点数的函数。

内建的演示创建了一个频率为 1 弧度 / 秒的序列和频率为 2 弧度 / 秒的序列。振幅为 2 的高频序列具有预期的更多的能量。

```
end

function Demo
%% Demo
tSamp    = 0.1;
omega1   = 1;
omega2   = 3;
t        = linspace(0,1000,10000)*tSamp;
y        = sin(omega1*t) + 2*sin(omega2*t);
```

图 2.2 显示了数据和 FFT 结果。请注意 FFT 图中清晰可见的频率与时间图中的振荡相匹配。

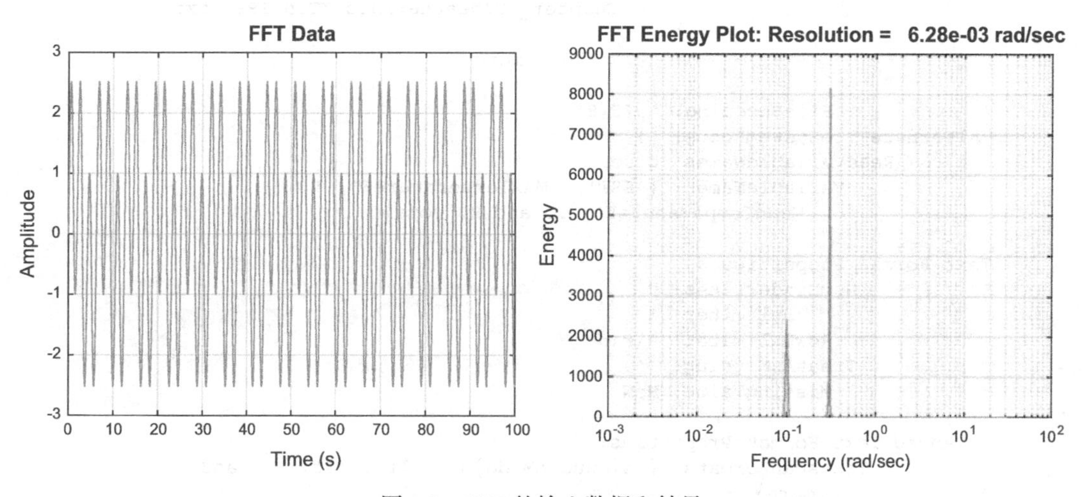

图 2.2　FFT 的输入数据和结果

2.5　处理表格数据

2.5.1　问题

我们希望使用表格中的数据来比较 1999 年和 2015 年的温度频率。

2.5.2　方法

使用 tabularTextDatastore 加载数据并对数据执行 FFT。

2.5.3 步骤

首先，让我们看看当从天气文件中读取数据时会发生什么。

```
>> tds = tabularTextDatastore('./Weather')

tds =

  TabularTextDatastore with properties:

                      Files: {
                             '␣.../MATLABMachineLearning2/MATLAB/
                                Chapter_02/Weather/HistKTTN_1990.txt
                                ';
                             '␣.../MATLABMachineLearning2/MATLAB/
                                Chapter_02/Weather/HistKTTN_1993.txt
                                ';
                             '␣.../MATLABMachineLearning2/MATLAB/
                                Chapter_02/Weather/HistKTTN_1999.txt
                                '
                              ... and 5 more
                             }
               FileEncoding: 'UTF-8'
   AlternateFileSystemRoots: {}
          ReadVariableNames: true
              VariableNames: {'EST', 'MaxTemperatureF', '
                MeanTemperatureF' ... and 20 more}

  Text Format Properties:
             NumHeaderLines: 0
                  Delimiter: ','
               RowDelimiter: '\r\n'
             TreatAsMissing: ''
               MissingValue: NaN

  Advanced Text Format Properties:
            TextscanFormats: {'%{uuuu-MM-dd}D', '%f', '%f' ... and 20
                more}
                   TextType: 'char'
         ExponentCharacters: 'eEdD'
               CommentStyle: ''
                 Whitespace: '␣\b\t'
    MultipleDelimitersAsOne: false
  Properties that control the table returned by preview, read,
     readall:
      SelectedVariableNames: {'EST', 'MaxTemperatureF', '
          MeanTemperatureF' ... and 20 more}
            SelectedFormats: {'%{uuuu-MM-dd}D', '%f', '%f' ... and 20
                more}
                   ReadSize: 20000 rows
```

WeatherFFT 选择要使用的数据。它会查找文件中的所有数据。运行脚本时，你需要与 WeatherFFT 位于同一文件夹中。

```
tDS                       = tabularTextDatastore('./Weather/');
tDS.SelectedVariableNames = {'EST','MaxTemperatureF'};
```

```
preview(tDS)

secInDay = 86400;

z = readall(tDS);

% The first column in the cell array is the date. year extracts the
   year
y      = year(z{:,1});
k1993 = find(y == 1993);
k2015 = find(y == 2015);
tSamp = secInDay;
t      = (1:365)*tSamp;
j      = {[1 2]};

%% Plot the FFT

% Get 1993 data
d1993       = z{k1993,2}';
m1993       = mean(d1993);
d1993       = d1993 - m1993;

e1993       = FFTEnergy( d1993, tSamp );

% Get 2015 data
d2015       = z{k2015,2}';
```

如果数据不存在，TabularTextDatatore 将 NaN 放入数据点的位置。我们碰巧选择了两年而没有任何遗漏数据。我们使用预览来查看得到的内容。

```
>> WeatherFFT
Warning: Variable names were modified to make them valid MATLAB
   identifiers.
ans =

  8x2 table

       EST          MaxTemperatureF
    __________      _______________

    1990-01-01            39
    1990-01-02            39
    1990-01-03            48
    1990-01-04            51
    1990-01-05            46
    1990-01-06            43
    1990-01-07            42
    1990-01-08            37
```

在这个脚本中，我们从 FFTEnergy 获得输出，以便可以组合这些图。我们选择将数据放在同一轴上。图 2.3 显示了温度数据及其 FFT 结果。

我们做了一点有趣的小改进。条目中包含了平均温度。

```
d2015       = d2015 - m2015;
[e2015,f] = FFTEnergy( d2015, tSamp );
```

```
lG = {{sprintf('1993:␣Mean␣=␣%4.1f␣deg-F',m1993) sprintf('2015:␣Mean␣
    =␣%4.1f␣deg-F',m2015)}};

PlotSet(t,[d1993;d2015],  'x␣label', 'Days', 'y␣label','Amplitude␣(
    deg-F)',...
  'plot␣title','Temperature', 'figure␣title', 'Temperature','legend',
     lG,'plot␣set',j);
```

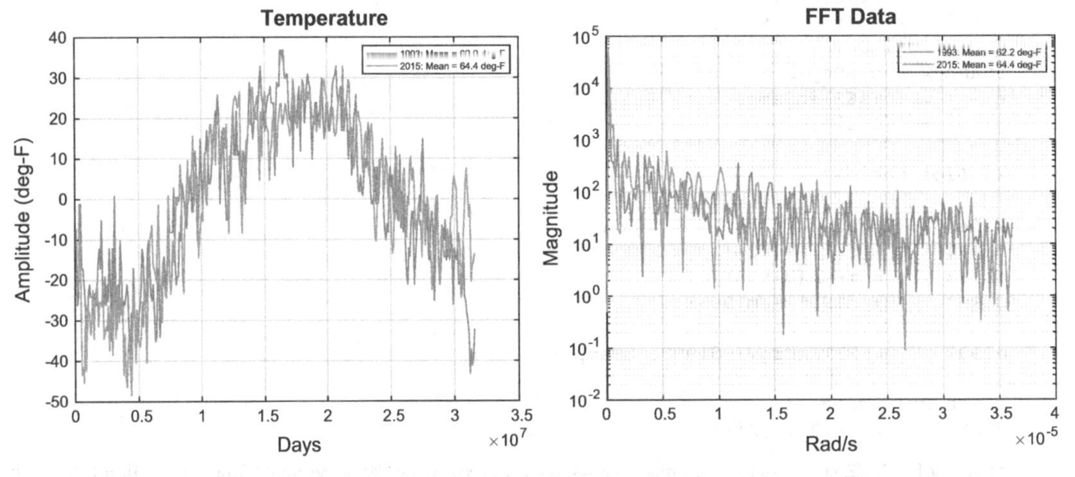

图 2.3　1993 年和 2015 年的数据

2.6　使用 MATLAB 字符串

机器学习经常需要和人类进行交互，这经常意味着处理语音。而且专家系统和模糊逻辑系统可以使用文本描述。MATLAB 的字符串数据类型让这一切变得易用。字符串被一对双引号包括。在本节中，我们给出一些操作字符串的例子，而不是字符数组。

2.6.1　字符串的连接

2.6.1.1　问题

我们想要连接两个字符串。

2.6.1.2　方法

创建两个字符串，并且用“+”操作符。

2.6.1.3　步骤

你可以使用“+”运算符连接多个字符串。结果是第二个字符串紧邻着第一个字符串。

```
>> a = "12345";
>> b = "67";
>> c = a + b
```

```
c =

    "1234567"
```

2.6.2　字符串数组

2.6.2.1　问题

我们想要字符串构成的任意数组。

2.6.2.2　方法

创建两个字符串，并把它们放到一个阵列之中。

2.6.2.3　步骤

我们创建了与上面相同的两个字符串并使用矩阵操作符。如果它们是字符数组，我们需要用空格填充较短的字符串，使其与较长的字符串相同。

```
>> a = "12345";
>> b = "67";
>> c = [a;b]

c =

  2×1 string array
    "12345"
    "67"

>> c = [a b]

c =

  1×2 string array

    "12345"    "67"
```

你可以使用元胞数组，但字符串通常更方便。

2.6.3　子串

2.6.3.1　问题

我们想要获取一个固定前缀之后的字符串。

2.6.3.2　方法

创建一个字符串数组，并使用 extractAfter。

2.6.3.3　步骤

创建一个待搜索字符串数组，并使用 extractAfter。

```
>> a = ["1234";"12456";"12890"];
f = extractAfter(a,"12")
```

```
f =

  3$\times$1 string array

    "34"
    "456"
    "890"
```

大部分的操作字符串的函数也可以作用于 char 数组，但是**字符串**操作更加清晰。这里是对应于上述例子操作**元胞**数组的例子。

```
>> a = {'1234';'12456';'12890'};
>> f = extractAfter(a,"12")

f =

  3$\times$1 cell array

    {'34' }
    {'456'}
    {'890'}
```

2.7 小结

在 MATLAB 中有大量的数据容器可以辅助机器学习分析数据。如果你可以访问计算机集群或者你有特定的计算工具箱，你甚至可以有更多的选择。表 2.9 列出了随书代码中的函数和脚本。

表 2.9 本章代码列表

文件	描述
AutomobileInitialize	第 12 章中数据结构初始化例子
catReducer	用于 mapreduce 的图像 datastore
FFTEnergy	基于 FFT 计算能量
weatherFFT	对天气数据做 FFT

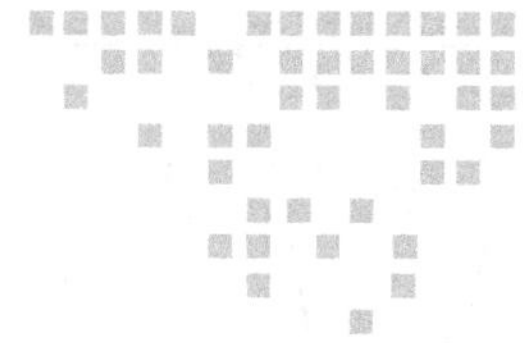

第 3 章 Chapter 3

MATLAB 作图

机器学习的一个问题是如何理解算法以及算法做出特定决策的理由。而且，你也希望能够轻松理解决策本身。MATLAB 拥有广泛的图形工具可以用于此目的。作图函数广泛用于机器学习问题。MATLAB 图可以是二维或三维的。MATLAB 还有许多作图类型，如线图、条形图和饼图。不同类型的图可以更好地表达特定类型的数据。MATLAB 还具有广泛的曲面和轮廓图功能，可用于以易于掌握的方式显示复杂数据。另一个设施是三维（3D）建模。你可以绘制动画对象，例如机器人或汽车。当你的机器学习涉及仿真系统时，这些特点特别有用。

MATLAB 图形的一个重要部分是图形用户界面（GUI）构建。MATLAB 拥有丰富的 GUI 制作工具。这些可以使你的设计工具或机器学习系统方便用户操作。

本章将介绍 MATLAB 中的各种作图工具。它们也允许你为自己的应用程序定制 MATLAB 图形。

3.1 二维线图

3.1.1 问题

使用简短的函数生成二维（2D）线图，避免为了生成图形而不得不编写冗长的代码。

3.1.2 方法

编写一个函数来获取数据与参数对，然后封装 MATLAB 中二维线图绘制函数的功能。使用单行代码创建的绘图示例如图 3.1 所示。

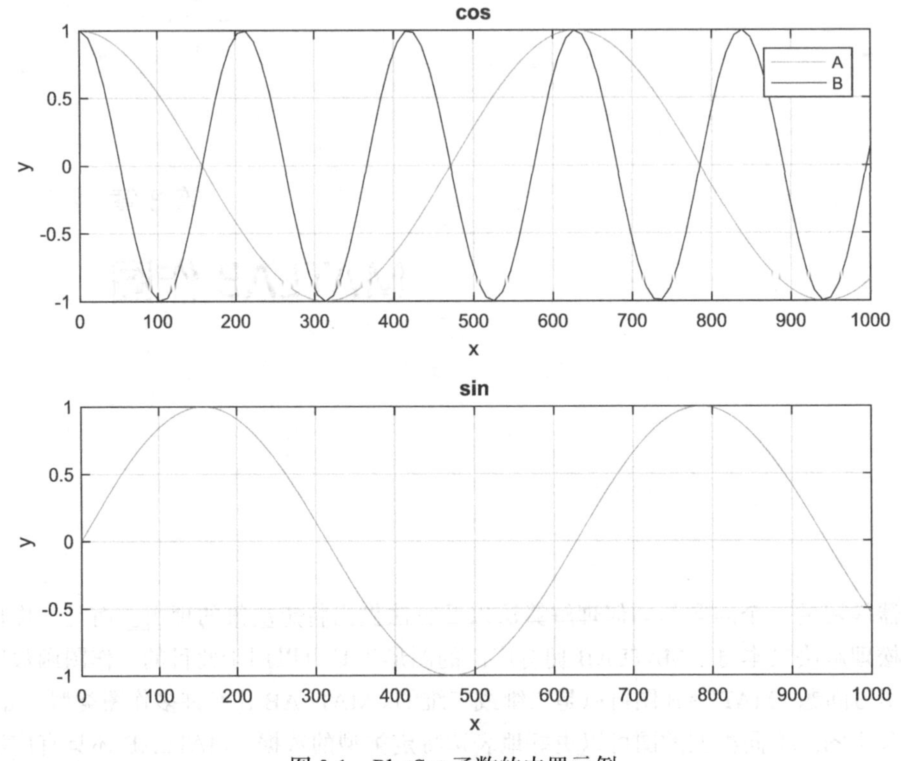

图 3.1 PlotSet 函数的内置示例

3.1.3 步骤

PlotSet 用于生成二维图，包括示例中的多个子图。

```
function h = PlotSet( x, y, varargin )
```

这段代码把 varargin 处理成参数对，来作为输入选项。一个参数对是指两个输入。第一个是值的名字，第二个是值本身。比如，用于标记 x 轴的参数对是：

```
'x label','Time (s)'
```

varargin 可以轻松扩展绘图选项。核心代码如下所示。我们提供 x 和 y 轴标签的默认值以及图形的名字。参数对在 switch 语句中处理。以下代码是只有一个 x 轴标签时的分支代码。它通过元胞数组 plotSet 中的数据排列图形。

```
for k = 1:m
  subplot(m,nCol,k);
  j = plotSet{k};
  for i = 1:length(j)
    plotXY(x,y(j(i),:),plotType);
    hold on
  end
    hold off
    xlabel(xLabel{1});
    ylabel(yLabel{k});
```

```
    if( length(plotTitle) == 1 )
      title(plotTitle{1})
    else
      title(plotTitle{k})
    end
    if( ~isempty(leg{k}) )
      legend(leg{k});
    end
    grid on
  end
```

具体的作图在名为 plotXY 的子函数中完成。在那里，你可以看到对所有熟悉的 MATLAB 作图函数的调用。

```
function plotXY(x,y,type)

switch type
  case 'plot'
    plot(x,y);
  case {'log' 'loglog' 'log␣log'}
    loglog(x,y);
  case {'xlog' 'semilogx' 'x␣log'}
    semilogx(x,y);
  case {'ylog' 'semilogy' 'y␣log'}
    semilogy(x,y);
  otherwise
    error('%s␣is␣not␣an␣available␣plot␣type',type);
end
```

图 3.1 中的示例由 PlotSet 函数末尾的专用示例函数生成。该示例展示了该函数的几个功能。这些包括：

1. 在每个图形中绘制多条线
2. 图例
3. 图形的标题
4. 默认的坐标标签

使用专用的示例子功能是一种提供函数内置示例的简洁方法，在图形功能中提供典型绘图的示例尤为重要。代码如下所示。

```
function Demo

x = linspace(1,1000);
y = [sin(0.01*x);cos(0.01*x);cos(0.03*x)];
disp('PlotSet:␣One␣x␣and␣two␣y␣rows')
```

3.2 通用二维作图

3.2.1 问题

你希望以不同方式表示二维数据集。线图非常有用，但有时可以更容易地以不同形式显示数据。MATLAB 具有许多用于二维图形显示的功能。

3.2.2 方法

编写脚本展示 MATLAB 中不同的二维绘图类型。示例中我们使用 subplot 以减少图形数目。

3.2.3 步骤

使用 NewFigure 函数创建一个具有合适名称的新图形窗口，然后运行以下脚本。

```
>> NewFigure('My␣figure␣name')

ans =

  Figure (1: My figure name) with properties:

      Number: 1
        Name: 'My␣figure␣name'
       Color: [0.9400 0.9400 0.9400]
    Position: [560 528 560 420]
       Units: 'pixels'

  Show all properties

subplot(4,1,1);
plot(x,y);
subplot(4,1,2);
bar(x,y);
subplot(4,1,3);
barh(x,y);
ax4 = subplot(4,1,4);
pie(y)
colormap(ax4,'gray')
```

MATLAB 中有四种绘图类型来实现二维数据展示：第一种是二维线图，与 PlotSet 相同；中间两种是条形图；最后一种是饼图。每一种类型都为用户提供了不同的洞察数据的方式，如图 3.2 所示⊖。

MATLAB 有很多功能可以使这些图形的信息更加翔实，例如，我们可以：

❑ 添加标签

❑ 添加网格

❑ 更改字体类型和大小

⊖ 用 colormap(ax4,'default') 可以绘制最后一个彩色饼图。——译者注

- ❑ 更改线条粗细
- ❑ 添加图例
- ❑ 更改坐标轴类型和范围

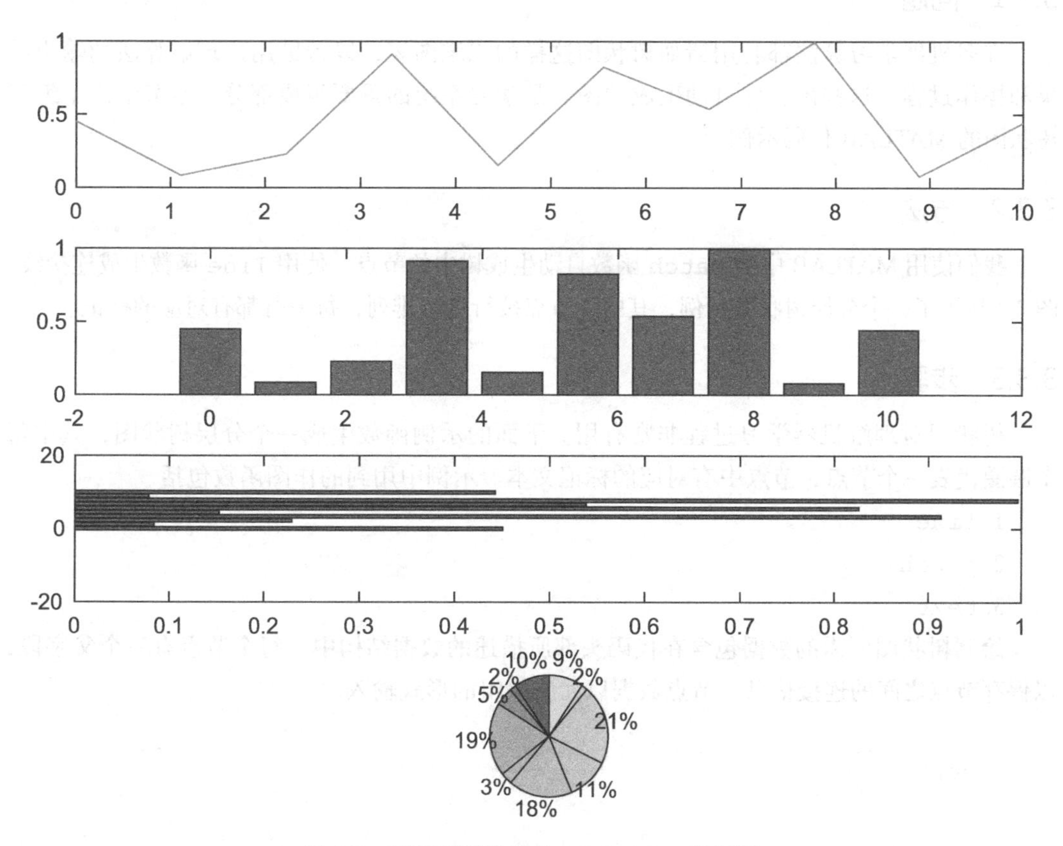

图 3.2　四种不同类型的 MATLAB 二维图形

最后一项需要查看坐标轴属性。下面列出了最后一个线图的属性——非常长的属性列表！ gca 是当前坐标轴的句柄。get(gca) 返回一个巨大的列表，出于篇幅考虑不便在书中给出。可以使用 set 函数更改其中的每一项：

```
set(gca,'YMinorGrid','on','YGrid','on')
```

函数用法与 PlotSet 相同，都是使用参数对。在这个属性列表中，children 是指向坐标轴子对象的指针。你可以使用 get 访问属性值，并使用 set 更改其属性。添加到轴的任何项（例如轴标签、标题、线条或其他图形对象）都是该轴的子项。

3.3 定制二维图表

3.3.1 问题

许多机器学习算法都利用诸如树状图这样的二维图表，以帮助用户理解算法的输出结果和操作过程。这些由软件自动生成的图表是学习系统的重要组成部分。本节给出了编写树状图的 MATLAB 代码示例。

3.3.2 方法

我们使用 MATLAB 中的 `patch` 函数自动生成树中的节点，使用 `line` 函数生成连接线。图 3.3 显示了一个分层树状图示例，其中，节点按行进行排列，每一行都有对应的标记。

3.3.3 步骤

树状图对理解机器学习过程非常有用。下面的示例函数生成一个分层树状图，其中每个圆圈代表一个节点，节点中有对应的标记文本。示例中用到的作图函数包括

1. `line`
2. `patch`
3. `text`

绘制树状图所需的数据包含在代码头部所描述的数据结构中。每个节点有一个父字段，以保存节点之间的连接信息。节点数据以元胞数组的形式输入。

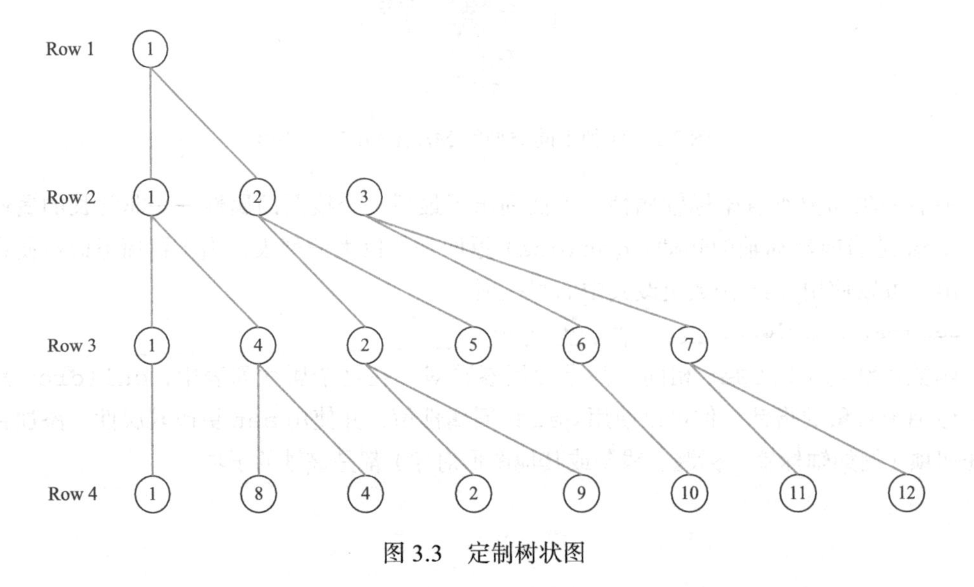

图 3.3　定制树状图

该函数使用了一个 persistent 变量来保存图形句柄，以便在需要的时候，我们可以在后

续的调用中更新同一个图形。

```
if( ~update )
  figHandle = NewFigure(w.name);
else
  clf(figHandle)
end
```

核心绘图代码在 DrawNode 中，它绘制节点框；而 ConnectNode 负责将节点与线连接起来。我们的节点是具有 20 个段的圆圈。linspace 代码确保 0 和 2π 都不在角度列表中。

```
function [xC,yCT,yCB] = DrawNode( x0, y0, k, w )

n = 20;
a = linspace(0,2*pi*(1-1/n),n);

x = w.width*cos(a)/2 + x0;
y = w.width*sin(a)/2 + y0;
patch(x,y,'w');
text(x0,y0,sprintf('%d',k),'fontname',w.fontName,'fontsize',w.
   fontSize,'horizontalalignment','center');

xC  = x0;
yCT = y0 + w.width/2;
yCB = y0 - w.width/2;

%% TreeDiagram>ConnectNode
function ConnectNode( n, nP, w )

x = [n.xC nP.xC];
y = [n.yCT nP.yCB];

line(x,y,'linewidth',w.linewidth,'color',w.linecolor);
```

3.4 三维盒子

三维图形有两类方法。一是绘制一个对象，例如一个地球。另外一种是绘制大量的数据集合。本节和下节将会分别展示这两种方法。

3.4.1 问题

绘制一个三维盒子。

3.4.2 方法

使用 patch 函数绘制对象，如图 3.4 所示。

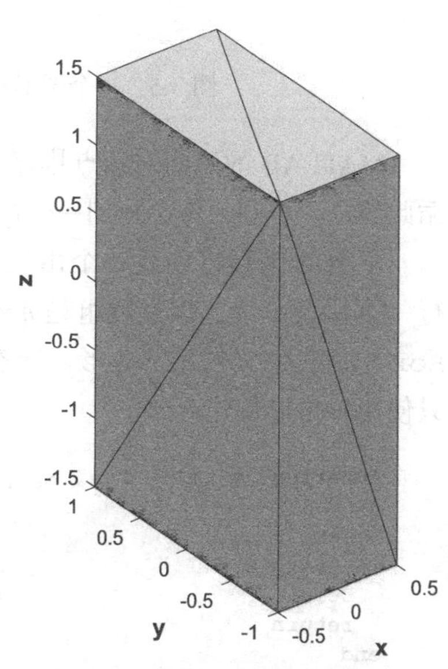

图 3.4 使用 patch 绘制盒子

3.4.3 步骤

从顶点和表面开始创建三维对象。顶点是空间中的一个点。创建一个包含三维对象顶点的列表，然后以顶点列表的形式创建表面。具有两个顶点的面是一条直线，而具有三个顶点的面是一个三角形。一个多边形可以有更多数量的顶点。然而，在底层的图形处理器负责处理三角形，所以我们最好将所有的图形块转为三角形。图 3.5 显示了一个三角形及其外向法线，你会注意到其中的法线向量，这是一个外向向量。patch 中的顶点应使用“右手规则”进行排序，也就是说，如果法线在你的拇指方向，那么面将按照你的手指方向进行排序。在这个图中，两个三角形的顺序将是

```
[3 2 1]
[1 4 3]
```

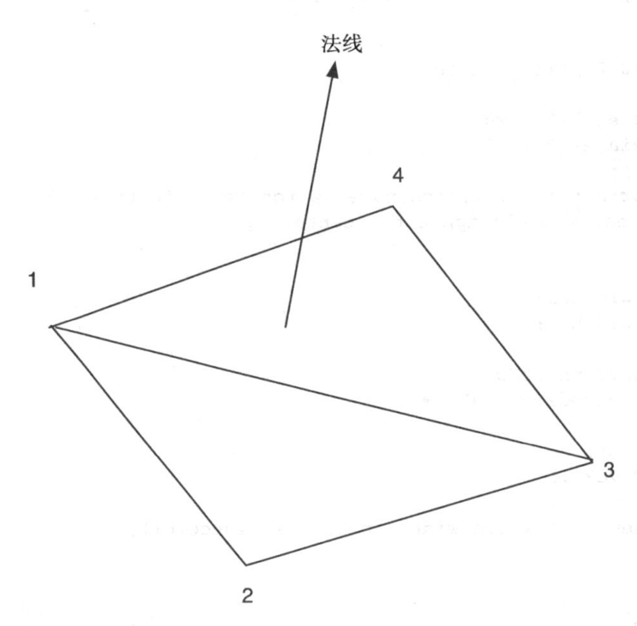

图 3.5 一个图形块 patch，其法线指向视角或对象的“外部”

MATLAB 的照明对顶点排序不是很挑剔，但是如果你要导出一个模型，那么就需要遵循此约定。否则，你会得到一个内外反转的物体！

下面的代码将创建一个由三角形块组成的盒子，表面和顶点数组通过手工创建。每行一个顶点，因此顶点数组是 $n \times 3$。面数组是 $n \times m$，其中 m 是每个面的最大顶点数。在 Box 中，我们只使用三角形。所有图形处理器最终都会绘制三角形，如果可以的话，最好只使用三角形创建对象。

```
function [v, f] = Box( x, y, z )

% Demo
if( nargin < 1 )
  Demo
  return
end
```

```
% Faces
f   = [2 3 6;3 7 6;3 4 8;3 8 7;4 5 8;4 1 5;2 6 5;2 5 1;1 3 2;1 4 3;5
   6 7;5 7 8];
% Vertices
v = [-x  x  x -x -x  x  x -x;...
     -y -y  y  y -y -y  y  y;...
     -z -z -z -z  z  z  z  z]'/2;

% Default outputs
if( nargout == 0 )
  DrawVertices( v, f, 'Box' );
  clear v
end
```

使用 DrawVertices 函数中的 patch 绘制盒子，这里只调用 patch 函数一次。patch 接受参数对以指定面和边缘的着色以及许多其他特征。一个 patch 块只能指定一种颜色。如果你想要一个不同颜色的盒子，那么需要用到多个 patch 块。我们打开 rotate3d，以便可以用鼠标重新定向对象。view3 是一个标准的 MATLAB 视图，代表眼睛向下看着网格框的一角。

```
NewFigure(name)
patch('vertices',v,'faces',f,'facecolor',[0.8 0.1 0.2]);
axis image
xlabel('x')
ylabel('y')
zlabel('z')
See SimGUI.m and SimGUI.fig.
view(3)
grid on
rotate3d on
```

这个示例中我们只使用了最基本的照明，你可以使用 light 在图形中添加各种光源。光可以是环境光源或者其他各种光源。

3.5　用纹理绘制三维对象

3.5.1　问题

绘制一个带纹理的星球。

3.5.2　方法

使用表面并将纹理叠加在表面上。图 3.6 显示了用 Globe 函数绘制的冥王星图像的例子。

```
>> Globe

ans =

  Figure (2: Globe) with properties:
```

```
      Number: 2
        Name: 'Globe'
       Color: [0.9400 0.9400 0.9400]
    Position: [560 528 560 420]
       Units: 'pixels'

  Show all properties
```

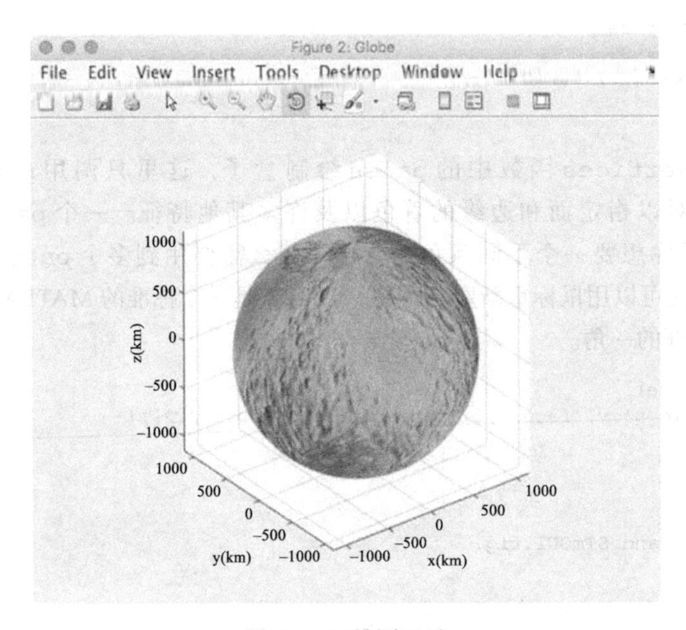

图 3.6　三维冥王星

3.5.3 步骤

我们首先通过在球体上创建 x、y、z 点，然后以从图像文件中读入的纹理进行覆盖来生成图片。可以使用 imread 从文件读取纹理贴图。如果是一个彩色图像，那么读入的将是一个三维矩阵，第三维元素将是对红、蓝或绿色的索引。但如果是灰度图像，则必须通过复制图像来创建三维矩阵。

```
p = imread('PlutoGray.png');
p3(:,:,1) = p;
p3(:,:,2) = p;
p3(:,:,3) = p;
```

起始对象 p 是一个二维矩阵。

首先使用 sphere 函数生成坐标，使用 surface 函数生成曲面。然后应用下面的纹理：

```
for i= 1:3
  planetMap(:,:,i)=flipud(planetMap(:,:,i));
end
```

```
set(hSurf,'Cdata',planetMap,'Facecolor','texturemap');
set(hSurf,'edgecolor', 'none',...
          'EdgeLighting', 'phong','FaceLighting', 'phong',...
          'specularStrength',0.1,'diffuseStrength',0.9,...
          'SpecularExponent',0.5,'ambientStrength',0.2,...
          'BackFaceLighting','unlit');
```

flipup让地图看起来更加“正常”。Phong是一种阴影类型。它采用顶点的颜色，并根据内插法线为多边形的像素进行颜色插值。漫反射（diffuse）和镜面反映（specular）是不同类型的光反射。当你将纹理应用于表面时，它们的作用并不明显。

3.6 通用三维作图

3.6.1 问题

我们要使用三维图形来展示二维数据集。一个二维数据集就是一个矩阵或者 $n \times m$ 的数组。

3.6.2 方法

使用MATLAB的曲面图、网格图、柱状图和等值线图等功能。对一个随机数据集的不同可视化效果示例如图3.7所示。

3.6.3 步骤

我们使用rand函数生成一个 8×8 的二维随机数据集，使用子图方式将多种可视化效果显示在同一个图形中。这时，我们需要创建两行、三列的多子图显示。图3.7显示了六种类型的二维图，其中surf、mesh和surfl（具有光照的三维阴影表面）非常相似。当应用光照时，曲线效果会变得更加有趣。两个bar3图形显示了不同的条形图着色方式。在第二个条形图中，颜色随长度而变化，这样的效果需要在代码中修改CData和FaceColor[⊖]。

```
m = rand(8,8);

h = NewFigure('Two␣Dimensional␣Data');

colormap(h,'gray')

subplot(2,3,1)
surf(m)
title('surf')

subplot(2,3,2)
surfl(m,'light')
```

⊖ 参见第3章文件TwoDDataDisplay.m。彩色显示只需要把第4行代码的colormap(h, 'gray')改成colormap(h, 'default')即可。——译者注

```
title('surfl')

subplot(2,3,3)
mesh(m)
title('mesh')

subplot(2,3,4)
bar3(m)
title('bar3')

subplot(2,3,5)
h = bar3(m);
title('bar3')

colorbar
for k = 1:length(h)
        zdata = h(k).ZData;
        h(k).CData = zdata;
        h(k).FaceColor = 'interp';
end

subplot(2,3,6)
contour(m);
title('contour')
```

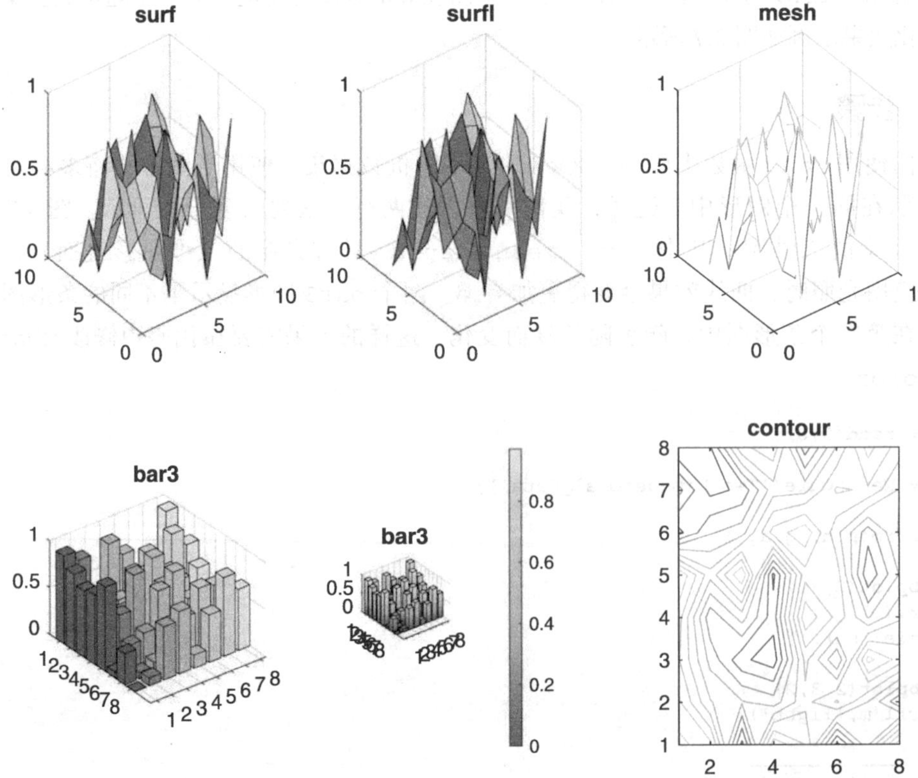

图 3.7 二维数据的六种不同的二维图表示

3.7 构建图形用户界面

3.7.1 问题

我们构建一个图形用户界面（GUI）来实现二阶系统仿真。

3.7.2 方法

使用 MATLAB GUIDE 构建图形用户界面，使我们能够：

1. 设置阻尼常数
2. 设置仿真结束时间
3. 设置输入类型（脉冲、步长或正弦曲线）
4. 显示输入和输出图形

3.7.3 步骤

我们构建一个图形用户界面，以便为代码中的 SecondOrderSystemSim 函数提供人机接口。SecondOrderSystemSim 的第一部分是在一个循环体内执行仿真代码。

```
omega    = max([d.omega d.omegaU]); % Maximum frequency for the
   simulation
dT       = 0.1*2*pi/omega; % Get the time step from the frequency
n        = floor(d.tEnd/dT); % Get an integer numbeer of steps
xP       = zeros(2,n); % Size the plotting array
x        = [0;0]; % Initial condition on the [position;velocity]
t        = 0; % Initial time

for k = 1:n
  [~,u]    = RHS(t,x,d);
  xP(:,k)  = [x(1);u];
  x        = RungeKutta( @RHS, t, x, dT, d );
  t        = t + dT;
end
```

运行之，可以给出如图 3.8 所示的图形结果。具体的作图代码为：

```
[t,tL] = TimeLabel((0:n-1)*dT);

if( nargout == 0 )
  PlotSet(t,xP,'x␣label',tL,'y␣label', {'x' 'u'}, 'figure␣title','
    Filter');
end
```

TimeLabel 使时间单位对于仿真的长度是合理的。它会自动重新调整时间向量。该函数内置了仿真循环。

MATLAB GUI 构建系统 GUIDE，可以通过在命令行窗口输入 guide [⊖] 启动。我们使

⊖ 从 R2016a 开始，MATLAB 引入了一个新的 GUI 设计工具 App Designer，功能更加强大，旧的 GUIDE 会逐步被淘汰，建议大家用这个新 App Designer 替代 GUIDE 设计图形用户界面。——译者注

用 MATLAB R2018a 版本。也许与你的版本有细微的差别。

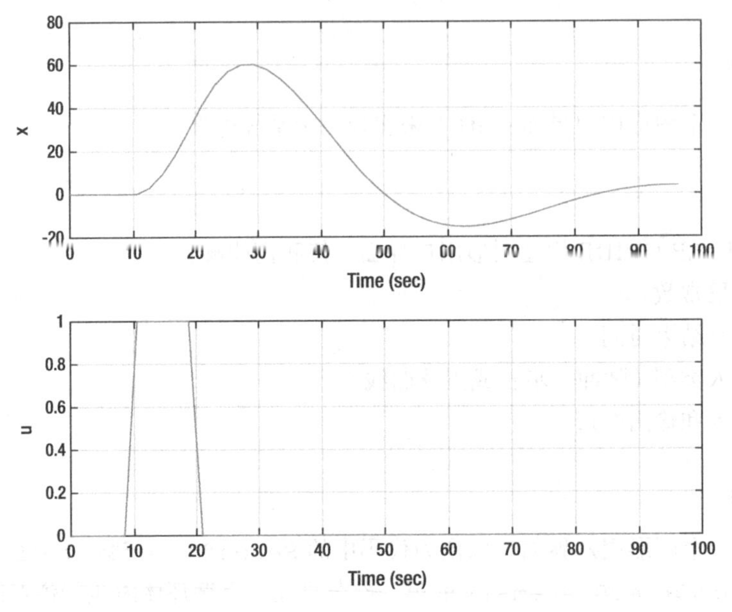

图 3.8 二阶系统仿真

GUIDE 中有若干 GUI 模板可供选择，或者选择一个空白的 GUI。在这里，我们可以从一个空白的 GUI 开始。首先，拉出我们需要的控件列表：

- 编辑框
  - 仿真持续时间
  - 阻尼比
  - 无阻尼固有频率
  - 正弦输入频率
  - 脉冲启动与停止时间
- 输入类型的单选按钮
- 启动仿真的运行按钮
- 绘图坐标轴

我们在命令窗口中键入 guide，系统会提示选择现有的图形界面或者创建一个新的界面，这里我们选择空白界面。图 3.9 显示了 GUIDE 中未经任何修改的图形界面模板。你可以在左侧的工具列表中进行拖放来添加元素。

用户可以在 GUI 属性编辑器中对 GUI 元素进行编辑，如图 3.10 所示，GUI 元素往往会有很多属性。在示例中我们不会尝试构建一个漂亮的 GUI，但是用户仍然可以加入更多自己的设计和修改，把它变成一个艺术品。我们将要修改的是标签和文本属性，标签为软件提供了一个内部使用的名称，而文本则是界面上的显示内容。

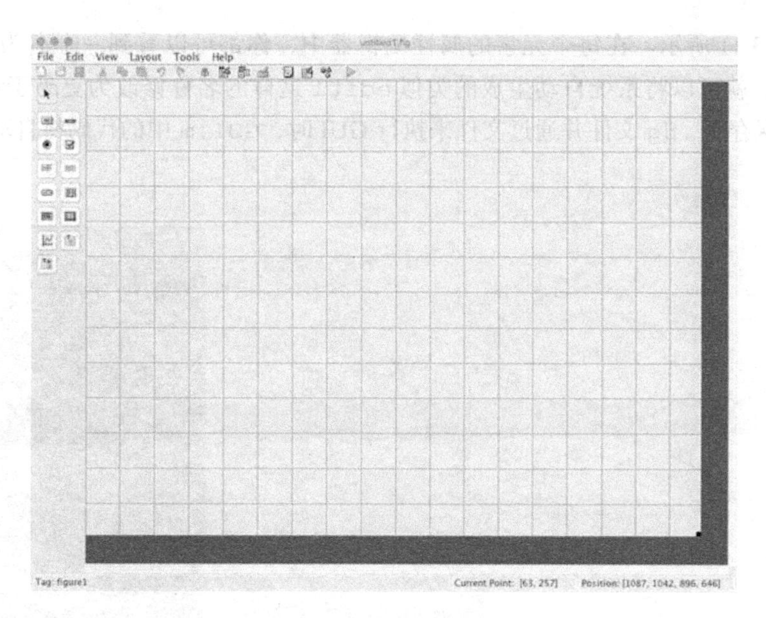

图 3.9　空白 GUI

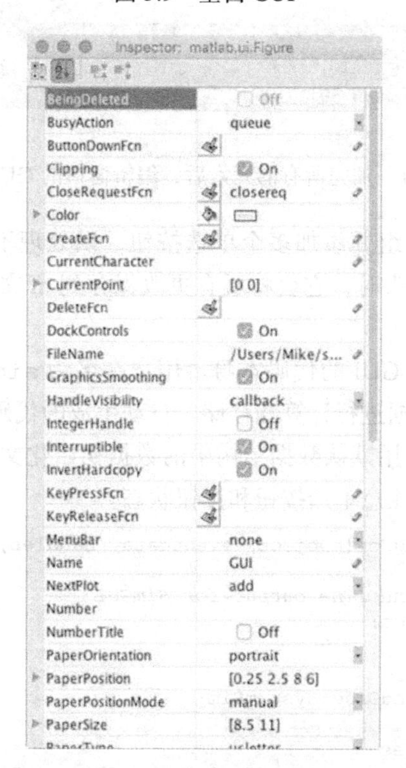

图 3.10　GUI 属性编辑器

然后，我们通过拖放来添加各种需要的元素。将图形用户界面命名为 GUI，生成的初始 GUI 如图 3.11 所示。在每个元素的属性编辑器中，你都可以看到一个名为 tag 的字段，修改此字段，就可以将系统自动生成的类似 `edit1` 这样的名称修改为更易于识别的名称。当你将修改保存至 `.fig` 文件并通过文件来执行 GUI 时，`GUI.m` 中的代码将自动更改。

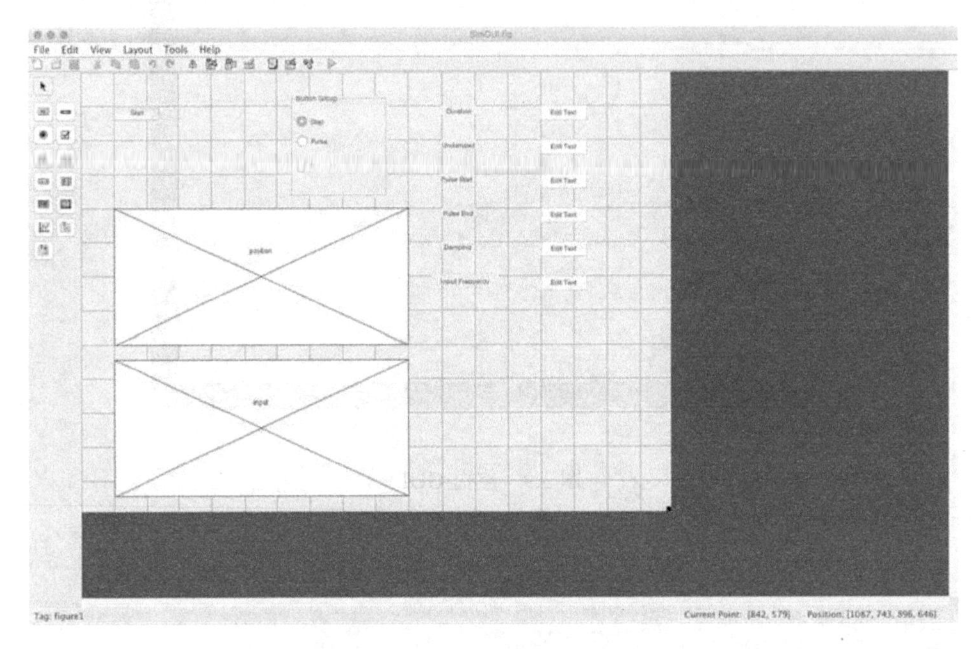

图 3.11 加完所有的元素后，编辑窗口的 GUI 截屏

我们创建一个单选按钮组并添加多个单选按钮，以处理不同选项的启用、禁用功能。当你点击布局框中的绿色箭头时，它会将所有更改保存到 m 文件中，并对其进行仿真，如果发现错误则会提出警告。

这时，我们可以专注于 GUI 的代码本身。用户在名为 `simdata` 的字段的编辑框中输入数据，GUI 模板对这些数据进行计算和存储。自动生成的代码放置在 `SimGUI` 之中。

当 GUI 加载时，我们使用默认数据结构中的数据初始化文本字段。确保初始化对应于 GUI 中显示的内容。你需要注意单选按钮和按钮状态。

```
function SimGUI_OpeningFcn(hObject, eventdata, handles, varargin)

% Choose default command line output for SimGUI
handles.output = hObject;

% Get the default data
handles.simData = SecondOrderSystemSim;

% Set the default states
set(handles.editDuration,'string',num2str(handles.simData.tEnd));
set(handles.editUndamped,'string',num2str(handles.simData.omega));
set(handles.editPulseStart,'string',num2str(handles.simData.
   tPulseBegin));
```

```
set(handles.editPulseEnd,'string',num2str(handles.simData.tPulseEnd))
    ;
set(handles.editDamping,'string',num2str(handles.simData.zeta));
set(handles.editInputFrequency,'string',num2str(handles.simData.
    omegaU));

% Update handles structure
guidata(hObject, handles);
```

当按下开始按钮时，仿真开始并绘制结果。这一点本质上和前面二阶仿真的例子是相同的。

```
function start_Callback(hObject, eventdata, handles)

[xP, t, tL] = SecondOrderSystemSim(handles.simData);

axes(handles.position)
plot(t,xP(1,:));
ylabel('Position')
grid

axes(handles.input)
plot(t,xP(2,:));
xlabel(tL);
ylabel('input');
grid
```

编辑框的回调函数需要一些代码去设置存储的数据。所有的数据存储在 GUI 的句柄之内。必须调用 guidata 才能在句柄中存储新的数据。

```
function editDuration_Callback(hObject, eventdata, handles)

handles.simData.tEnd = str2double(get(hObject,'String'));
guidata(hObject, handles);
```

图 3.12 展示了一个仿真 GUI，图 3.13 展示了另外一个仿真的 GUI。

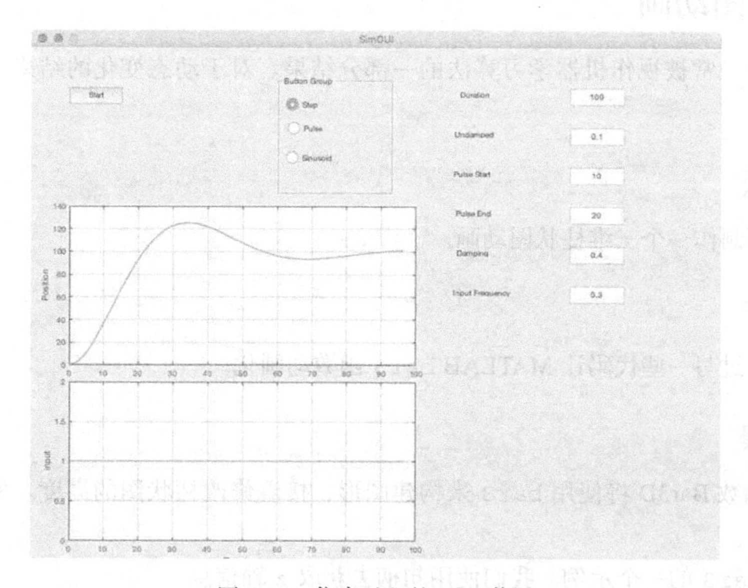

图 3.12 仿真过程的 GUI 截屏

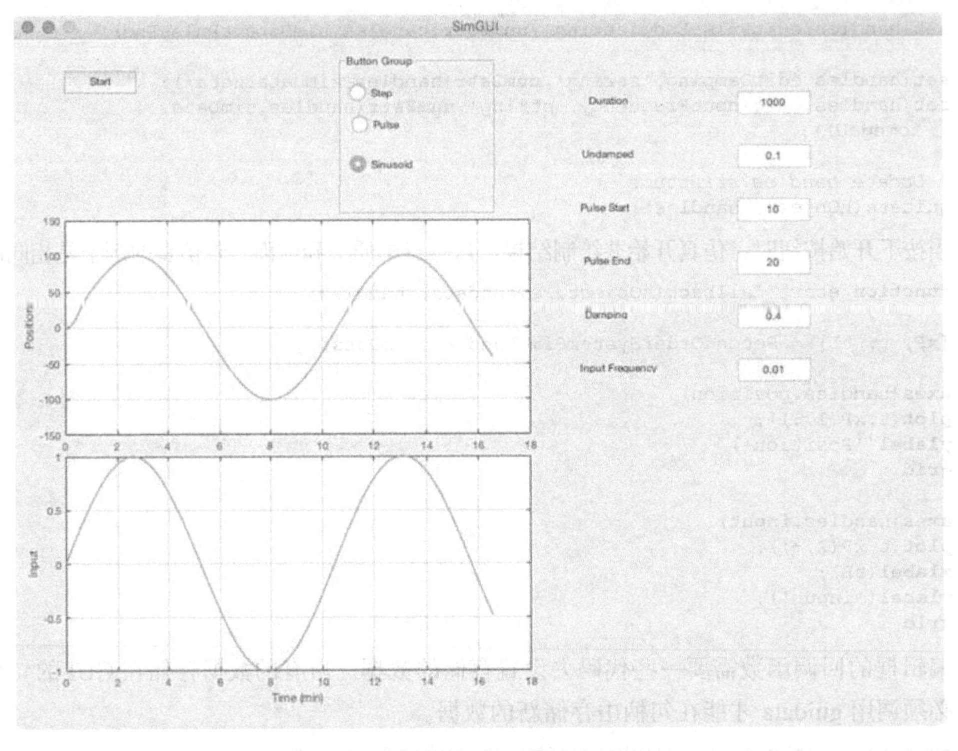

图 3.13 另一个仿真过程的 GUI 截屏

3.8 柱状图动画

二维数组经常被视作机器学习算法的一部分结果。对于动态变化的结果，我们希望显示为动画。

3.8.1 问题

我们想要制作一个三维柱状图动画。

3.8.2 方法

我们将通过写一些代码让 MATLAB `bar3` 函数动画化。

3.8.3 步骤

我们的函数 Bar3D 将使用 `bar3` 来构建图形，接着修改柱状图的高度。实际操作比听起来更加棘手。

以下是 `bar3` 的一个示例。我们使用句柄去获取 `z` 轴信息。

```
>> m = [1 2 3;4 5 6];
h = bar3(m);
>> z = get(h(1),'zdata')
z =

   NaN     0     0   NaN
     0     1     1     0
     0     1     1     0
   NaN     0     0   NaN
   NaN     0     0   NaN
   NaN   NaN   NaN   NaN
   NaN     0     0   NaN
     0     4     4     0
     0     4     4     0
   NaN     0     0   NaN
   NaN     0     0   NaN
   NaN   NaN   NaN   NaN
```

我们来观察一下m变量的每一列。我们需要用4个值替换m中的每一个数字。而h的长度为3，对应于m中的每一列数据的surface数据结构[⊖]。

```
>> h

h =

  1x3 Surface array:

    Surface    Surface    Surface
```

图3.14展示了这个柱状图。

代码显示如下。我们有两个步骤，"初始化"构建了图像，"更新"则负责更新z的值。幸运的是，z的值总是固定在一个位置，因此替换它们并不难。colorbar绘制了图3.15所示的色条。我们使用persistent关键字保存bar3的句柄。

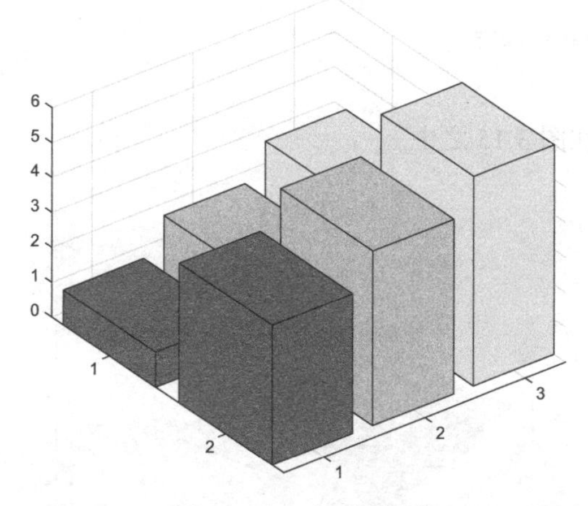

图3.14 2×3柱状图

⊖ 这一段有点绕口，m中的每一列（2个数），在图形中表示成两个柱状图，每个柱状图有一系列的6×4的surface数据结构来描述，所以一列（一个句柄）对应于12×4的zdata。

```
function Bar3D(action,v,xL,yL,zL,t)

if( nargin < 1 )
  Demo
  return
end

persistent h

switch lower(action)
  case 'initialize'

    NewFigure('3D_Bar_Animation');
    h = bar3(v);

    colorbar

    xlabel(xL)
    xlabel(yL)
    xlabel(zL)
    title(t);
    view(3)
    rotate3d on

  case 'update'
    nRows = length(h);
    for i = 1:nRows
      z = get(h(i),'zdata');
      n = size(v,1);
      j = 2;
      for k = 1:n
        z(j,  2) = v(k,i);
        z(j,  3) = v(k,i);
        z(j+1,2) = v(k,i);
        z(j+1,3) = v(k,i);
        j        = j + 6;
      end
      set(h(i),'zdata',z);
    end
end
```

最后的动画图展示在图 3.15 之中。

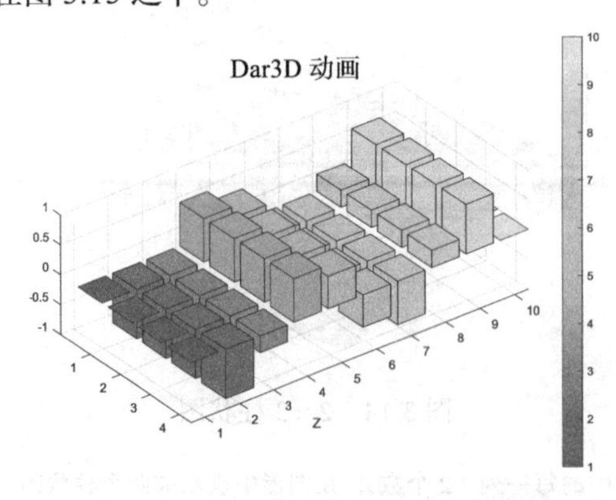

图 3.15　2 × 3 柱状图动画的最终状态

3.9　画一个机器人

本节介绍编写绘制机器人的图形代码的基础。如果你正在进行涉及人类或机器人的机器学习，那么这是一个有用的代码。我们将展示如何为机械臂设置动画。

3.9.1　问题

我们想要用动画展示机械臂。

3.9.2　方法

我们编写代码来创建顶点和面，以便被 MATLAB patch 函数调用。

3.9.3　步骤

DrawSCARA 绘制并动画显示一个机器人。代码的第一部分实际上只是使用 switch 语句来组织操作函数。

```
switch( lower(action) )
    case 'defaults'
        m = Defaults;

    case 'initialize'
        if( nargin < 2 )
            d    = Defaults;
        else
            d    = x;
        end

        p = Initialize( d );

    case 'update'
        if( nargout == 1 )
            m = Update( p, x );
        else
            Update( p, x );
        end
end
```

Initialize 用 Box、Frustrum 和 UChannel 函数创建顶点和表面。这些编写起来很烦琐，并且是为几何图形定制的。但是，你可以将它们应用于各种各样的问题。你应该注意它存储补丁，这样我们只需在动画显示机械臂时传入新的顶点。“新”顶点只是机械臂的顶点旋转和平移以匹配手臂的位置。机械臂本身不会变形。我们以正确的顺序进行计算，以便在链中向上 / 向下传递变换以使一切正确地移动。

Update 通过计算新顶点并将它们传递给补丁来更新机械臂位置。drawnow 负责画机械臂。我们还可以使用 MATLAB 的电影功能保存帧以使其动画化。

```
function m = Update( p, x )

for k = 1:size(x,2)
```

```
    % Link 1
    c         = cos(x(1,k));
    s         = sin(x(1,k));

    b1        = [c -s 0;s c 0;0 0 1];
    v         = (b1*p.v1')';

    set(p.link1,'vertices',v);

    % Link 2
    r2        = b1*[p.a1;0;0];

          c         = cos(x(2,k));
    s         = sin(x(2,k));

    b2        = [c -s 0;s c 0;0 0 1];
    v         = (b2*b1*p.v2')';

    v(:,1)    = v(:,1) + r2(1);
    v(:,2)    = v(:,2) + r2(2);

    set(p.link2,'vertices',v);

    % Link 3
    r3        = b2*b1*[p.r3;0;0] + r2;
    v         = p.v3;

    v(:,1)    = v(:,1) + r3(1);
    v(:,2)    = v(:,2) + r3(2);
    v(:,3)    = v(:,3) + x(3,k);

    set(p.link3,'vertices',v);

    % Link 4
          c         = cos(x(4,k));
    s         = sin(x(4,k));

    b4        = [c -s 0;s c 0;0 0 1];
    v         = (b4*b2*b1*p.v4')';
    r4        = b2*b1*[p.r4;0;0] + r2;

    v(:,1)    = v(:,1) + r4(1);
    v(:,2)    = v(:,2) + r4(2);
    v(:,3)    = v(:,3) + x(3,k);

    set(p.link4,'vertices',v);

    if( nargout > 0 )
      m(k) = getframe;
    else
      drawnow;
    end

end
```

例子中的 SCARA 机械臂显示在，图 3.16 中。示例代码可以用机械臂动力学仿真代替。在这种情况下，我们选择角速率并生成一系列角度。在命令行中直接执行相应的代码即可。

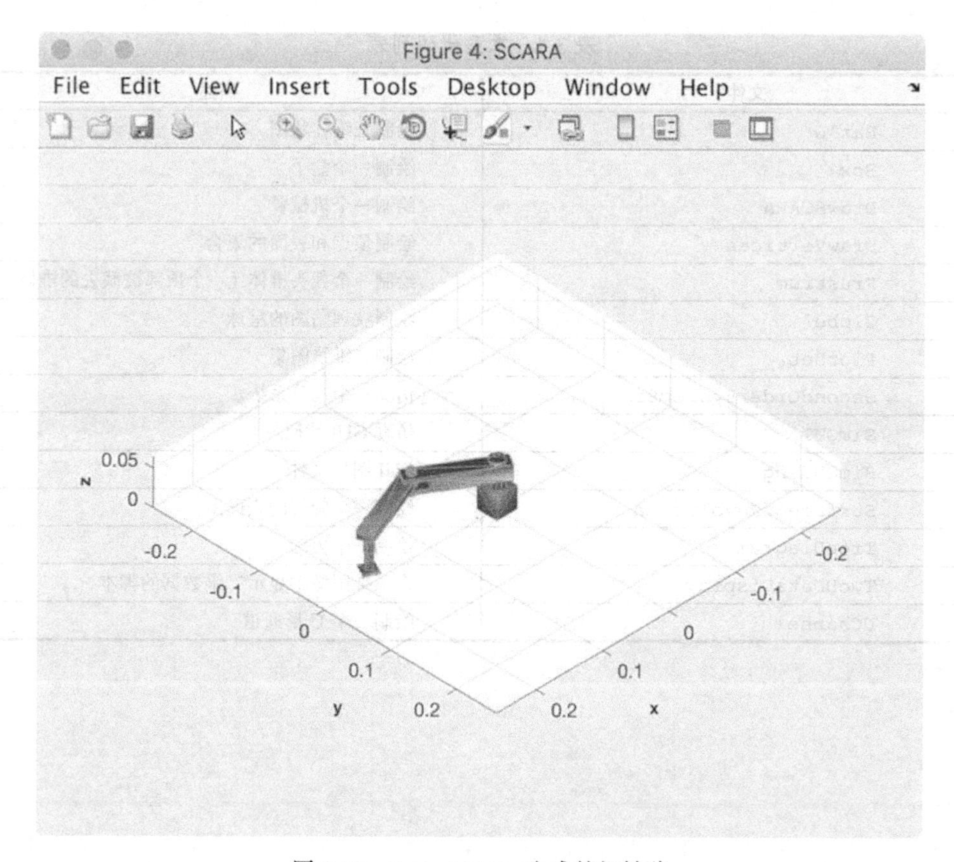

图 3.16 DrawSCARA 生成的机械臂

```
function Demo

DrawSCARA( 'initialize' );
t        = linspace(0,100);
omega1   = 0.1;
omega2   = 0.2;
omega3   = 0.3;
omega4   = 0.4;
x        = [sin(omega1*t);sin(omega2*t);0.01*sin(omega3*t);sin(omega4*
   t)];
DrawSCARA( 'update', x );
```

3.10 小结

本章介绍了可以帮助用户理解机器学习软件的图形技术，包括二维与三维图形。还展示了如何构建一个图形用户界面来实现自动化功能。表 3.1 列出了本章中使用的代码示例文件和脚本。

表 3.1　本章代码列表

文件	描述
Bar3D	绘制三维柱状图
Box	绘制一个盒子
DrawSCARA	绘制一个机械臂
DrawVertices	绘制顶点和表面的集合
Frustrum	绘制一个截头椎体（一个顶部被截去的椎体）
Globe	绘制纹理贴图的星球
PlotSet	绘制二维线图集
SecondOrderSystemSim	仿真一个二阶系统
SimGUI	仿真 GUI 代码
SimGUI.fig	GUI 图形文件
SurfaceOfRevolution	绘制一个旋转的表面图
TreeDiagram	绘制一个树图
TwoDDataDisplay	在三维图像中显示二维数据的脚本
UChannel	绘制一个 U 形通道

第 4 章 Chapter 4

卡尔曼滤波

理解或控制物理系统通常需要知道系统的模型，即关于系统特征与结构的知识。模型可以是一种预定义结构，或者是仅仅通过数据来确定其结构。在卡尔曼滤波情形下，我们创建一个模型，并使用该模型作为学习系统的框架。这是第 1 章中自主学习分类法的控制分支的一部分，如下面分类图[⊖]所示。

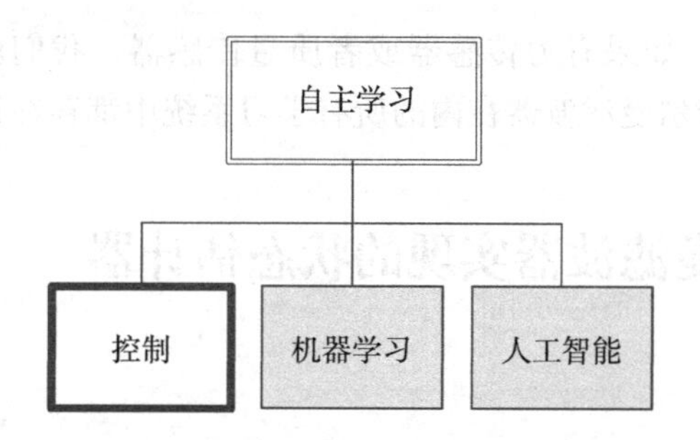

对卡尔曼滤波器来说，重要的是关于我们想要了解的系统，它严格地解释了模型中的不确定性。系统模型中存在不确定性，如果你有一个模型，那么这种不确定性（即噪声）就存在于对系统的测量中。

系统可以通过其动态状态及参数进行定义，其中参数往往是常数。例如，如果你研究在桌面上滑动的一个目标，则其状态包括位置和速度。而参数会是物体的质量和摩擦系数。我们可能还会对作用于目标的一个外力进行估计。此时，参数与状态便构成了目标模型，我们需要知道两者才能正确理解系统。有时会很难确定某个量属于状态还是参数。例如，质量通常是一个参数，但是对于飞机、汽车或火箭来说，随着燃料消耗，质量会发生变化，

⊖ 几乎每章的开始处，都用类似的分类图表示该章内容所属的机器学习分支（粗线框）。——编辑注

因此它通常被建模为一个状态。

由 R. E. Kalman 等人发明的卡尔曼滤波器是用于估计或学习系统状态的数学框架。一个估计量会给出位置和速度在统计上的最佳估计。卡尔曼滤波器也可以用来识别系统参数，因此，卡尔曼滤波器就为辨识状态与参数提供了数学框架。

卡尔曼滤波器的另一个应用是系统辨识。系统辨识是识别任意系统的结构与参数的过程。例如，利用一个作用于弹簧上的简单质量，系统辨识就包括识别或者确定质量和弹簧常数，以及确定用于建模系统的微分方程。它是机器学习的一种形式，起源于控制理论。系统辨识包括许多方法，在本章中，我们将仅研究卡尔曼滤波器。术语“学习”通常并不与估计相关联，但实际上它们是一回事。

系统辨识问题的一个重要方面是，在给定可用测量值的情形下，确定哪些参数和状态可以被估计。这是适用于所有学习系统的一个关键问题，即是否可以通过观察来学习我们想要了解的东西。为此，我们需要知道一个参数或状态是否可以被观察，并且是否可以与其他观察量独立区分开来。例如，假设我们使用牛顿定律

$$F = ma \tag{4.1}$$

其中 F 是力，m 是质量，a 是加速度。在我们的模型中，加速度是观察和测量目标。那么我们可以同时对力和质量做出估计么？答案是否定的，因为我们正在测量力与质量之比

$$a = \frac{F}{m} \tag{4.2}$$

我们无法将这两者分开。如果有力传感器或者质量传感器，我们就可以独立确定每个量。我们应该意识到在包括卡尔曼滤波器在内的所有学习系统中都存在这样的问题。

4.1 用线性卡尔曼滤波器实现的状态估计器

4.1.1 问题

假设你想要估计某个质量的速度和位置，该质量通过弹簧和阻尼器连接到一个结构上。系统如图 4.1 所示，其中 m 是质量，k 是弹簧常数，c 是阻尼常数，f 是外力，x 是位置，质量只能在一个方向上移动。

假设我们有一个位于质量附近的相机。在上升过程中，相机会指向质量。这将导致测量地面与相机视轴之间的角度。角度测量几何结构如图 4.2 所示。角度是从偏移基线测量的。

我们希望使用传统的线性卡尔曼滤波器来估计系统的状态。这适用于可以用线性方程建模的简单系统。

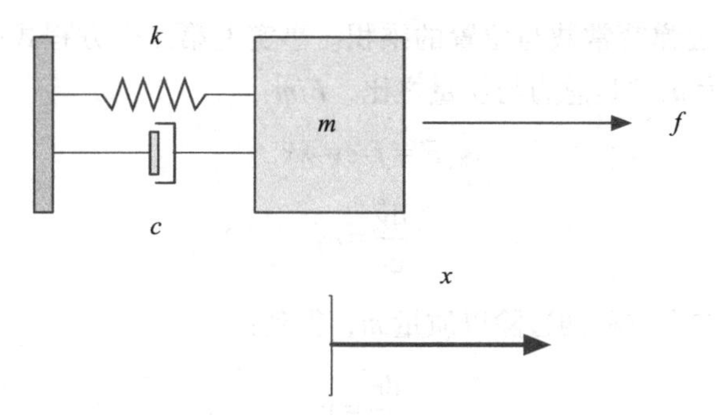

图 4.1 弹簧阻尼系统。质量在右边。弹簧位于质量块的左上方。阻尼器在下面

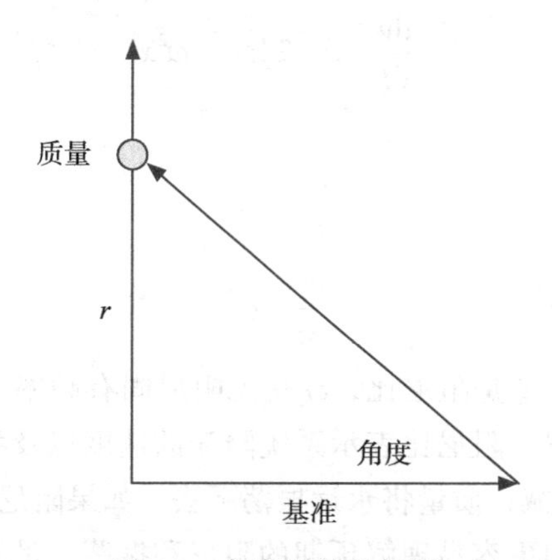

图 4.2 角度测量几何图

4.1.2 方法

首先，我们需要为质量系统定义一个数学模型并对其进行编码。然后我们将使用贝叶斯定理从第一原理推导出卡尔曼滤波器。最后，我们提出实现弹簧质量问题的卡尔曼滤波器估计器的代码。

4.1.3 步骤

4.1.3.1 弹簧 - 质量系统模型

用于系统建模的连续时间微分方程是

$$\frac{\mathrm{d}r}{\mathrm{d}t}=v \tag{4.3}$$

$$m\frac{\mathrm{d}v}{\mathrm{d}t}=f-cv-kx \tag{4.4}$$

这说明位置 r 相对于时间 t 的变化是速度 v。速度相对于时间的变化是，外力减去阻尼常数与速度的乘积，再减去弹簧常数与位置的乘积。事实上第二个方程式就是牛顿定律，其中总力是 F，总加速度为 a_T，是总力与质量之比，F/m：

$$F = f - cv - kx \tag{4.5}$$

$$\frac{\mathrm{d}v}{\mathrm{d}t} = a_T \tag{4.6}$$

为简化问题，第二个方程两边除以质量 m，得到：

$$\frac{\mathrm{d}r}{\mathrm{d}t} = v \tag{4.7}$$

$$\frac{\mathrm{d}v}{\mathrm{d}t} = a - 2\zeta\omega v - \omega^2 x \tag{4.8}$$

其中

$$\frac{c}{m} = 2\zeta\omega \tag{4.9}$$

$$\frac{k}{m} = \omega^2 \tag{4.10}$$

a 是外力导致的加速度 f/m，ζ 是阻尼比，ω 是无阻尼固有频率。无阻尼固有频率是指当没有阻尼时，质量的振荡频率。阻尼比表示系统阻滞的速度以及我们观测到的振荡水平。如果阻尼比为 0，系统永不衰减，质量将永远振荡下去。如果阻尼比为 1，我们将观察不到任何振荡。这种形式使得我们更容易理解预期的阻尼和振荡，虽然，用 m、c、k 可以表示同样的信息，却不如这种方式清晰。

下面的仿真代码将生成阻尼波形（OscillatorDamplingRatioSim）。循环运行并显示出不同的阻尼比的仿真情况。

```
for j = 1:length(zeta)
  % Initial state [position;velocity]
  x = [0;1];
  % Select damping ratio from array
  d.zeta= zeta(j);

  % Print a string for the legend
  s{j} = sprintf('zeta␣=␣%6.4f',zeta(j));
  for k = 1:nSim
    % Plot storage
    xPlot(j,k)  = x(1);

    % Propagate (numerically integrate) the state equations
    x  = RungeKutta( @RHSOscillator, 0, x, dT, d );
  end
end
```

阻尼比演示的结果如图 4.3 所示。初始条件是零位置和初始速度为 1。可以看到对不同阻尼比水平的响应曲线。当 ζ 为零时，它是无阻尼的并且永远振荡。临界阻尼比是 0.7071，正是最小化制动结果的关键点。阻尼比为 1 导致步进扰动过程中没有过冲。

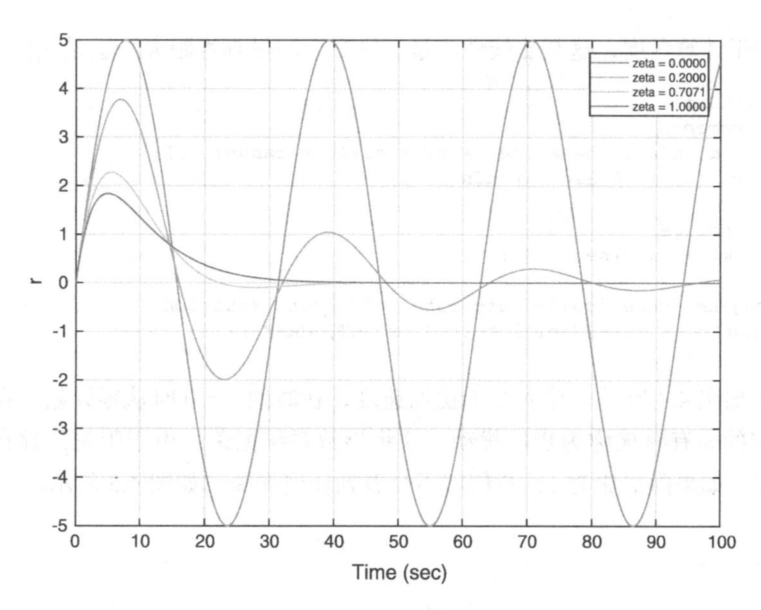

图 4.3　采用不同阻尼比 zeta 的弹簧质量阻尼系统仿真

一个动力学方程是可以用所谓的状态空间形式来表达的，因为只需要考虑状态空间向量 x 的一阶导数：

$$x=\begin{bmatrix} r \\ v \end{bmatrix} \tag{4.11}$$

更通用的情况下，有时你会看到如下公式：

$$Q\dot{x}=Ax+Bu \tag{4.12}$$

如果 Q 不可逆，你不能直接将其变换为

$$\dot{x}=Q^{-1}Ax+Q^{-1}Bu \tag{4.13}$$

来获取状态空间方程。从概念上讲，如果 Q 不可逆，则等效于独立方程数少于 N 个（其中 N 是 x 的长度，状态数）的求解问题。

状态方程式的右侧（一阶微分方程）如下列代码 RHSOscillator 所示。请注意，如果没有要求的输入，则返回默认数据结构。也就是说，代码 if(nargin < 1) 告诉函数如果没有给定的输入，则返回预定义的数据结构。这是帮助人们使用函数功能的一种便捷方式。而真正的工作代码就是一行而已。

```
xDot = [x(2);d.a-2*d.zeta*d.omega*x(2)-d.omega^2*x(1)];
```

接下来的过程体现在仿真脚本 OscillatorSim 中。它让右边的 RHSOscillator 使用 RungeKutta 函数进行数值积分。我们首先从右侧获取默认数据结构。用我们想要的参数填写它。为每个步骤创建测量 y，包括随机噪声。有两种测量方法：位置和角度。

下面的代码块展示了 OscillatorSim 的仿真循环。角度测量只是一个三角变换而

已。第一行用于计算角度，这是非线性测量。第二个测量垂直距离，这是线性的。

```
for k = 1:nSim
  % Measurements
  yTheta = atan(x(1)/baseline) + yTheta1Sigma*randn(1,1);
  yR     = x(1) + yR1Sigma*randn(1,1);

  % Plot storage
  xPlot(:,k) = [x;yTheta;yR];

  % Propagate (numerically integrate) the state equations
  x = RungeKutta( @RHSOscillator, 0, x, dT, dRHS );
end
```

仿真结果如图 4.4 所示。输入是干扰加速度，在时间 $t = 0$ 时从零开始。在仿真的持续时间内是恒定的。有时被称为步进扰动。这将导致系统振荡。由于阻尼的存在，振荡的幅度慢慢变为零。如果阻尼比为 1，我们就不会看到任何振荡，如图 4.3 所示。

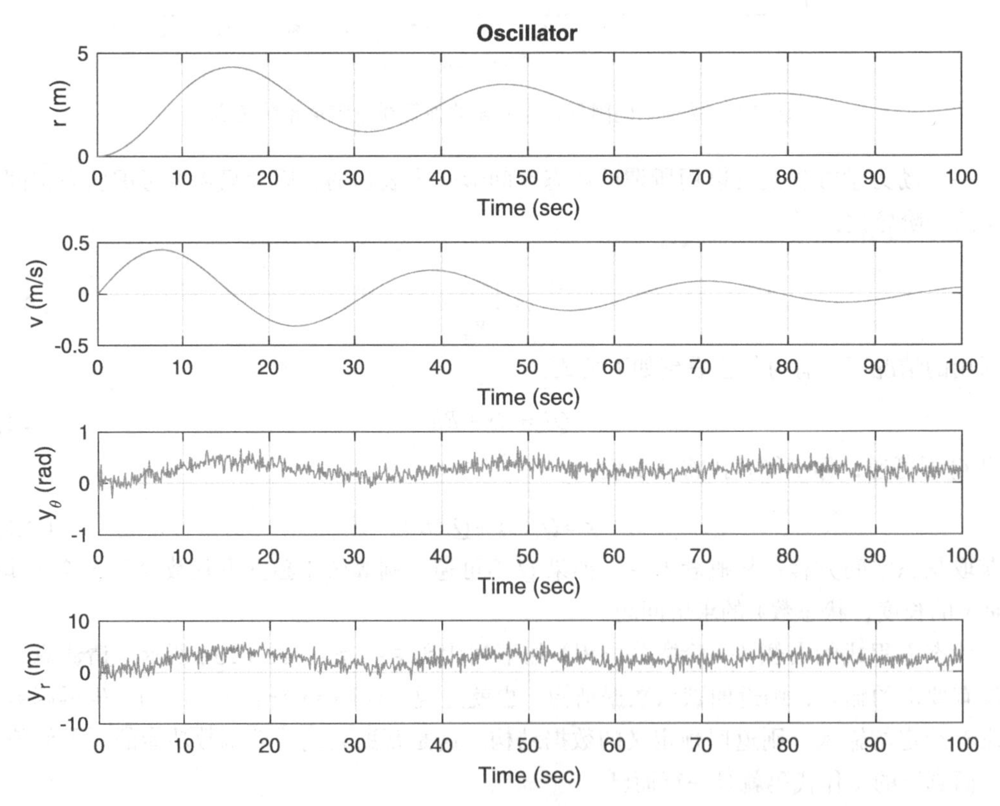

图 4.4　弹簧质量阻尼系统仿真。输入为步进加速度。振荡缓慢地消失，也就是说，随着时间的推移逐渐变为 0。由于具有恒定的加速度，位置 r 产生了偏移

通过设置 $v = 0$ 可以解析出在 r 的曲线中看到的偏移值。本质上，弹力要和外力之间达成平衡

$$0 = \frac{\mathrm{d}v}{\mathrm{d}t} = a - \omega^2 x \tag{4.14}$$

$$x = \frac{a}{\omega^2} \tag{4.15}$$

现在我们已经完成了模型推导，接下来将开始构建卡尔曼滤波器。

4.1.3.2　卡尔曼滤波器的推导

卡尔曼滤波器可以从贝叶斯定理推导得出。那么什么是贝叶斯定理呢？贝叶斯定理是：

$$P(A_i \mid B) = \frac{P(B \mid A_i)P(A_i)}{\sum P(B \mid A_i)} \tag{4.16}$$

$$P(A_i \mid B) = \frac{P(B \mid A_i)P(A_i)}{P(B)} \tag{4.17}$$

方程式中只给出了给定 B 时 A_i 的概率。P 表示“概率”，方程式中的竖线“|”表示“给定”。这里假设 B 的概率不为 0，也就是说，$P(B) \neq 0$。在贝叶斯解释中，定理引入了证据对信念的影响。定理提供了一个严格的数学框架，用于纳入任何具有一定程度上不确定性的数据。简单来说，给定目前所有的证据（或数据），贝叶斯定理可以让你确定新证据将如何影响信念。在状态估计的情形下，就是对状态估计准确性的信念。

图 4.5 显示了卡尔曼滤波器家族树及其与贝叶斯滤波器的关系。在本书中，我们仅涵盖灰色框中的部分。我们紧接着给出卡尔曼滤波器的完整推导，这为所有卡尔曼滤波的实现提供了一个连贯的框架。基于多种假设，包括对模型和传感器噪声的假设，以及对测量和动力学模型的线性或非线性的假设，会有不同的滤波器从贝叶斯模型中衍生出来。让我们看一下灰色的分支。根据动态和测量模型的类型，加性高斯噪声滤波器可以是线性或非线性的。 在许多情况下，你可以把一个非线性系统线性化为关于正态操作条件的线性系统。然后再使用卡尔曼滤波器。例如，航天器动力学模型是非线性的，并且测量地球的弦宽的滚动和俯仰信息的地球传感器也是非线性的。但是，如果我们只关注地球指向和与标称指向的小偏差，我们可以将动力学方程和测量方程线性化并使用线性卡尔曼滤波器。

如果非线性很重要，我们将不得不继续采用非线性滤波。扩展卡尔曼滤波器（EKF）对测量和动态方程采用偏微分结果。而这是在每一个时间步或者每一个测量输入中计算得到的。实际上，我们在每一步都使用线性方程对系统进行线性化。我们不必进行线性状态的传播（即传播动力学方程），而采用数值积分的方法来对之进行传播。如果我们可以得到关于测量和动力学方程的解析导数，这将是一种合理的方法。如果方程中存在奇点，这种方法将会无效。

无迹卡尔曼滤波器（UKF）直接采用了非线性方程。有两种形式，分别为增强型和非增强型。在前者中，我们创建了一个增强状态向量，包括状态、状态和测量噪声变量。这可能导致更好的结果，代价是更大的计算量。

本章中的所有滤波器都是马尔可夫的，也就是说，当前的动态状态完全取决于之前的状态。本书中没有讨论粒子滤波器，它们属于蒙特卡罗方法。蒙特卡罗（以著名的赌场命名）方法是依靠随机取样以获得结果的计算方法。例如，振荡器仿真的蒙特卡罗方法就是使用 MATLAB 函数 nrandn 来生成加速度。示例中我们会进行多次测试，以验证质量是否按照我们的预期在移动。

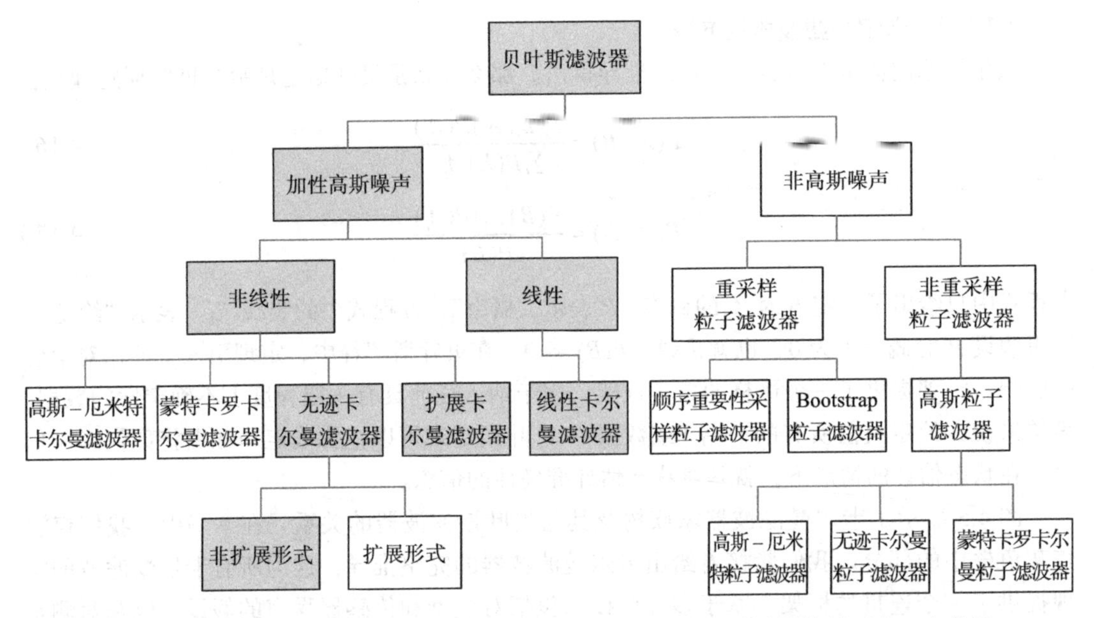

图 4.5　卡尔曼滤波器家族树。所有的滤波器都可以从贝叶斯滤波器推导而来。本章只覆盖这些灰色的方框

我们的推导将使用符号 $N(\mu, \sigma^2)$ 来表示正态变量。正态变量是高斯变量的另一种叫法。高斯意味着它符合均值为 μ 和方差为 σ^2 的正态分布。来自 Gaussian 的以下代码针对一系列标准差，以均值 2 计算高斯或正态分布。图 4.6 显示了这样一个图，图的高度表示变量具有给定测量值的似然率。

```
%% Initialize
mu           = 2;          % Mean
sigma        = [1 2 3 4]; % Standard deviation
n            = length(sigma);
x            = linspace(-7,10);

%% Simulation
xPlot = zeros(n,length(x));
s     = cell(1,n);

for k = 1:length(sigma)
  s{k}         = sprintf('Sigma = %3.1f',sigma(k));
  f            = -(x-mu).^2/(2*sigma(k)^2);
  xPlot(k,:)  = exp(f)/sqrt(2*pi*sigma(k)^2);
end
```

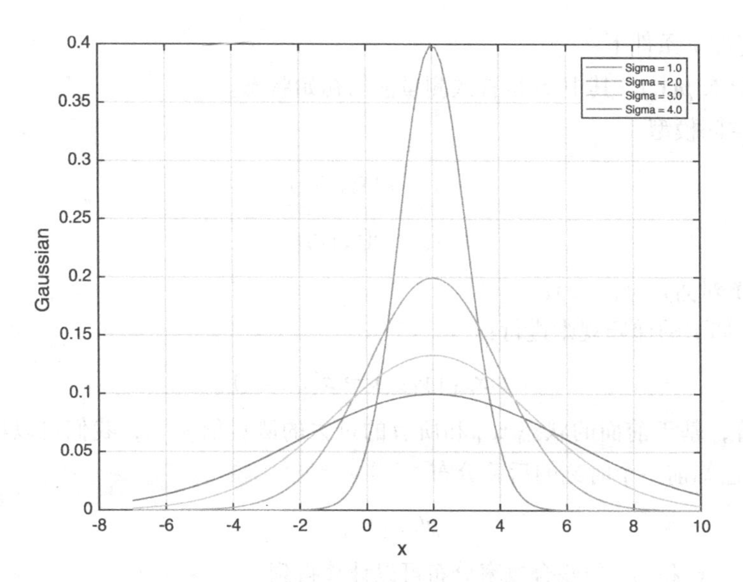

图 4.6 均值为 2 的正态或高斯随机变量

给定离散时间概率状态空间模型 [23]：

$$x_k = f_k(x_{k-1}, w_{k-1}) \tag{4.18}$$

其中 x 是状态向量，w 是噪声向量，测量方程为：

$$y_k = h_k(x_k, v_n) \tag{4.19}$$

其中，v_n 是测量噪声。这是一种隐藏马尔可夫模型（HMM），因为状态 x 是隐藏在方程内部的。

如果一个随机过程是马尔可夫的，则未来状态 x_k 仅依赖于当前状态 x_{k-1} 与过去的其他的状态无关。这一点可以用下面的方程来表示：

$$p(x_k \mid x_{1:k-1}, y_{1:k-1}) = p(x_k \mid x_{k-1}) \tag{4.20}$$

符号 | 表示给定条件。在这个式子中，第一项读成"给定 $x_{1:k-1}$ 和 $y_{1:k-1}$ 条件下，x_k 的条件概率"。这就是给定所有在 k–1 时刻前的过去状态和测量值时，当前状态的概率。同时，过去状态 x_{k-1}，在给定当前状态条件下，独立于未来：

$$p(x_{k-1} \mid x_{k:T}, y_{k:T}) = p(x_{k-1} \mid x_k) \tag{4.21}$$

其中：T 是最后一个采样时刻；给定 x_k 时，测量值 y_k 条件独立，也就是说，它们可以只用 x_k 完全确定，同时独立于 $x_{1:k-1}$ 或者 $y_{1:k-1}$。我们可以将其表示成：

$$p(y_k \mid x_{1:k}, y_{1:k-1}) = p(y_k \mid x_k) \tag{4.22}$$

我们定义递归贝叶斯优化滤波器用于计算下面的分布：

$$p(x_k \mid y_{1:k}) \tag{4.23}$$

最后，在给定如下条件下：

- 先验分布 $p(x_0)$，其中 x_0 是首次测量前的初始状态。
- 状态空间模型

$$x_k \sim p(x_k \mid x_{k-1}) \tag{4.24}$$

$$y_k \sim p(y_k \mid x_k) \tag{4.25}$$

- 测量序列 $y_{1:k} = y_1, \ldots, y_k$。

计算基于如下的递归规则进行：

$$p(x_{k-1} \mid y_{1:k-1}) \rightarrow p(x_k \mid y_{1:k}) \tag{4.26}$$

这一点意味着，基于前面的状态 x_{k-1} 和所有的过去的测量值 $y_{1:k-1}$，我们可以给出当前状态 x_k。假设我们已知前一个时刻的后验分布

$$p(x_{k-1} \mid y_{1:k-1}) \tag{4.27}$$

则，给定 $y_{1:k-1}$、x_k 和 x_{k-1} 的联合概率分布可以计算得到

$$p(x_k, x_{k-1} \mid y_{1:k-1}) = p(x_k \mid x_{k-1}, y_{1:k-1})p(x_{k-1} \mid y_{1:k-1}) \tag{4.28}$$

$$= p(x_k \mid x_{k-1})p(x_{k-1} \mid y_{1:k-1}) \tag{4.29}$$

因为这是一个马尔可夫过程。对 x_{k-1} 进行积分，就得到了最优滤波器的预测步骤，即 Chapman–Kolmogorov 方程

$$p(x_k \mid y_{1:k-1}) = \int p(x_k \mid x_{k-1}, y_{1:k-1})p(x_{k-1} \mid y_{1:k-1})\mathrm{d}x_{k-1} \tag{4.30}$$

Chapman-Kolmogorov 方程是与随机过程中不同坐标组的联合概率分布相关的特征。测量更新状态可从贝叶斯规则中找到：

$$P(x_k \mid y_{1:k}) = \frac{1}{C_k} p(y_k \mid x_k)p(x_k \mid y_{k-1}) \tag{4.31}$$

$$C_k = p(y_k \mid y_{1:k-1}) = \int p(y_k \mid x_k)p(x_k \mid y_{1:k-1})\mathrm{d}x_k \tag{4.32}$$

C_k 是给定所有过去测量的条件下当前测量的概率值。

如果噪声是加性的，并且符合高斯分布，具有协方差矩阵 Q_n，而测量值具有协方差 R_n，则模型和测量噪声具有零均值，我们可以将状态方程重写为

$$x_k = f_k(x_{k-1}) + w_{k-1} \tag{4.33}$$

其中，x 是状态向量，w 是噪声向量。测量方程变为

$$y_k = h_k(x_k) + v_n \tag{4.34}$$

给定 Q 是一个时间无关量，我们可以写成

$$p(x_k \mid x_{k-1}, y_{1:k-1}) = N(x_k; f(x_{k-1}), Q) \tag{4.35}$$

此处，我们重新回忆一下，N 是正态变量，具有均值 x_k。我们可以把预测方程式（4.30）改

写成：

$$p(x_k \mid y_{1:k-1}) = \int N(x_k; f(x_{k-1}), Q) p(x_{k-1} \mid y_{1:k-1}) \mathrm{d}x_{k-1} \tag{4.36}$$

我们需要找出 x_k 的一阶矩和二阶矩。统计学中的矩是指变量的期望值（或均值）。一阶矩是变量自身，二阶矩是变量的平方，依次类推。方程式为：

$$E[x_k] = \int x_k \, p(x_k \mid y_{1:k-1}) \mathrm{d}x_k \tag{4.37}$$

$$E[x_k \, x_k^T] = \int x_k \, x_k^T \, p(x_k \mid y_{1:k-1}) \mathrm{d}x_k \tag{4.38}$$

E 是期望值，$E[x_k]$ 是均值，$E[x_k \, x_k^T]$ 是协方差。展开一阶矩方程，使用单位矩阵 $E[x] = \int xN(x; f(s), \Sigma)\mathrm{d}x = f(s)$，其中 s 为任意参数。

$$E[x_k] = \int x_k \, [\int \mathrm{d}(x_k; f(x_{k-1}), Q) p(x_{k-1} \mid y_{1:k-1}) \mathrm{d}x_{k-1}] \mathrm{d}x_k \tag{4.39}$$

$$= \int x_k \, [\int N(x_k; f(x_{k-1}), Q) \mathrm{d}x_k] p(x_{k-1} \mid y_{1:k-1}) \mathrm{d}x_{k-1} \tag{4.40}$$

$$= \int f(x_{k-1}) p(x_{k-1} \mid y_{1:k-1}) \mathrm{d}x_{k-1} \tag{4.41}$$

假设 $p(x_{k-1} \mid y_{1:k-1}) = N(x_{k-1}; \hat{x}_{k-1 \mid k-1}, P^{xx}_{k-1|k-1})$，其中 P^{xx} 是 x 的协方差，由 $x_k = f_k(x_{k-1}) + w_{k-1}$，我们得到：

$$\hat{x}_{k|k-1} = \int f(x_{k-1}) N(x_{k-1}; \hat{x}_{k-1|k-1}, P^{xx}_{k-1|k-1}) \mathrm{d}x_{k-1} \tag{4.42}$$

对于二阶矩：

$$E[x_k x_k^T] = \int x_k x_k^T p(x_k \mid y_{1:k-1}) \mathrm{d}x_k \tag{4.43}$$

$$= \int [\int N(x_k; f(x_{k-1}), Q) x_k x_k^T \mathrm{d}x_k] p(x_{k-1} \mid y_{1:k-1}) \mathrm{d}x_{k-1} \tag{4.44}$$

进而我们得到：

$$P^{xx}_{k|k-1} = Q + \int f(x_{k-1}) f^T(x_{k-1}) N(x_{k-1}; \hat{x}_{k-1|k-1}, P^{xx}_{k-1|k-1}) \mathrm{d}x_{k-1} - \hat{x}^T_{k|k-1} \hat{x}_{k|k-1} \tag{4.45}$$

初始状态的协方差 P^{xx}_0 为高斯形式。在不引入更多近似的情况下，卡尔曼滤波器可以被写为：

$$\hat{x}_{k|k} = \hat{x}_{k|k-1} + K_n \, [y_k - \hat{y}_{k|k-1}] \tag{4.46}$$

$$P^{xx}_{k|k} = P^{xx}_{k|k-1} - K_n P^{yy}_{k|k-1} K_n^T \tag{4.47}$$

$$K_n = P^{xy}_{k|k-1} [P^{yy}_{k|k-1}]^{-1} \tag{4.48}$$

其中 K_n 是卡尔曼增益，P^{yy} 是测量协方差。这些方程的解需要求解形如下式的五个积分：

$$I = \int g(x) N(x; \hat{x}, P^{xx}) \mathrm{d}x \tag{4.49}$$

其中用于求解滤波器的三个积分为：

$$P^{yy}_{k|k-1} = R + \int h(x_n) h^T(x_n) N(x_n; \hat{x}_{k|k-1}, P^{xx}_{k|k-1}) \mathrm{d}x_k - \hat{x}^T_{k|k-1} \hat{y}_{k|k-1} \tag{4.50}$$

$$P^{xy}_{k|k-1} = \int x_n h^T(x_n) N(x_n; \hat{x}_{k|k-1}, P^{xx}_{k|k-1}) \mathrm{d}x \tag{4.51}$$

$$\hat{y}_{k|k-1} = \int h(x_k) N(x_k; \hat{x}_{k|k-1}, P^{xx}_{k|k-1}) \mathrm{d}x_k \tag{4.52}$$

假设我们拥有如下形式的模型：

$$x_k = A_{k-1}x_{k-1} + B_{k-1}u_{k-1} + q_{k-1} \tag{4.53}$$

$$y_k = H_k x_k + r_k \tag{4.54}$$

其中：

- $x_k \in \Re^n$ 是在时间 k 的系统状态
- m_k 是 k 时刻的平均状态
- A_{k-1} 是 k–1 时刻的状态转移矩阵
- B_{k-1} 是 k–1 时刻的输入矩阵
- u_{k-1} 是 k–1 时刻的输入
- $q_{k-1}=N(0, Q_k)$ 是 k–1 时刻的过程噪声
- $y_k \in \Re^m$ 是 k 时刻的测量值
- H_k 是 k 时刻的测量矩阵，可以在 $h(x)$ 的雅可比矩阵中看到该项
- $r_k = N(0, R_k)$ 是 k 时刻的测量噪声
- 状态的先验分布是 $x_0 = N(m_0, P_0)$，其中参数 m_0 和 P_0 包含关于系统的所有先验知识，m_0 是时间零点的均值，P_0 是协方差。由于状态是高斯形式，因此我们可以对系统状态做出完整的描述。
- $\hat{x}_{k|k-1}$ 是给定 k–1 时刻的值 $\hat{x}$，x 在 k 时刻的均值
- $\hat{y}_{k|k-1}$ 是给定 k–1 时刻的值 $\hat{y}$，y 在 k 时刻的均值

$\Re^n$ 表示 n 阶向量中的实数，也就是说，状态中包含 n 个量。以概率形式表示的模型为

$$p(x_k \mid x_{k-1}) = N(x_k; A_{k-1}x_{k-1}, Q_k) \tag{4.55}$$

$$p(y_k \mid x_k) = N(y_k; H_k x_k, R_k) \tag{4.56}$$

积分方程就变成了简单的矩阵方程式。在这些方程式中，P_k^- 表示测量更新之前的协方差。

$$P_{k|k-1}^{yy} = H_k P_k^- H_k^T + R_k \tag{4.57}$$

$$P_{k|k-1}^{xy} = P_k^- H_k^T \tag{4.58}$$

$$P_{k|k-1}^{xx} = A_{k-1}P_{k-1}A_{k-1}^T + Q_{k-1} \tag{4.59}$$

$$\hat{x}_{k|k-1} = m_k^- \tag{4.60}$$

$$\hat{y}_{k|k-1} = H_k m_k^- \tag{4.61}$$

则预测步骤变为：

$$m_k^- = A_{k-1}m_{k-1} \tag{4.62}$$

$$P_k^- = A_{k-1}P_{k-1}A_{k-1}^T + Q_{k-1} \tag{4.63}$$

上述协方差方程中的第一项根据状态转移矩阵 A 传播协方差，Q_{k+1} 与其相加，就形成了下

一个协方差。过程噪声 Q_{k+1} 表示系统中数学模型 A 的精度测量，例如，假设 A 是一个全部状态衰减为 0 的数学模型。没有 Q 时，P 会变为 0。但是如果我们对模型确实不太了解，协方差将不会小于 Q。选择 Q 会很困难。在具有不确定性扰动的动力学系统中，可以通过计算扰动的标准偏差来计算 Q。如果模型 A 不确定，则可以对模型的范围进行统计分析，或者可以在仿真中尝试不同的 Q，并查看哪些效果最好。

更新步骤为：

$$v_k = y_k - H_k m_k^- \tag{4.64}$$

$$S_k = H_k P_k^- H_k^T + R_k \tag{4.65}$$

$$K_k = P_k^- H_k^T S_k^{-1} \tag{4.66}$$

$$m_k = m_k^- + K_k v_k \tag{4.67}$$

$$P_k = P_k^- - K_k S_k K_k^T \tag{4.68}$$

S_k 是中间量。v_k 是残差，残差是在给定估计状态时测量值与估计值之间的差值。R 是测量协方差矩阵。白噪声在所有频率都具有相等的能量。如果不是白噪声，则我们应该使用不同的滤波器。许多类型的噪声（例如来自成像仪的噪声）并不是真正的白噪声，而是带限白噪声，也就是说，只在有限的频率范围内具有噪声。有时我们可以在 A 中添加附加状态以更好地对噪声进行建模，例如，添加低通滤波器对噪声进行带限。这也会使得 A 变得更大，但通常这不是一个问题。

4.1.3.3 卡尔曼滤波器的实现

我们将研究卡尔曼滤波器在振荡器中的应用。首先，我们需要将连续时间问题转换为离散时间的方法，这样我们就只需要知道在离散时间或固定时间间隔 T 下的状态。我们使用 MATLAB 中的 `expm` 执行矩阵的指数运算，实现连续时间到离散时间的变换。该变换实现在 `CToDZOH` 之中，其主体部分如下面代码所示。`T` 是采样周期。

```
[n,m] = size(b);
q     = expm([a*T b*T;zeros(m,n+m)]);
f     = q(1:n,1:n);
g     = q(1:n,n+1:n+m);
```

双重积分器是 `CToDZOH` 一个实现双重积分的示例程序。该双重积分器是直接依赖于外部输入的状态二阶微分。具体来说，x 是状态，代表当前位置，而 a 则是一个外界加速度输入。

$$\frac{\mathrm{d}^2 r}{\mathrm{d}t^2} = a \tag{4.69}$$

用状态空间的形式可写为：

$$\frac{\mathrm{d}r}{\mathrm{d}t} = v \tag{4.70}$$

$$\frac{\mathrm{d}v}{\mathrm{d}t} = a \tag{4.71}$$

或者其矩阵形式可以写成：

$$\dot{x} = Ax + Bu \tag{4.72}$$

其中：

$$x = \begin{bmatrix} r \\ v \end{bmatrix} \tag{4.73}$$

$$u = \begin{bmatrix} 0 \\ a \end{bmatrix} \tag{4.74}$$

$$A = \begin{bmatrix} 0 & 1 \\ 0 & 0 \end{bmatrix} \tag{4.75}$$

$$B = \begin{bmatrix} 0 \\ 1 \end{bmatrix} \tag{4.76}$$

直接在命令行运行 CToDZOH，无须任何输入，就可以看到示例结果。

```
>> CToDZOH
Double integrator with a  0.5 second time step.
a =
     0     1
     0     0
b =
     0
     1
f =
    1.0000    0.5000
         0    1.0000
g =
    0.1250
    0.5000
```

离散矩阵 f 很容易理解。时刻 k+1 处的位置状态是时刻 k 的状态加上时刻 k 的速度乘以 0.5s 的时间步长。时刻 k+1 处的速度是时刻 k 的速度加上时间步长与时刻 k 的加速度的乘积。时刻 k 的加速度与 $\frac{1}{2}T^2$ 相乘以获得速度对位置改变的贡献。这是恒定加速度下对质点的标准求解方法。

$$r_{k+1} = r_k + Tv_k + \frac{1}{2}T^2 a_k \tag{4.77}$$

$$v_{k+1} = v_k + Ta_k \tag{4.78}$$

矩阵形式为：

$$x_{k+1} = fx_k + bu_k \tag{4.79}$$

利用离散时间逼近，我们可以改变每个时刻 k 的加速度以获得整个时间段的历史，这是基于加速度在时间范围 T 期间内恒定的假设。因此需要仔细选择 T，以保证我们大致上能够获得真实的计算结果。

用于测试卡尔曼滤波器的脚本是 KFSim.m。KFInitialize 用于初始化过滤器（在下面的示例中为卡尔曼滤波器，'kf'）。这个函数开始就被设计成能够处理多种类型的卡尔曼滤波器，我们将在后续的方案 EKF 和 UKF（'ekf' 和 'ukf'）中复用它。我们很快将演示这部分内容。该函数把输入值动态映射到结构体的名字之中。

仿真过程开始于为仿真中的所有变量分配数值。我们利用函数 RHSOscillator 获取数据结构，然后修改其值。我们以矩阵形式写出连续时间模型，然后将其转换为离散时间。函数 randn 用于向仿真中添加高斯噪声。代码其余部分是仿真循环，以及之后的图形绘制。

脚本的第一部分创建连续时间状态空间矩阵，并使用 CToDZOH 将它们转换为离散时间。然后使用 KFInitialize 初始化卡尔曼滤波器。

```
%% Initialize
tEnd          = 100.0;            % Simulation end time (sec)
dT            = 0.1;              % Time step (sec)
d             = RHSOscillator();  % Get the default data structure
d.a           = 0.1;              % Disturbance acceleration
d.omega       = 0.2;              % Oscillator frequency
d.zeta        = 0.1;              % Damping ratio
x             = [0;0];            % Initial state [position;velocity]
y1Sigma       = 1;                % 1 sigma position measurement
   noise

% xdot = a*x + b*u
a = [0 1;-2*d.zeta*d.omega -d.omega^2]; % Continuous time model
b = [0;1];                              % Continuous time input
   matrix

% x[k+1] = f*x[k] + g*u[k]
[f,g] = CToDZOH(a,b,dT);  % Discrete time model
xE    = [0.3; 0.1];        % Estimated initial state
q     = [1e-6 1e-6];       % Model noise covariance ;
                           % [1e-6 1e-6] is for low model noise test
                           % [1e-4 1e-4] is for high model noise test
dKF   = KFInitialize('kf','m',xE,'a',f,'b',g,'h',[1 0],...
                    'r',y1Sigma^2,'q',diag(q),'p',diag(xE.^2));
```

仿真循环通过测量状态和卡尔曼滤波器，更新和预测状态循环，其代码分别为 KFPredict 和 KFUpdate。积分器位于二者之间，以保证更新和预测阶段的正确性。必须小心将预测和更新步骤放在脚本中的正确位置，以使估计器与仿真时间同步。

```
%% Simulation
nSim  = floor(tEnd/dT) + 1;
xPlot = zeros(5,nSim);

for k = 1:nSim
  % Position measurement with random noise
  y = x(1) + y1Sigma*randn(1,1);
```

```
  % Update the Kalman Filter
  dKF.y = y;
  dKF   = KFUpdate(dKF);

  % Plot storage
  xPlot(:,k) = [x;y;dKF.m-x];

  % Propagate (numerically integrate) the state equations
  x = RungeKutta( @RHSOscillator, 0, x, dT, d );

  % Propagate the Kalman Filter
  dKF.u = d.a;
  dKF   = KFPredict(dKF);
end
```

预测卡尔曼滤波器的实现步骤 KFPredict 如下列代码所示。预测将状态传播一个时间步长，协方差矩阵也随其一起传播。这就是说，当传播状态时存在不确定性，所以必须将其加在协方差矩阵中。

```
%% KFPREDICT Linear Kalman Filter prediction step.

function d = KFPredict( d )

% The first path is if there is no input matrix b
if( isempty(d.b) )
  d.m = d.a*d.m;
else
  d.m = d.a*d.m + d.b*d.u;
end

d.p = d.a*d.p*d.a' + d.q;
```

更新卡尔曼滤波器的步骤 KFUpdate 如下列代码所示，将测量值添加到估计值中，并考虑了测量中的不确定性（噪声）。

```
%% KFUPDATE Linear Kalman Filter measurement update step.

function d = KFUpdate( d )

s   = d.h*d.p*d.h' + d.r;         % Intermediate value
k   = d.p*d.h'/s;             % Kalman gain
v   = d.y - d.h*d.m;          % Residual
d.m = d.m + k*v;              % Mean update
d.p = d.p - k*s*k';           % Covariance update
```

你将注意到，滤波器的“内存”是存储在数据结构 d 中的。不使用永久性数据存储，这样可以更容易地在代码中的多个位置使用这些函数。还要注意，我们不必在每个时间步长都调用 KFUpdate，只需要在有新的数据时才去执行调用。不过，滤波器自己会使用均匀的时间步长。

脚本中给出了模型噪声协方差矩阵的两个示例。图 4.7 显示了模型协方差使用更高数值 [1e-4 1e-4] 时的结果，而使用较低数值 [1e-6 1e-6] 时的结果如图 4.8 所示。我们并不改变测量协方差，因为只有噪声协方差与模型协方差之间的比率是重要的。

当使用较高的数值时，误差为高斯形式，但是噪声很大。当使用较低数值时，结果非常平滑，几乎看不到噪声。然而，在模型协方差较低的情形下，误差很大。这是因为滤波器认为模型非常准确，而从本质上忽略了测量。用户应该在脚本中尝试不同的选项，并查看它们的效果。如我们所见，参数对滤波器学习系统状态的程度会产生巨大的差别。

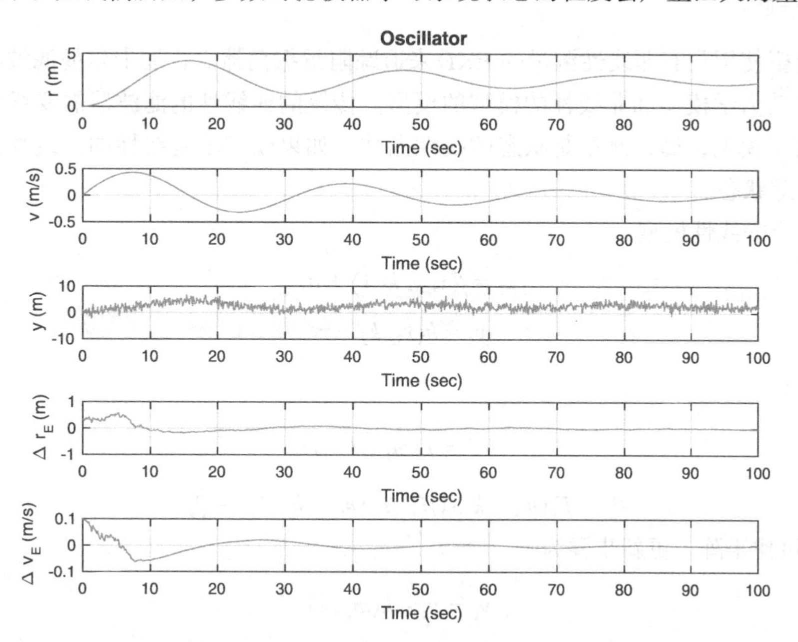

图 4.7　具有更高数值 [1e-4 1e-4] 的模型噪声矩阵的卡尔曼滤波器结果

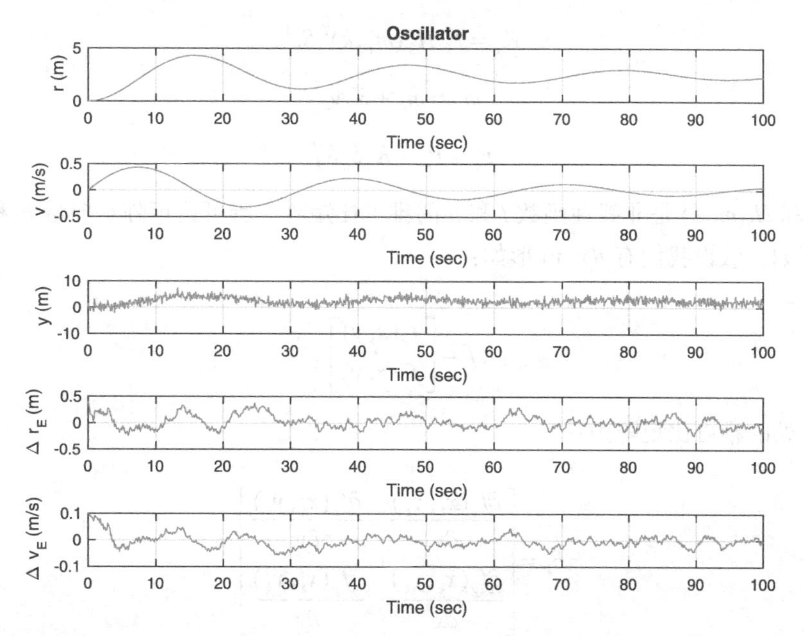

图 4.8　具有较低数值 [1e-6 1e-6] 的模型噪声矩阵的卡尔曼滤波器结果，可以看到噪声更小，但误差依然很大

4.2 使用扩展卡尔曼滤波器进行状态估计

4.2.1 问题

我们希望使用具有非线性测量的 EKF 来追踪阻尼振荡器。扩展卡尔曼滤波器用于处理具有非线性动力学模型和非线性的模型的模型。传统的或线性的滤波器需要线性动力学方程和线性测量模型，即，测量是状态的线性函数。如果模型不是线性的，线性滤波器将不能很好地追踪状态。

给定一个非线性模型：

$$x_k = f(x_{k-1}, k-1) + q_{k-1} \tag{4.80}$$

$$y_k = h(x_k, k) + r_k \tag{4.81}$$

预测步骤为：

$$m_k^- = f(m_{k-1}, k-1) \tag{4.82}$$

$$P_k^- = F_x(m_{k-1}, k-1)P_{k-1}F_x(m_{k-1}, k-1)^T + Q_{k-1} \tag{4.83}$$

F 是 f 的雅可比矩阵。更新步骤为：

$$v_k = y_k - h(m_k^-, k) \tag{4.84}$$

$$S_k = H_x(m_k^-, k)P_k^- H_x(m_k^-, k)^T + R_k \tag{4.85}$$

$$K_k = P_k^- H_x(m_k^-, k)^T S_k^{-1} \tag{4.86}$$

$$m_k = m_k^- + K_k v_k \tag{4.87}$$

$$P_k = P_k^- - K_k S_k K_k^T \tag{4.88}$$

$F_x(m, k-1)$ 和 $H_x(m, k)$ 是非线性函数 f 和 h 的雅可比矩阵。雅可比矩阵是向量 F 和 H 的偏微分矩阵，例如，假设我们有 $f(x, y)$ 形如：

$$f = \begin{bmatrix} f_x(x, y) \\ f_y(x, y) \end{bmatrix} \tag{4.89}$$

其在 x_k、y_k 处的雅可比矩阵为：

$$F_k = \begin{bmatrix} \dfrac{\partial f_x(x_k, y_k)}{\partial x} & \dfrac{\partial f_x(x_k, y_k)}{\partial y} \\ \dfrac{\partial f_y(x_k, y_k)}{\partial x} & \dfrac{\partial f_y(x_k, y_k)}{\partial y} \end{bmatrix} \tag{4.90}$$

雅可比矩阵可以通过解析方法或者数值方法得到。如果使用数值方法，雅可比矩阵需要计算 m_k 的当前值。在迭代扩展卡尔曼滤波器中，更新步骤在第一次迭代后使用更新的 m_k 值进行循环。$H_x(m, k)$ 在每个步骤中都需要更新。

4.2.2 方法

我们将复用上一个方案中创建的相同的 KFInitialize 函数，只不过现在使用 'ekf' 输入参数。我们需要函数来推导模型动力学、测量以及测量的导数。这些在 RHSOscillatorPartial，AngleMeasurement 和 AngleMeasurementPartial 中实现。

我们还需要自定义版本的滤波器来预测和更新步骤。

4.2.3 步骤

EKF 需要测量函数、测量导数的函数和状态导数的函数。状态导数函数用于计算 a 矩阵：

$$x_{k+1} = a_k x_k \tag{4.91}$$

如果 a_k 随时间变化，你只能使用 EKF。在本问题中，a_k 是不随时间变化的。计算 a 的函数是 RHSOscillatorPartial。该函数调用 CToDZOH，我们可以自行计算一次，但使用 CToDZOH 让函数变得更通用。

```
function a = RHSOscillatorPartial( ~, ~, dT, d )

if( nargin < 1 )
  a = struct('zeta',0.7071,'omega',0.1);
  return
end

b = [0;1];
a = [0 1;d.omega^2 -2*d.zeta*d.omega];
a = CToDZOH( a, b, dT );
```

我们的测量是非线性的（是一个反正切的），需要对每个对应位置的值进行线性化。AngleMeasurement 计算测量值，该测量值虽是非线性的但是平滑的。

```
y = atan(x(1)/d.baseline);
```

AngleMeasurementPartial 会计算其倒数。下面的函数则会计算 c 矩阵：

$$y_k = c_k x_k \tag{4.92}$$

注释部分将提醒你如何通过从角度减去角度的反正切值的导数找到局部测量值：

```
% y = atan(x(1)/d.baseline);

u    = x(1)/d.baseline;
dH   = 1/(1+u^2);
h    = [dH 0]/d.baseline;
```

当测量函数是平滑的，测量过程很容易。如果存在间断，则将难以计算测量分量。EKF 实现可以处理导数或矩阵的函数。对于函数，我们使用 feval 来调用它们。这一点可以在 EKFPredict 和 EKFUpdate 函数中看到。

EKFPredict 是 EKF 的状态传播步骤。它使用 RungeKutta 对右侧函数进行了数值积分。对某些简单问题，RungeKutta 可能杀伤力过强了，简单的欧拉积分可能更合适。欧拉积分不过是：

$$x_{k+1} = x_k + \Delta T f(x, u, t) \tag{4.93}$$

其中 $f(x, u, t)$ 为积分器的输入，可以是状态量 x、时间 t 以及输入 u 的函数。

```
function d = EKFPredict( d )

% Get the state transition matrix
if( isempty(d.a) )
  a = feval( d.fX, d.m, d.t, d.dT, d.fData );
else
  a = d.a;
end

% Propagate the mean
d.m = RungeKutta( d.f, d.t, d.m, d.dT, d.fData );

% Propagate the covariance
d.p = a*d.p*a' + d.q;

%% EKFUPDATE Extended Kalman Filter measurement update step.
%% Form
%  d = EKFUpdate( d )
%
%% Description
% All inputs are after the predict state (see EKFPredict). The h
% data field may contain either a function name for computing
% the estimated measurements or an m by n matrix. If h is a function
% name you must include hX which is a function to compute the m by n
% matrix as a linearized version of the function h.
%
%% Inputs
%   d    (.)  EKF data structure
%              .m       (n,1) Mean
%              .p       (n,n) Covariance
%              .h       (m,n) Either a matrix or name/handle of
   function
%              .hX      (*)   Name or handle of Jacobian function for
    h
%              .y       (m,1) Measurement vector
%              .r       (m,m) Measurement covariance vector
%              .hData   (.)   Data structure for the h and hX
   functions
%
%% Outputs
%   d    (.)  Updated EKF data structure
%              .m       (n,1)   Mean
%              .p       (n,n)   Covariance
%              .v       (m,1)   Residuals
```

```
function d = EKFUpdate( d )

% Residual
if( isnumeric( d.h ) )
  h   = d.h;
  yE  = h*d.m;
else
  h   = feval( d.hX, d.m, d.hData );
  yE  = feval( d.h,  d.m, d.hData );
end

% Residual
d.v     = d.y - yE;

% Update step
s    = h*d.p*h' + d.r;
k    = d.p*h'/s;
d.m = d.m + k*d.v;
d.p = d.p - k*s*k';
```

EKFSim 脚本使用以上所有函数实现 EKF，如下面的代码所示。这些函数在 KFInitialize 生成的数据结构中传递给 EKF。注意使用 @ 的函数句柄 @RHSOscillator。请注意，KFInitialize 需要 hX 和 fX 来计算动力学方程和测量方程的偏导数。

```
%% Simulation
xPlot = zeros(5,nSim);

for k = 1:nSim
  % Angle measurement with random noise
  y = AngleMeasurement( x, dMeas ) + y1Sigma*randn;

  % Update the Kalman Filter
  dKF.y = y;
  dKF   = EKFUpdate(dKF);

  % Plot storage
  xPlot(:,k)  = [x;y;dKF.m-x];

  % Propagate (numerically integrate) the state equations
  x = RungeKutta( @RHSOscillator, 0, x, dT, d );

  % Propagate the Kalman Filter
  dKF = EKFPredict(dKF);
end
```

图 4.9 显示了计算结果。因为问题的动力学方程是线性的，误差很小。我们看不出和传统的卡尔曼滤波器之间的明显差异。

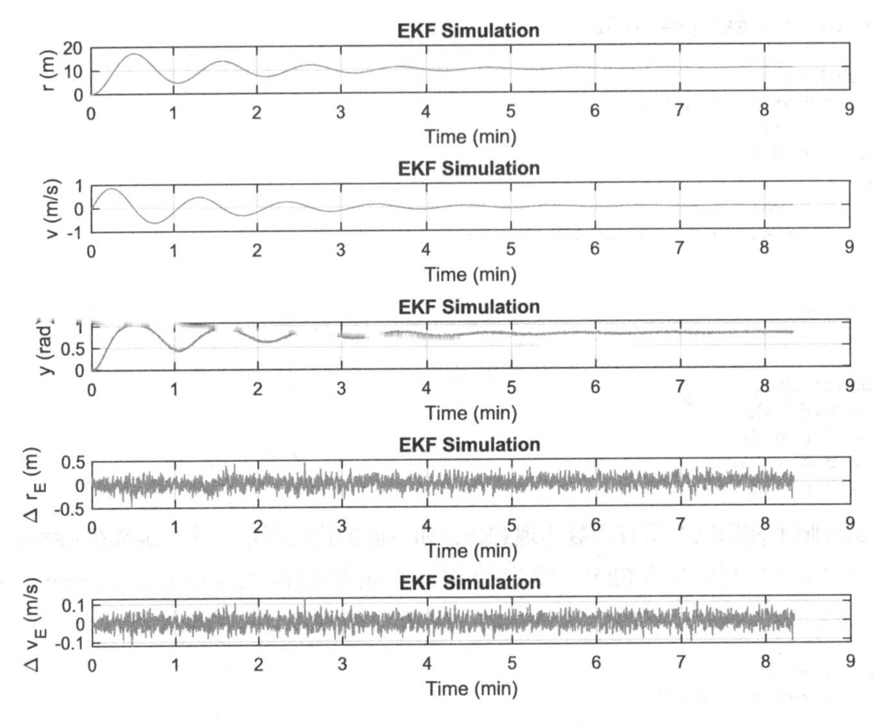

图 4.9 扩展卡尔曼滤波器追踪角度测量的振荡

4.3 使用无迹卡尔曼滤波器进行状态估计

4.3.1 问题

在给定非线性角度测量值时，了解弹簧 – 阻尼 – 质量系统的状态。这次我们将使用无迹卡尔曼滤波器（UKF）。通过 UKF，我们可以直接使用非线性动力学和测量方程。我们不必像使用 `RHSOscillatorPartial` 和 `AngleMeasurementPartial` 那样对 EKF 进行线性化。UKF 也被称为 σ 点滤波器，因为它可以将模型同步维持与均值之间的一个 σ 值（标准差）。

4.3.2 方法

创建 UKF 作为状态估计器，将测量值作为输入并确定系统状态。UKF 将根据已经存在的模型自主学习系统状态。

在下面的章节中，我们给出用于非增广卡尔曼滤波器的方程，其中仅允许加性高斯噪声。给出如下形式的非线性模型

$$x_k = f(x_{k-1}, k-1) + q_{k-1} \tag{4.94}$$

$$y_k = h(x_k, k) + r_k \tag{4.95}$$

权重定义为

$$W_m^0 = \frac{\lambda}{n+\lambda} \tag{4.96}$$

$$W_c^0 = \frac{\lambda}{n+\lambda} + 1 - \alpha^2 + \beta \tag{4.97}$$

$$W_m^i = \frac{\lambda}{2(n+\lambda)}, i = 1, \ldots, 2n \tag{4.98}$$

$$W_c^i = \frac{\lambda}{2(n+\lambda)}, i = 1, \ldots, 2n \tag{4.99}$$

下标 m 代表状态均值的权重，而 c 则表示协方差的权重。请注意 $W_m^i = W_c^i$。

$$\lambda = \alpha^2(n+\kappa) - n \tag{4.100}$$

$$c = \lambda + n = \alpha^2(n+\kappa) \tag{4.101}$$

c 缩放协方差以计算 σ 点，即围绕均值的点的分布，用于计算要传播的附加状态。α、β 和 κ 为缩放常数。缩放常数的一般规则为：

- α：0 用于状态估计，3 减去状态数则用于参数估计
- β：确定 σ 点的扩散程度，较小的值意味着空间分布更为紧密的 σ 点
- κ：先验知识常数，高斯过程中设置为 2

n 是系统的阶数。权重可以被写为矩阵形式：

$$w_m = [W_m^0 \cdots W_m^{2n}]^T \tag{4.102}$$

$$W = (I - [w_m \cdots w_m]) \begin{bmatrix} W_c^0 & \cdots & 0 \\ \vdots & \ddots & \vdots \\ 0 & \cdots & W_c^{2n} \end{bmatrix} (I - [w_m \cdots w_m])^T \tag{4.103}$$

I 是 $(2n+1) \times (2n+1)$ 的单位矩阵。在等式中，向量 w_m 被复制 $2n+1$ 次。矩阵 W 为 $(2n+1) \times (2n+1)$。

预测步骤为：

$$X_{k-1} = [m_{k-1} \quad \cdots \quad m_{k-1}] + \sqrt{c}\left[0 \quad \sqrt{P_{k-1}} \quad -\sqrt{P_{k-1}}\right] \tag{4.104}$$

$$\hat{X}_k = f(X_{k-1}, k-1) \tag{4.105}$$

$$m_k^- = \hat{X}_k w_m \tag{4.106}$$

$$P_k^- = \hat{X}_k W \hat{X}_k^T + Q_{k-1} \tag{4.107}$$

其中 X 是矩阵，其中每列是可能增加了 σ 点向量的状态向量。更新步骤为：

$$X_k^- = \begin{bmatrix} m_k^- & \cdots & m_k^- \end{bmatrix} + \sqrt{c}\begin{bmatrix} 0 & \sqrt{P_k^-} & -\sqrt{P_k^-} \end{bmatrix} \tag{4.108}$$

$$Y_k^- = h(X_k^-, k) \tag{4.109}$$

$$\mu_k = Y_k^- w_m \tag{4.110}$$

$$S_k = Y_k^- W [Y_k^-]^T + R_k \tag{4.111}$$

$$C_k = X_k^- W [Y_k^-]^T \tag{4.112}$$

$$K_k = C_k S_k^{-1} \tag{4.113}$$

$$m_k = m_k^- + K_k(y_k - \mu_k) \tag{4.114}$$

$$P_k = P_k^- - K_k S_k K_k^T \tag{4.115}$$

μ_k 是测量矩阵，其中每一列是由 σ 点修改后的数值副本。S_k 和 C_k 是中间量。Y_k^- 的方括号只是为了清楚起见而添加的。

4.3.3 步骤

UKFWeight 负责计算权重。

```
%% UKFWEIGHT Unscented Kalman Filter weight calculation
%% Form
%   d = UKFWeight( d )
%
%% Description
% Unscented Kalman Filter weights.
%
% The weight matrix is used by the matrix form of the Unscented
% Transform. Both UKFPredict and UKFUpdate use the data structure
% generated by this function.
%
% The constant alpha determines the spread of the sigma points around
%   x and is usually set to between 10e-4 and 1. beta incorporates
%   prior knowledge of the distribution of x and is 2 for a Gaussian
%   distribution. kappa is set to 0 for state estimation and 3 -
%   number of states for parameter estimation.
%
%% Inputs
%   d    (.)        Data structure with constants
%                   .kappa  (1,1)    0 for state estimation, 3-#states for
%                                    parameter estimation
%                   .m      (:,1)    Vector of mean states
%                   .alpha  (1,1)    Determines spread of sigma points
%                   .beta   (1,1)    Prior knowledge - 2 for Gaussian
%
%% Outputs
%  d     (.)        Data structure with constants
%                   .w      (2*n+1,2*n+1)    Weight matrix
%                   .wM     (1,2*n+1)        Weight array
%                   .wC     (2*n+1,1)        Weight array
%                   .c      (1,1)            Scaling constant
%                   .lambda (1,1)            Scaling constant
```

```
%

function d = UKFWeight( d )

% Compute the fundamental constants
n           = length(d.m);
a2          = d.alpha^2;
d.lambda    = a2*(n + d.kappa) - n;
nL          = n + d.lambda;
wMP         = 0.5*ones(1,2*n)/nL;
d.wM        = [d.lambda/nL               wMP]';
d.wC        = [d.lambda/nL+(1-a2+d.beta) wMP];

d.c         = sqrt(nL);

% Build the matrix
f           = eye(2*n+1) - repmat(d.wM,1,2*n+1);
d.w         = f*diag(d.wC)*f';
```

UKF 的预测步骤则实现在 `UKFPredict` 之中。

```
%% UKFPREDICT Unscented Kalman Filter measurement update step

function d = UKFPredict( d )

pS      = chol(d.p)';
nS      = length(d.m);
nSig    = 2*nS + 1;
mM      = repmat(d.m,1,nSig);
x       = mM + d.c*[zeros(nS,1) pS -pS];

xH      = Propagate( x, d );
d.m     = xH*d.wM;
d.p     = xH*d.w*xH' + d.q;
d.p     = 0.5*(d.p + d.p'); % Force symmetry

%% Propagate each sigma point state vector
function x = Propagate( x, d )
for j = 1:size(x,2)
  x(:,j) = RungeKutta( d.f, d.t, x(:,j), d.dT, d.fData );
end
```

`UKFPredict` 使用 `RungeKutta` 通过数值积分方法进行预测。实际上，我们正在运行的是模型的一次仿真，只需用下一个函数 `UKFUpdate` 来校正结果。这正是卡尔曼滤波器的核心，具有测量校正步骤的一次模型仿真。在传统卡尔曼滤波器中，我们使用的是线性离散时间模型。

更新 UKF 步骤如下所示，每次更新将状态进行一次传播。

```
%% UKFUPDATE Unscented Kalman Filter measurement update step.

function d = UKFUpdate( d )

% Get the sigma points
pS      = d.c*chol(d.p)';
nS      = length(d.m);
nSig    = 2*nS + 1;
mM      = repmat(d.m,1,nSig);
```

```
x        = mM + [zeros(nS,1) pS -pS];
[y, r]   = Measurement( x, d );
mu       = y*d.wM;
s        = y*d.w*y' + r;
c        = x*d.w*y';
k        = c/s;
d.v      = d.y - mu;
d.m      = d.m + k*d.v;
d.p      = d.p - k*s*k';

%% Measurement estimates from the sigma points
function [y, r] = Measurement( x, d )

nSigma = size(x,2);

% Create the arrays
lR   = length(d.r);
y    = zeros(lR,nSigma);
r    = d.r;

for j = 1:nSigma
  f          = feval(d.hFun, x(:,j), d.hData );
  iR         = 1:lR;
  y(iR,j)    = f;
end
```

σ 点是使用 chol 函数生成的。chol 函数是 Cholesky 分解并生成矩阵的近似平方根。真正的矩阵平方根在计算上更加昂贵，并且结果并不能证明惩罚的合理性。我们的想法是将 σ 点分布在均值上，chol 运算的结果似乎还不错。这是一个比较两种方法的示例：

```
>> z = [1 0.2;0.2 2]
z =
    1.0000    0.2000
    0.2000    2.0000
>> b = chol(z)
b =
    1.0000    0.2000
         0    1.4000
>> b*b
ans =
    1.0000    0.4800
         0    1.9600
>> q = sqrtm(z)
q =
    0.9965    0.0830
    0.0830    1.4118
>> q*q
ans =
    1.0000    0.2000
    0.2000    2.0000
```

从例子中可以看出，近似平方根方法确实生成了平方根的计算结果，而且 b*b 对角线的值非常接近于 z！这一点非常重要。

UKFSim 的测试脚本如下所示。如前所述，我们不需要将连续时间模型转换为离散时间。相反，我们将滤波器传递至微分方程右侧；同时，还必须传递一个可以是非线性的测量模型，并且将 UKFPredict 和 UKFUpdate 添加至仿真循环中。我们从参数初始化开始，函数 KFInitialize 使用位于参数 'ukf' 之后的参数对进行过滤器的初始化。其余部分的脚本则为仿真循环和图形绘制部分。初始化需要通过调用 KFInitialize 来计算权重矩阵。

```
%% Initialize
dKF  = KFInitialize( 'ukf','m',xE,'f',@RHSOscillator,'fData',d,...
                     'r',y1Sigma^2,'q',q,'p',p,...
                     'hFun',@AngleMeasurement,'hData',dMeas,'dT',dT);
dKF  = UKFWeight( dKF );
```

核心的仿真循环：

```
%% Simulation
xPlot = zeros(5,nSim);
for k = 1:nSim
  % Measurements
  y = AngleMeasurement( x, dMeas ) + y1Sigma*randn;

  % Update the Kalman Filter
  dKF.y = y;
  dKF   = UKFUpdate(dKF);

  % Plot storage
  xPlot(:,k)   = [x;y;dKF.m-x];

  % Propagate (numerically integrate) the state equations
  x = RungeKutta( @RHSOscillator, 0, x, dT, d );

  % Propagate the Kalman Filter
  dKF = UKFPredict(dKF);
end
```

仿真结果如图 4.10 所示，图中的误差 Δr_E 和 Δv_E 只是噪声。测量结果覆盖了大范围的角度，这会产生一个具有不确定性的线性逼近。

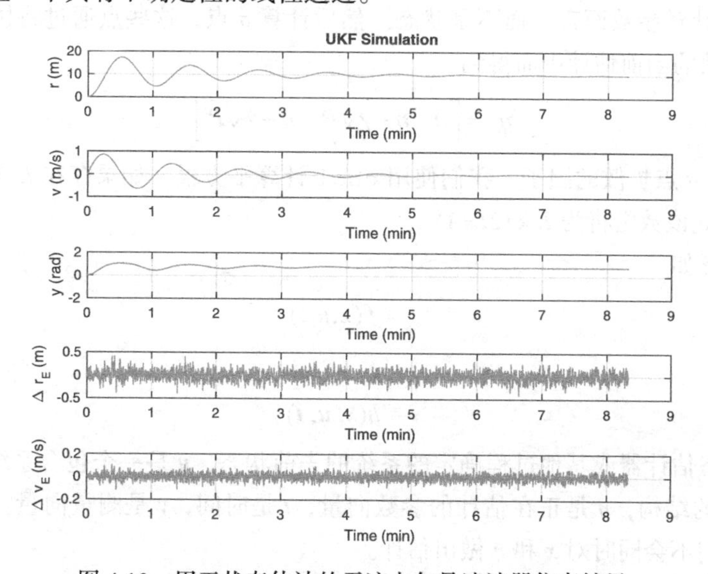

图 4.10　用于状态估计的无迹卡尔曼滤波器仿真结果

4.4 使用无迹卡尔曼滤波器进行参数估计

4.4.1 问题

当给定非线性的角度测量值时，确定弹簧－阻尼－质量系统的参数。无迹卡尔曼滤波器（UKF）可以用来解决这个问题。

4.4.2 方法

创建一个配置为参数估计器的无迹卡尔曼滤波器，根据测量值确定质量、弹簧常数和阻尼。它将根据已经存在的模型自主地对系统进行学习。与上节中描述方法类似，我们编写脚本，利用并行运行的无迹卡尔曼滤波器生成参数估计。

4.4.3 步骤

使用参数 η[28] 的预期值

$$\hat{\eta}(t_0) = E\{\hat{\eta}_0\} \tag{4.116}$$

以及参数协方差

$$P_{\eta_0} = E\{(\eta(t_0) - \hat{\eta}_0)(\eta(t_0) - \hat{\eta}_0)^T\} \tag{4.117}$$

对参数滤波器进行初始化。

更新步骤开始于将参数模型不确定性 Q 加入到协方差 P 中，

$$P = P + Q \tag{4.118}$$

不确定性 Q 是针对参数而言，而不是状态。然后计算 σ 点，这些点通过将协方差矩阵的平方根添加到参数的当前估计中而得到。

$$\eta_\sigma = \left[\hat{\eta} \quad \hat{\eta} + \gamma\sqrt{P} \quad \hat{\eta} - \gamma\sqrt{P}\right] \tag{4.119}$$

其中，γ 是决定 σ 点扩散的因子。我们使用 `chol` 计算平方根。如果存在 L 个参数，则矩阵 P 为 $L \times L$，因此该数组将为 $L \times (2L+1)$。

状态方程形如

$$\dot{x} = f(x, u, t) \tag{4.120}$$

测量方程为

$$y = h(x, u, t) \tag{4.121}$$

其中 x 是由状态估计器或其他过程确定的系统的先前状态，u 是一个包含系统中所有未被估计的其他输入的结构，η 是正在估计的参数向量，t 是时间，y 是测量向量。这是一个二元估计方法，我们不会同时对 x 和 η 做出估计。

用于测试UKF参数估计的脚本UKFPSim如下所示，代码中并未使用UKF状态估计来简化脚本。通常我们会以并行方式运行UKF。从参数初始化开始，KFInitialize利用参数对初始化滤波器，代码其余部分则是仿真循环和图形绘制。注意，此处只调用了一次更新操作，因为其参数不像状态，没有传播的需要。

```
for k = 1:nSim
  % Update the Kalman Filter parameter estimates
  dKF.x = x;

  % Plot storage
  xPlot(:,k) = [y;x;dKF.eta;dKF.p];

  % Propagate (numerically integrate) the state equations
  x = RungeKutta( @RHSOscillator, 0, x, dT, d );

  % Incorporate measurements
  y      = LinearMeasurement( x ) + y1Sigma*randn;
  dKF.y = y;
  dKF    = UKFPUpdate(dKF);
end
```

UKF的参数更新功能如下面代码所示，它使用由UKF生成的状态估计。如上所述，我们将使用由仿真生成的关于状态的精确数值，该功能需要将参数估计d.eta应用于特定的方程式右侧。为此，我们对RHSOscillator进行修改，生成新的函数RHSOscillatorUKF。

```
function d = UKFPUpdate( d )

d.wA  = zeros(d.L,d.n);
D     = zeros(d.lY,d.n);
yD    = zeros(d.lY,1);

% Update the covariance
d.p = d.p + d.q;

% Compute the sigma points
d = SigmaPoints( d );

% We are computing the states, then the measurements
% for the parameters +/- 1 sigma
for k = 1:d.n
  d.fData.eta = d.wA(:,k);
  x            = RungeKutta( d.f, d.t, d.x, d.dT, d.fData );
  D(:,k)       = feval( d.hFun, x, d.hData );
  yD           = yD + d.wM(k)*D(:,k);
end
pWD = zeros(d.L,d.lY);
pDD = d.r;
for k = 1:d.n
  wD  = D(:,k) - yD;
  pDD = pDD + d.wC(k)*(wD*wD');
  pWD = pWD + d.wC(k)*(d.wA(:,k) - d.eta)*wD';
end
```

```
pDD = 0.5*(pDD + pDD');

% Incorporate the measurements
K       = pWD/pDD;
dY      = d.y - yD;
d.eta   = d.eta + K*dY;
d.p     = d.p - K*pDD*K';
d.p     = 0.5*(d.p + d.p'); % Force symmetry

%% Create the sigma points for the parameters
function d = SigmaPoints( d )

n           = 2:(d.L+1);
m           = (d.L+2):(2*d.L + 1);
etaM        = repmat(d.eta,length(d.eta));
sqrtP       = chol(d.p);
d.wA(:,1)   = d.eta;
d.wA(:,n)   = etaM + d.gamma*sqrtP;
d.wA(:,m)   = etaM - d.gamma*sqrtP;
```

示例中还包括权重初始化函数 `UKFPWeight.m`。权重矩阵被用作无迹变换的矩阵形式。常数 `alpha` 确定围绕参数向量的 σ 点的扩展，并且通常设置在 `10e-4` 和 1 之间。`beta` 包含参数向量分布的先验知识，并且对于高斯分布是 2。`kappa` 设置为 0 用于状态估计，数值 3 用于参数估计的状态数。

```
function d = UKFPWeight( d )

d.L           = length(d.eta);
d.lambda      = d.alpha^2*(d.L + d.kappa) - d.L;
d.gamma       = sqrt(d.L + d.lambda);
d.wC(1)       = d.lambda/(d.L + d.lambda) + (1 - d.alpha^2 + d.beta);
d.wM(1)       = d.lambda/(d.L + d.lambda);
d.n           = 2*d.L + 1;
for k = 2:d.n
  d.wC(k) = 1/(2*(d.L + d.lambda));
  d.wM(k) = d.wC(k);
end
d.wA          = zeros(d.L,d.n);
y             = feval( d.hFun, d.x, d.hData );
d.lY          = length(y);
d.D           = zeros(d.lY,d.n);
```

`RHSOscillatorUKF` 是 UKF 使用的振荡器模型，UKF 与振荡器模型具有不同的输入格式。核心就是一行代码。

```
xDot = [x(2);d.a-2*d.zeta*d.eta*x(2)-d.eta^2*x(1)];
```

`LinearMeasurement` 是一个简单测量功能的实现，仅仅用于演示目的。UKF 可以使用任意复杂度的测量功能。

无阻尼振荡器的仿真结果如图 4.11 所示。滤波器实现了对无阻尼固有频率的快速估计，不过结果是有噪声的。我们可以通过改变代码中的数值来尝试不同的仿真结果。

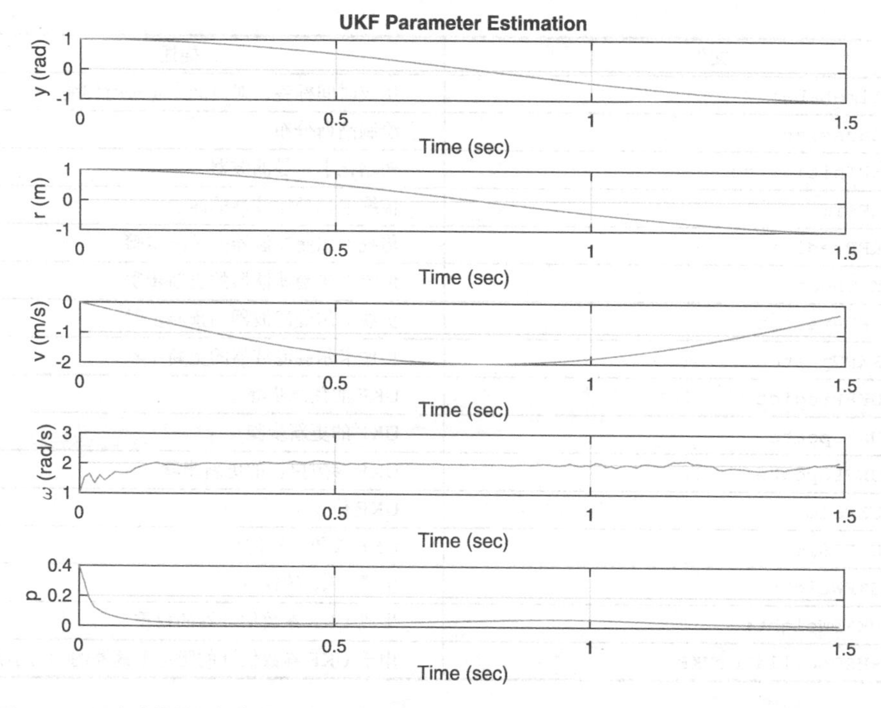

图 4.11 无迹卡尔曼滤波器的参数估计仿真结果。p 是协方差，它表明参数估计已收敛

4.5 小结

本章展示了使用卡尔曼滤波器的学习方法。在这种情形下，学习过程是对阻尼振荡器的状态和参数的估计。我们讨论了传统卡尔曼滤波器与无迹卡尔曼滤波器，并且测试了后者的参数学习功能。全部示例使用阻尼振荡器模型完成。表 4.1 列出了本章中的示例代码。

表 4.1 本章代码列表

文件	描述
AngleMeasurement	质量的角度测量
AngleMeasurementPartial	角度测量的导数
LinearMeasurement	质量的位置测量
OscillatorSim	阻尼振荡器仿真
OscillatorDampingRatioSim	具有不同阻尼比的阻尼振荡器仿真
RHSOscillator	阻尼振荡器的动力学模型
RHSOscillatorPartial	阻尼振荡器的微分模型
RungeKutta	四阶 Runge-Kutta 积分器
PlotSet	创建数据集的二维图形

（续）

文件	描述
TimeLabel	生成时间标签，对时间向量进行伸缩
Gaussian	绘制高斯分布
KFInitialize	初始化卡尔曼滤波器
KFSim	传统卡尔曼滤波器的演示
KFPredict	传统卡尔曼滤波器的预测步骤
KFUpdate	传统卡尔曼滤波器的更新步骤
EKFPredict	扩展卡尔曼滤波器的预测步骤
EKFUpdate	扩展卡尔曼滤波器的更新步骤
UKFPredict	UKF 的预测步骤
UKFUpdate	UKF 的更新步骤
UKFPUpdate	UKF 参数更新的更新步骤
UKFSim	UKF 仿真
UKFPSim	UKF 参数估计仿真
UKFWeights	生成 UKF 的权重
UKFPWeights	生成 UKF 参数估计器的权重
RHSOscillatorUKF	用于 UKF 参数估计的阻尼振荡器的动力学模型

第5章 Chapter 5

自适应控制

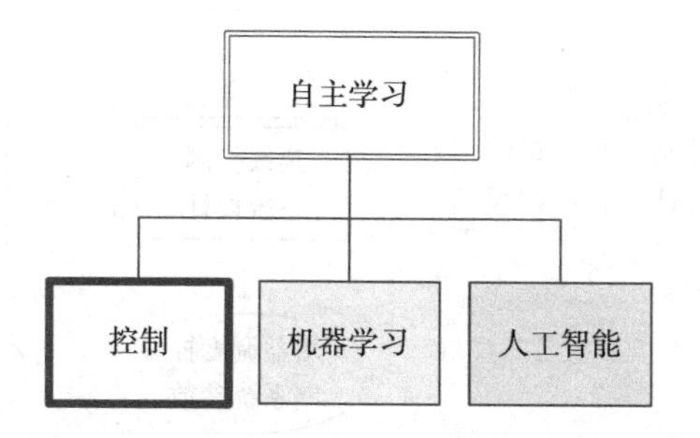

控制系统需要以一种可预测与可重复的方式对环境做出反应。控制系统对环境进行测量并且通过改变测量值来实现控制过程，例如，船舶测量其航向，并改变方向舵的角度以达到指定航向。

通常，控制系统以全部参数都硬编码到软件中的方式进行设计与实现。这种方式在大多数情况下工作得很好，特别是当系统在设计过程中是已知的时。当系统定义不明确或预期在运行期间会发生显著变化时，实施学习控制就变得非常必要。例如，电动车的电池性能随时间推移的退化，将导致电池容量降低。自动驾驶系统需要了解电池容量的变化，这可以在消耗相同电池电量时通过比较行驶距离来判断。更剧烈和突然的变化可以改变系统行为。例如，传感器故障可能会导致飞机上的大气数据系统失效。如果全球定位系统（GPS）仍在正常运行，飞机将切换到只有GPS的模式。在多输入–多输出控制系统中，某个分支可能会失败，而其他分支工作正常。在这种情况下，系统可能需要切换至正常工作的分支模式。

学习与自适应控制通常可以互换使用。在本章中，我们将学习多种不同系统的自适应控制技术。示例中每种技术都将应用于一个不同的系统，但是所有技术对于任何控制系统都是适用的。

图 5.1 展示了自适应与学习控制技术的分类，其中的分类路径取决于动力学系统的性质。最右边的分支是调校，这是设计人员在测试过程中会做的工作，当然也可以自动完成，如 5.1 节中所描述的自调谐技术。最左边的路径适用于随时间变化的系统，第一个示例是使用模型参考自适应控制的转子系统，将在 5.3 节中讨论。

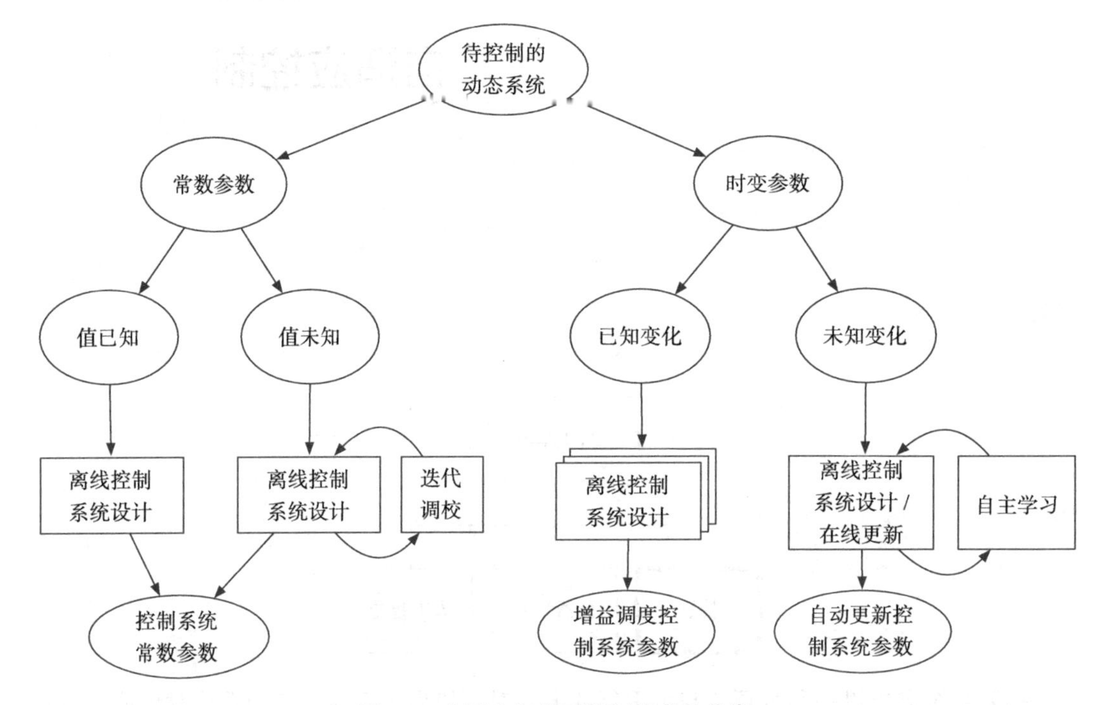

图 5.1 自适应与学习控制技术的分类

下一个例子是船舶控制。轮船动力学是关于前进速度的函数，其中我们想要控制的是航向角度。这是增益调度的一个例子，虽然并不是真正地从经验中学习，但它是根据其环境信息进行适应性调整的。

最后一个例子讨论航天器的控制。在此处，我们展示了一个非常简单的参数估计过程。

5.1 自调谐：振荡器建模

我们想实现阻尼器调校，从而能够精确地减少弹性常数变化的弹簧系统的振幅。我们的系统利用减振器对无阻尼弹簧进行扰动，使用快速傅里叶变换（FFT）测量频率。然后我们使用频率计算阻尼，并在仿真中添加阻尼器。然后，我们再次测量无阻尼固有频率，以确保频率值是正确的。最后，我们将阻尼比设为 1，并观察系统响应。系统如图 5.2 所示。

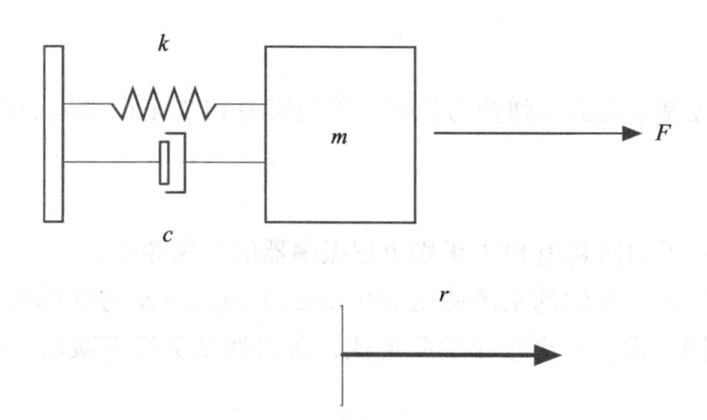

图 5.2　弹簧质量阻尼器系统。质量位于图中右侧，弹簧位于质量的左上侧，阻尼位于左下侧。F 为外力，m 为质量，k 为刚度，c 为阻尼系数

在第4章中，我们介绍了基于卡尔曼滤波器的参数辨识，这是寻找频率的另一种方法。本章的方法是收集大量样本数据并以批处理的方式寻找固有频率。系统方程为

$$\dot{r} = v \tag{5.1}$$

$$m\dot{v} = -cv - kr \tag{5.2}$$

c 为阻尼系数，k 为刚度。阻尼项导致速度趋近于0。而刚度则限制运动的范围（除非阻尼项为负）。符号之上的点表示相对于时间的一阶导数，即

$$\dot{r} = \frac{\mathrm{d}r}{\mathrm{d}t} \tag{5.3}$$

前两个方程分别表明，相对于时间的位置变化是速度，质量乘以速度相对于时间的变化等于与其速度和位置成正比的一个力。后者即为牛顿定律：

$$F = ma \tag{5.4}$$

其中 F 为力，m 为质量，a 为加速度。

提示　重力为质量和加速度的乘积。

$$F = -cv - kr \tag{5.5}$$

$$a = \frac{\mathrm{d}v}{\mathrm{d}t} \tag{5.6}$$

5.2　自调谐：调校振荡器

5.2.1　问题

识别振荡器的频率，并调校一个控制系统到次频率之上。

5.2.2 方法

解决方案是使控制系统适应弹簧的频率。我们使用 FFT 来识别振荡频率。

5.2.3 步骤

下面的脚本显示了如何利用 FFT 识别阻尼振荡器的振荡频率。

函数代码如下所示。我们的系统使用 RHSOscillator 动力学模型，从一个很小的初始位置开始摆动，同时设置一个很小的阻尼比，所以摆动会逐渐减弱。频谱精度取决于样本数量：

$$r=\frac{2\pi}{nT} \tag{5.7}$$

其中 n 是样本数，T 是采样周期，最大频率是：

$$\omega=\frac{nr}{2} \tag{5.8}$$

下面的代码展示了仿真循环和 FFTEngergy 函数的调用过程。

```
%% Initialize
nSim          = 2^16;           % Number of time steps
dT            = 0.1;            % Time step (sec)
dRHS          = RHSOscillator;  % Get the default data structure
dRHS.omega    = 0.1;            % Oscillator frequency
dRHS.zeta     = 0.1;            % Damping ratio
x             = [1;0];          % Initial state [position;velocity]
y1Sigma       = 0.000;          % 1 sigma position measurement noise
%% Simulation
xPlot = zeros(3,nSim);

for k = 1:nSim
  % Measurements
  y           = x(1) + y1Sigma*randn;
  % Plot storage
  xPlot(:,k)  = [x;y];
  % Propagate (numerically integrate) the state equations
  x           = RungeKutta( @RHSOscillator, 0, x, dT, dRHS );
end
```

FFTEnergy 内容如下：

```
function [e, w, wP] = FFTEnergy( y, tSamp, aPeak )

if( nargin < 3 )
  aPeak  = 0.95;
end

n = size( y, 2 );

% If the input vector is odd drop one sample
if( 2*floor(n/2) ~= n )
  n = n - 1;
  y = y(1:n,:);
end
```

```
x  = fft(y);
e  = real(x.*conj(x))/n;

hN = n/2;
e  = e(1,1:hN);
r  = 2*pi/(n*tSamp);
w  = r*(0:(hN-1));

if( nargin > 1 )
  k   = find( e > aPeak*max(e) );
  wP  = w(k);
end
```

FFT 使用采样时间序列计算频谱。我们使用 MATLAB 中的 `fft` 函数实现 FFT 计算，并将结果与其共轭相乘以获得能量值。计算结果的前半部分包含频率信息。`aPeak` 指出输出的峰值位置。具体的实现方法无非是搜索大于指定阈值的所有的值。

阻尼振荡如图 5.3 所示，频谱如图 5.4 所示。我们通过搜索能量最大值可以找到频谱峰值，在较高频率下可以看到信号中的噪声。无噪声仿真如图 5.5 所示。

调谐方法是：

1. 使用脉冲激励振荡器
2. 执行 $2n$ 步
3. 计算 FFT
4. 如果只有一个峰值，则计算阻尼增益

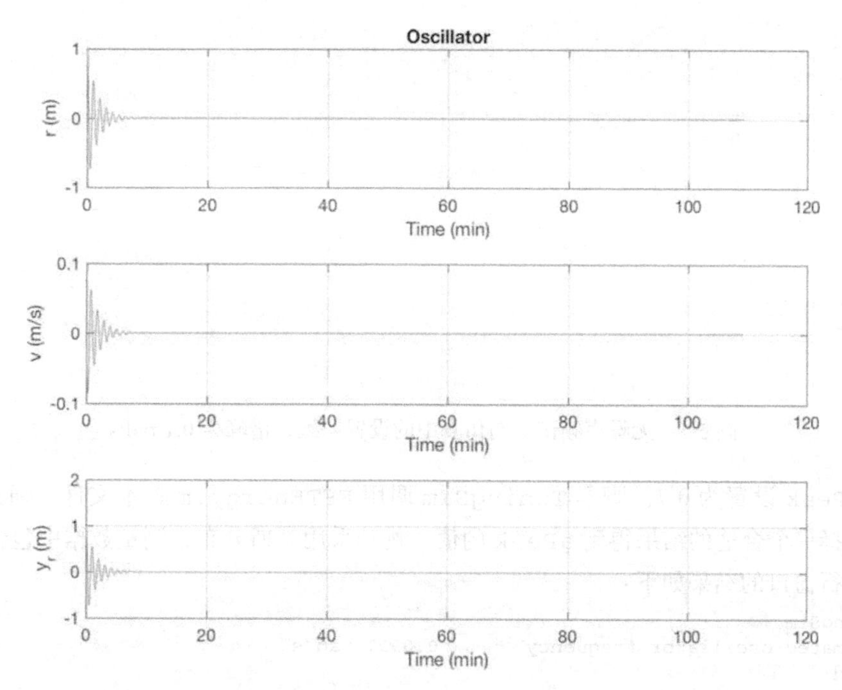

图 5.3　阻尼振荡器仿真。阻尼比 ζ 为 0.5，固有频率 ω 为 0.1 rad/s

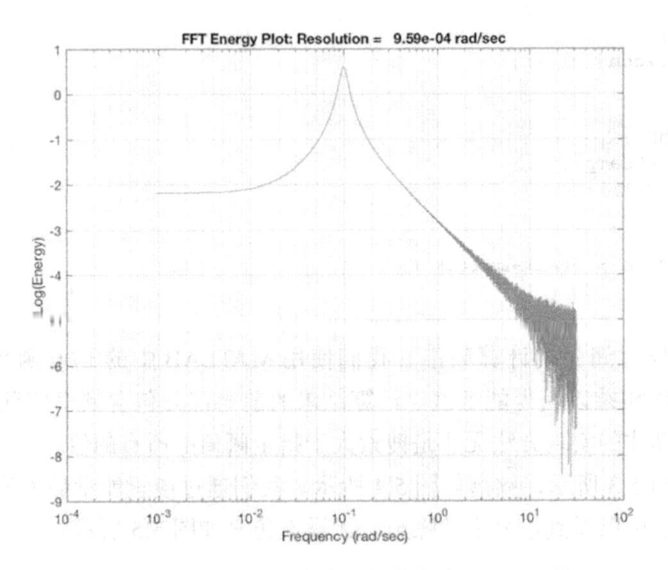

图 5.4 频谱图。峰值位于振荡频率 0.1rad/s 处

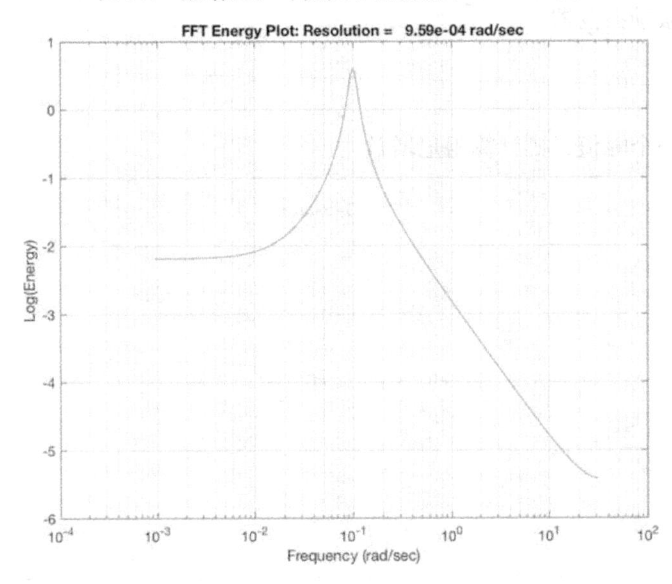

图 5.5 无噪声频谱。与仿真中的设置一致，谱峰为 0.1 rad/s

将 aPeak 设置为 0.7，脚本 TuningSim 调用 FFTEnergy.m 脚本文件。通过在图中搜索并选择一个合适的结果得到 aPeak 的值。扰动采用高斯分布，测量数据中包含噪声。

命令行窗口的结果如下：

```
TuningSim
Estimated oscillator frequency       0.0997 rad/s
Tuned
Tuned
Tuned
```

正如在图 5.6 中的 FFT 图中所看到的那样，由于传感器噪声和高斯扰动，频谱是有“噪声”的。确定其不完全衰减的标准是存在一个特定的峰值。如果噪声足够大，我们必须设定较低的阈值来触发调校。左上角的 FFT 图显示峰值在 0.1 rad/s 处。调谐后，我们充分衰减振荡器，使峰值减小。图 5.6（下图）中的时间图表明，系统最初的时候只是轻微受阻。调校后它的振荡变得很小。FFT 图（右上角和中间两个）显示调校过程中使用的数据。

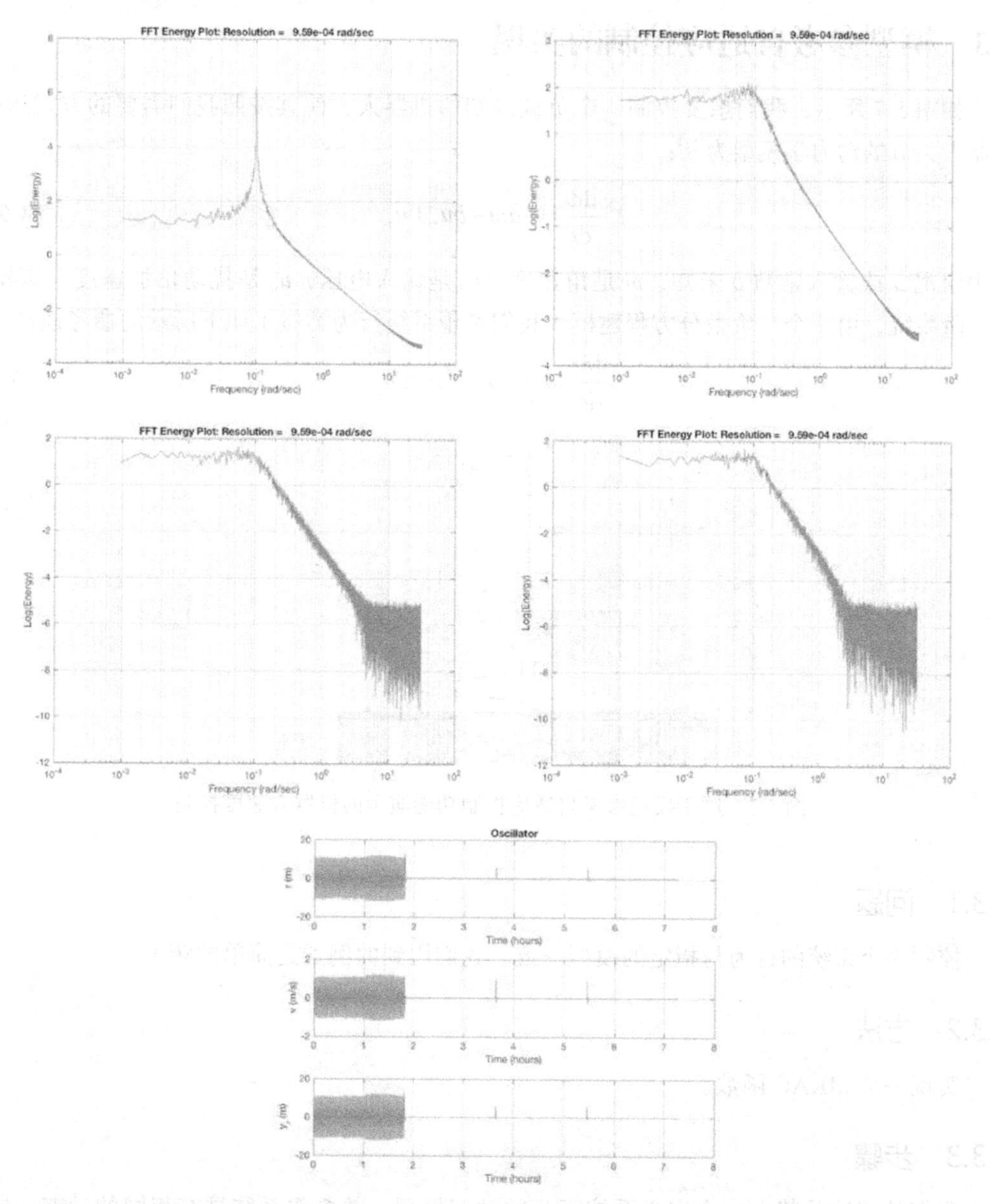

图 5.6　调谐仿真结果。前四个图是在每个采样间隔结束时采集的频谱，最后显示了整个时间范围内的仿真结果

其中重要的一点是，我们必须激励系统以识别峰值。所有的系统辨识、参数估计和调谐算法都有这样的要求。宽频谱脉冲的一种替代方案是使用正弦扫描，通过激发共振使得识别峰值更加容易。但是，在激励不同频率的物理系统时必须小心，以确保它在固有频率下不会产生不安全或不稳定的响应。

5.3 模型参考自适应控制的实现

如图 5.7 所示，我们想要控制一个负载未知的机器人，使其按照我们需要的方式运行。机器人关节的动力学模型为 [2]：

$$\frac{\mathrm{d}\omega}{\mathrm{d}t}=-a\omega+bu_c+u_d \tag{5.9}$$

其中阻尼 a 或输入常数 b 未知，ω 是角速度，u_c 是输入电压，u_d 是扰动角加速度。该模型为一阶系统，由一个一阶微分方程建模。我们希望系统行为类似于如下所示的参考模型：

$$\frac{\mathrm{d}\omega}{\mathrm{d}t}=-a_m\omega+b_mu_c+u_d \tag{5.10}$$

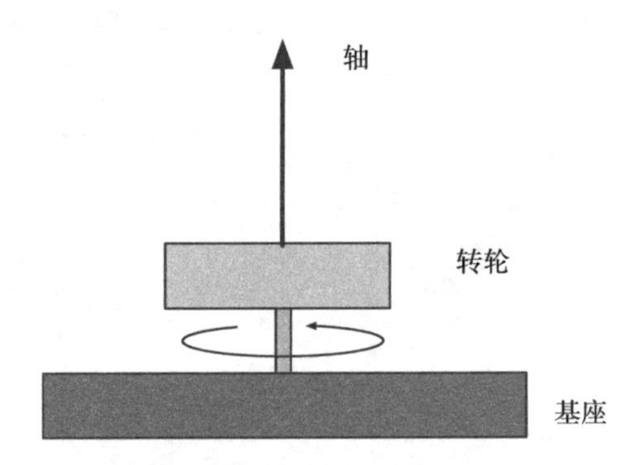

图 5.7 用于模型参考自适应控制功能演示的机器人速度控制

5.3.1 问题

控制一个系统的行为与指定的模型一致。我们用到的例子是简单的转子。

5.3.2 方法

实现一个 MRAC 函数。

5.3.3 步骤

我们的想法是建立一个定义系统行为的动态模型，并希望系统具有相同的动态。这个期望的模型是参考，因此称为模型参考自适应控制。我们将使用 MIT 规则 [3] 来设计适应系统。MIT 规则最初是在麻省理工学院仪器实验室（现为 Draper 实验室）开发的，该实验室开发了 NASA 阿波罗和航天飞机的制导和控制系统。

考虑一个带有可调参数 θ 的闭环系统。θ 是参数，而不是角度。所需的输出是 y_m。误差为：

$$e = y - y_m \tag{5.11}$$

定义损失函数（代价函数）为：

$$J(\theta) = \frac{1}{2}e^2 \tag{5.12}$$

平方运算移除了符号的影响。如果误差为 0，则代价为 0。我们想要最小化 $J(\theta)$。为了让 J 变小，我们沿着 J 的负梯度方向改变参数，或

$$\frac{\mathrm{d}\theta}{\mathrm{d}t} = -\gamma\frac{\partial J}{\partial\theta} = -\gamma e\frac{\partial e}{\partial\theta} \tag{5.13}$$

这就是 MIT 规则。如果系统缓慢变化，我们可以假设 θ 在系统适应时为恒定量。γ 是适应增益。我们的动态模型为：

$$\frac{\mathrm{d}\omega}{\mathrm{d}t} = a\omega + bu_c \tag{5.14}$$

我们想让它逼近模型

$$\frac{\mathrm{d}\omega_m}{\mathrm{d}t} = a_m\omega_m + b_m u_c \tag{5.15}$$

其中 a 和 b 为真实但是未知的参数，a_m 和 b_m 为模型参数。我们想让 a 和 b 变为 a_m 和 b_m。转子的控制器设为：

$$u = \theta_1 u_c - \theta_2\omega \tag{5.16}$$

第二项提供了阻尼。控制器有两个自适应参数，如果选择为：

$$\theta_1 = \frac{b_m}{b} \tag{5.17}$$

$$\theta_2 = \frac{a_m - a}{b} \tag{5.18}$$

系统和模型的输入输出关系是相同的。这被称为完美模型跟随。这不是必需的。要应用 MIT 规则，请将误差重写为：

$$e = \omega - \omega_m \tag{5.19}$$

代入参数 θ_1 和 θ_2 系统变成：

$$\frac{\mathrm{d}\omega}{\mathrm{d}t} = -(a + b\theta_2)\omega + b\theta_1 u_c \tag{5.20}$$

继续考虑实现，我们引入算子$p = \frac{\mathrm{d}}{\mathrm{d}t}$。改写为：

$$p\omega = -(a + b\theta_2)\omega + b\theta_1 u_c \tag{5.21}$$

或

$$\omega = \frac{b\theta_1}{p + a + b\theta_2} u_c \tag{5.22}$$

我们需要得到误差针对 θ_1 和 θ_2 的偏微分：

$$\frac{\partial e}{\partial \theta_1} = \frac{b}{p + a + b\theta_2} u_c \tag{5.23}$$

$$\frac{\partial e}{\partial \theta_2} = -\frac{b^2\theta_1}{(p + a + b\theta_2)^2} u_c \tag{5.24}$$

来自于微分的链式法则。注意到：

$$u_c = \frac{p + a + b\theta_2}{b\theta_1} \omega \tag{5.25}$$

第二个公式变为：

$$\frac{\partial e}{\partial \theta_2} = \frac{b}{p + a + b\theta_2} y \tag{5.26}$$

因为 a 未知，假设我们非常接近其真实值。令：

$$p + a_m \approx p + a + b\theta_2 \tag{5.27}$$

自适应规则变为：

$$\frac{\mathrm{d}\theta_1}{\mathrm{d}t} = -\gamma \left(\frac{a_m}{p + a_m} u_c \right) e \tag{5.28}$$

$$\frac{\mathrm{d}\theta_2}{\mathrm{d}t} = \gamma \left(\frac{a_m}{p + a_m} \omega \right) e \tag{5.29}$$

令：

$$x_1 = \frac{a_m}{p + a_m} u_c \tag{5.30}$$

$$x_2 = \frac{a_m}{p + a_m} \omega \tag{5.31}$$

此处，微分方程必须经过一次积分运算。完整的结果为：

$$\frac{\mathrm{d}x_1}{\mathrm{d}t} = -a_m x_1 + a_m u_c \tag{5.32}$$

$$\frac{\mathrm{d}x_2}{\mathrm{d}t} = -a_m x_2 + a_m \omega \tag{5.33}$$

$$\frac{\mathrm{d}\theta_1}{\mathrm{d}t} = -\gamma x_1 e \tag{5.34}$$

$$\frac{\mathrm{d}\theta_2}{\mathrm{d}t} = \gamma x_2 e \tag{5.35}$$

我们唯一需要测量的变量为 ω，可以通过一个转速计来测量。正如之前所记，控制器为：

$$u = \theta_1 u_c - \theta_2 \omega \tag{5.36}$$

$$e = \omega - \omega_m \tag{5.37}$$

$$\frac{\mathrm{d}\omega_m}{\mathrm{d}t} = -a_m \omega_m + b_m u_c \tag{5.38}$$

MRAC 实现在 MRAC 函数之中，如下所示。控制器有五个微分方程，沿着时间传播。状态是 $[x_1, x_2, \theta_1, \theta_2, \omega_m]$。RungeKutta 用于传播，但可以使用计算密集度较低的低阶积分器，例如欧拉积分器来替代。如果未指定输入和一个输出，则该函数返回默认数据结构。默认数据结构具有合理的值。这使得用户更容易实现该功能。它只传播一步。

```
function d = MRAC( omega, d )

if( nargin < 1 )
  d = DataStructure;
  return
end

d.x = RungeKutta( @RHS, 0, d.x, d.dT, d, omega );
d.u = d.x(3)*d.uC - d.x(4)*omega;

%% MRAC>DataStructure
function d = DataStructure
% Default data structure

d = struct('aM',2.0,'bM',2.0,'x',[0;0;0;0;0],'uC',0,'u',0,'gamma',1,'
   dT',0.1);

%% MRAC>RHS
function xDot = RHS( ~, x, d, omega )
% RHS for MRAC

e    = omega - x(5);
xDot = [-d.aM*x(1) + d.aM*d.uC;...
        -d.aM*x(2) + d.aM*omega;...
        -d.gamma*x(1)*e;...
         d.gamma*x(2)*e;...
        -d.aM*x(5) + d.bM*d.uC];
```

现在我们已经完成了 MRAC 控制器，我们将编写一些支持函数，然后在 RotorSim 中对其进行全面测试。

5.4 创建方波输入

5.4.1 问题

产生一个方波来激励转子。

5.4.2 方法

为了实现对控制器的仿真与测试，我们利用 MATLAB 函数生成一个方波。

5.4.3 步骤

下面的示例函数 SquareWave 将生成方波。前面几行是用来运行示例或者用于返回数据结构的标准代码。

```
function [v,d] = SquareWave( t, d )

if( nargin < 1 )
  if( nargout == 0 )
    Demo;
  else
    v = DataStructure;
  end
  return
end

if( d.state == 0 )
  if( t - d.tSwitch >= d.tLow )
    v         = 1;
    d.tSwitch = t;
    d.state   = 1;
  else
    v         = 0;
  end
else
  if( t - d.tSwitch >= d.tHigh )
    v         = 0;
    d.tSwitch = t;
    d.state   = 0;
  else
    v         = 1;
  end
end
```

该函数使用 d.state 来确定它在方波的顶部还是底部。方波的底部宽度设定为 d.tLow，顶部的宽度设定为 d.tHigh。它将最后一次切换的时间存储在 d.tSwitch 中。

方波如图 5.8 所示。有很多方法来指定一个方波，我们的示例函数利用最小值 0 和最大值 1，通过分别指定 0 和 1 的时间来创建方波。

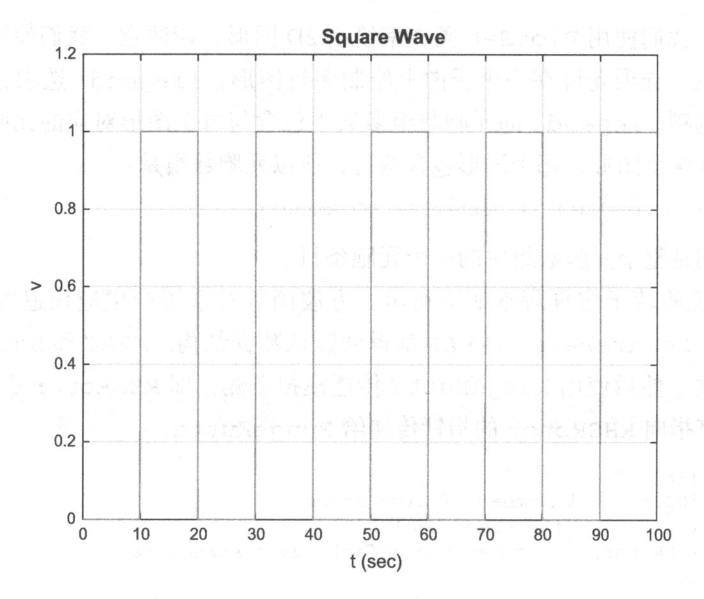

图 5.8　方波

我们可以用下面的代码来调整 y 轴的范围和线条的宽度：

```
PlotSet(t,v,'x␣label', 't␣(sec)', 'y␣label', 'v', 'plot␣title','
   Square␣Wave',...
        'figure␣title', 'Square␣Wave');
set(gca,'ylim',[0 1.2])
h = get(gca,'children');
set(h,'linewidth',1);
```

提示　h = get(gca, 'children') 可以获取最近访问过的图形坐标轴中的线段数据结构句柄。

5.5　转子的 MRAC 演示系统

5.5.1　问题

使用 MRAC 控制转子。

5.5.2　方法

在 MATLAB 脚本中调用基于 5.3 节实现的 MRAC 函数。

5.5.3　步骤

MRAC 在脚本文件 RotorSim 中实现，通过调用 MRAC 函数来控制转子。就像在其他示例中一样，我们使用 PlotSet 函数来绘制 2D 图形。请注意，我们使用了两个新的选项：'Plot Set' 选项允许在一个子图上绘制多行图形；'legend' 选项为每个图形添加图例。传递至选项 'legend' 的元胞数组参数中包含与每个图形对应的元胞数组。在这个示例中，我们有两个图形，每个图形包含两行，所以元胞数组是：

```
{{'true', 'estimated'} ,{'Control' ,'Command'}}
```

每个图形的图例是整个元胞数组中的一个元胞条目。

MRAC 系统的转子仿真脚本如下所示。方波函数对系统产生应该追踪 ω 的命令。函数 RHSRotor、SquareWave 和 MRAC 都返回默认数据结构。MRAC 和 SquareWave 每次循环被调用一次。然后使用 RungeKutta 传播模拟右侧，即 RHSRotor 中转子的动力学。请注意，我们将指向 RHSRotor 的指针传递给 RungeKutta。

```
%% Initialize
nSim     = 4000;      % Number of time steps
dT     = 0.1;       % Time step (sec)
dRHS     = RHSRotor;      % Get the default data structure
dC     = MRAC;
dS     = SquareWave;
x        = 0.1;       % Initial state vector

%% Simulation
xPlot = zeros(4,nSim);
theta = zeros(2,nSim);
t      = 0;
for k = 1:nSim
  % Plot storage
  xPlot(:,k)   = [x;dC.x(5);dC.u;dC.uC];
  theta(:,k)   = dC.x(3:4);
  [uC, dS]     = SquareWave( t, dS );
  dC.uC        = 2*(uC - 0.5);
  dC           = MRAC( x, dC );
  dRHS.u       = dC.u;

  % Propagate (numerically integrate) the state equations
  x            = RungeKutta( @RHSRotor, t, x, dT, dRHS );
  t            = t + dT;
end
```

提示 尽量采用传递函数指针 @fun 而不是字符串 'fun' 给函数。

RHSRotor 调用如下所示：

```
  dRHS.u       = dC.u;

  % Propagate (numerically integrate) the state equations
  x            = RungeKutta( @RHSRotor, t, x, dT, dRHS );
  t            = t + dT;
end

%% Plot the results
```

动力学调用只需一行代码，剩余部分返回默认的数据结构。

结果如图 5.9 所示，其中自适应增益 γ 设为 1，a_m 和 b_m 设为 2，a 设为 1，b 设为 1/2。

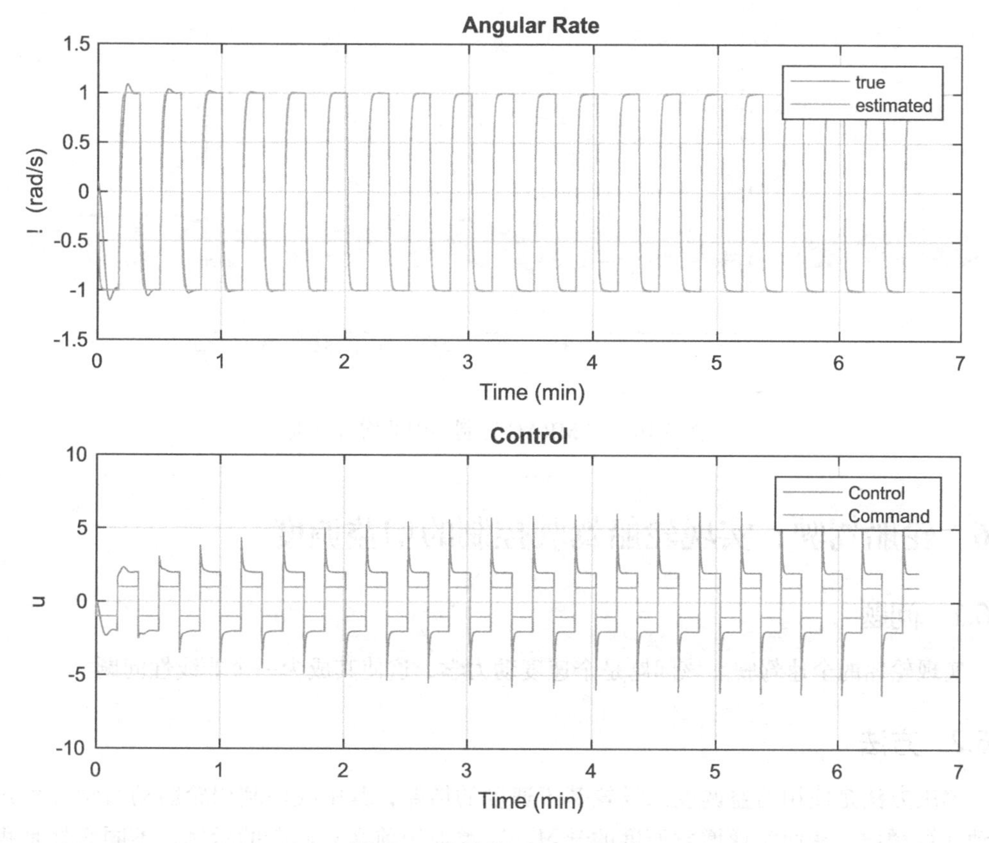

图 5.9　转子的 MRAC 控制

第一个曲线显示了转子角速度与发送到转子的控制需求和实际控制，我们所期望的控制是（由函数 `SquareWave` 生成的）方波。请注意图中方波转换时实施控制过程中的瞬变，而且控制的幅度要大于指令控制。还可以注意到，角速度接近我们所需的指令的方波形状。

图 5.10 显示了自适应增益 θ_1 与 θ_2 的收敛过程，它们在仿真结束之前都获得了收敛。

MRAC 通过观察对控制激励的响应来了解系统增益。系统需要激励才能进行收敛，这是所有学习系统的本质。如果没有激励，就不可能观察系统的行为，那么系统也就不可能学习。很容易观察到一阶系统的应激响应，但是对于高阶系统或者非线性系统，观察会变得更加困难。

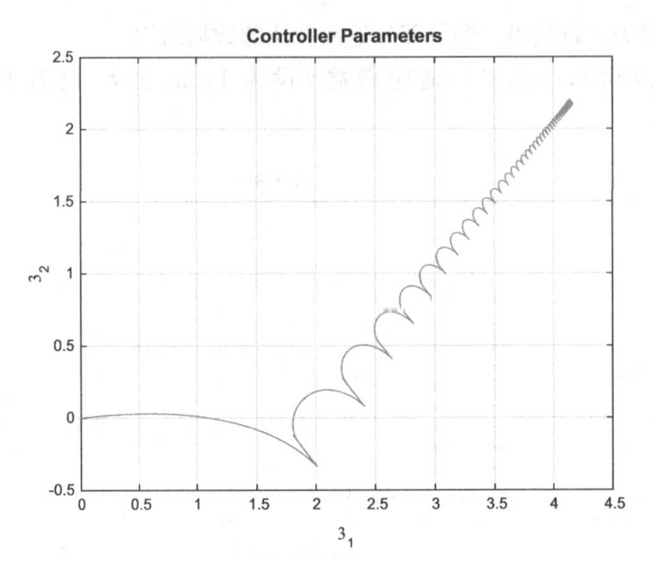

图 5.10 在 MRAC 控制器中的增益收敛

5.6 轮船驾驶：实现轮船驾驶控制的增益调度

5.6.1 问题

实现轮船的全速驾驶。该问题是个速度动力学，这使其成为一个非线性问题。

5.6.2 方法

解决方法是使用增益调度来设置基于速度的增益，其中我们利用轮船动力学方程式来自动计算增益，从而实现增益调度的学习。这类似于前文自调谐的示例，不同之处是我们在为所有的速度值寻求增益集合，而不仅仅为一个特定数值。另外，我们假设系统模型已知，如图 5.11 所示。

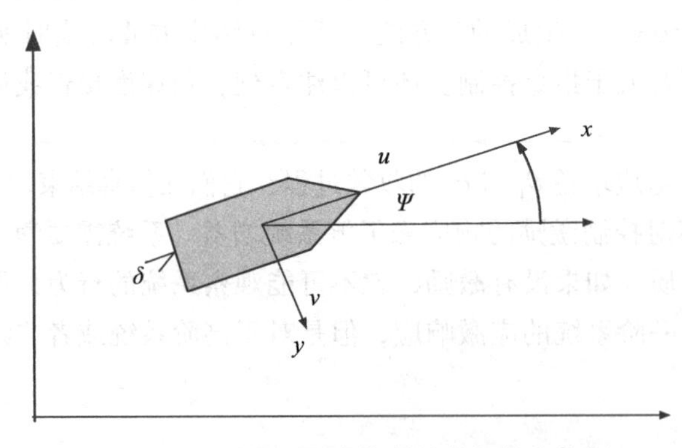

图 5.11 用于增益调度控制的轮船航向控制

5.6.3 步骤

以状态空间形式[1]表达的轮船航向的动力学方程为

$$\begin{bmatrix}\dot{v}\\ \dot{r}\\ \dot{\Psi}\end{bmatrix}=\begin{bmatrix}\left(\frac{u}{l}\right)a_{11} & ua_{12} & 0\\ \left(\frac{u}{l^2}\right)a_{21} & \left(\frac{u}{l}\right)a_{22} & 0\\ 0 & 1 & 0\end{bmatrix}\begin{bmatrix}v\\ r\\ \Psi\end{bmatrix}+\begin{bmatrix}\left(\frac{u^2}{l}\right)b_1\\ \left(\frac{u^2}{l^2}\right)b_2\\ 0\end{bmatrix}\delta+\begin{bmatrix}\alpha_v\\ \alpha_r\\ 0\end{bmatrix} \tag{5.39}$$

其中 v 是横向速度，u 是轮船速度，l 是轮船长度，r 是转向率，Ψ是航向角，α_v 和 α_r 是扰动。这里我们省略了前向运动方程式。假设轮船在以速度 u 移动，这是通过操控未被建模的螺旋桨实现的。控制目标是舵角 δ。请注意，如果 $u = 0$，则轮船不能被控制系统操控。除了航向角，状态矩阵中的所有系数都是速度 u 的函数。我们的目标是在给定第一个方程中的干扰加速度和第二个方程中的扰动角速率的情况下控制航向。

扰动只会影响到动力学状态 r 和 v，最后一个状态 Ψ属于运动学状态，不存在扰动。

表 5.1 船舶参数

参数	扫雷舰	货船	油轮
l	55	161	350
a_{11}	–0.86	–0.77	–0.45
a_{12}	–0.48	–0.34	–0.44
a_{21}	–5.20	–3.39	–4.10
a_{22}	–2.40	–1.63	–0.81
b_1	0.18	0.17	0.10
b_2	1.40	–1.63	–0.81

轮船模型显示在以下代码中：RHSShip。第二和第三个输出用于控制器。请注意，微分方程在状态和控制中是线性的。两个矩阵都是前向速度的函数。我们无须控制前进速度，它是系统的输入。扫雷舰的默认参数在表 5.1 中给出。这些参数与默认数据结构中的数据相同。

```
function [xDot, a, b] = RHSShip( ~, x, d )

if( nargin < 1 )
  xDot = struct('l',100,'u',10,'a',[-0.86 -0.48;-5.2 -2.4],'b'
      ,[0.18;-1.4],'alpha',[0;0;0],'delta',0);
  return
end

uOL   = d.u/d.l;
uOLSq = d.u/d.l^2;
uSqOl = d.u^2/d.l;
```

```
a      = [  uOL*d.a(1,1) d.u*d.a(1,2) 0;...
          uOLSq*d.a(2,1) uOL*d.a(2,2) 0;...
                      0            1 0];
b      = [uSqOl*d.b(1);...
          uOL^2*d.b(2);...
          0];

xDot   = a*x + b*d.delta + d.alpha;
```

在轮船仿真 ShipSim 中，我们线性地增加前向速度，同时控制航向 psi 的一系列变化。控制器在每个时间步长下采用状态空间模型，并计算用于操控轮船的新的增益。控制器属于线性二次调节器。因为容易对状态进行建模，所以我们使用全状态反馈。在这种情况下，控制器将会很好地工作；但是当你需要估计某些状态或具有未建模的动力学状态时，控制器将会比较难以实现。

```
for k = 1:nSim
  % Plot storage
  xPlot(:,k)    = x;
  dRHS.u        = u(k);
  % Control
  % Get the state space matrices
  [~,a,b]       = RHSShip( 0, x, dRHS );
  gain(k,:)     = QCR( a, b, qC, rC );
  dRHS.delta    = -gain(k,:)*[x(1);x(2);x(3) - psi(k)]; % Rudder angle
  delta(k)      = dRHS.delta;
  % Propagate (numerically integrate) the state equations
  x             = RungeKutta( @RHSShip, 0, x, dT, dRHS );
end
```

二次调节器生成器的代码如下所示，它从矩阵形式的黎卡提微分方程中生成增益。黎卡提方程是在未知函数中的二次常微分方程，在稳态下简化为代数黎卡提方程，如下列代码所示。

```
function k = QCR( a, b, q, r )

[sinf,rr] = Riccati( [a,-(b/r)*b';-q',-a'] );

if( rr == 1 )
  disp('Repeated␣roots.␣Adjust␣q,␣r␣or␣n');
end

k = r\(b'*sinf);

function [sinf, rr] = Riccati( g )
%% Ricatti
%   Solves the matrix Riccati equation in the form
%
%   g = [a    r ]
%       [q   -a']

rg = size(g);

[w, e] = eig(g);

es = sort(diag(e));
```

```
% Look for repeated roots
j = 1:length(es)-1;

if ( any(abs(es(j)-es(j+1))<eps*abs(es(j)+es(j+1))) )
  rr = 1;
else
  rr = 0;
end

% Sort the columns of w
ws   = w(:,real(diag(e)) < 0);

sinf = real(ws(rg/2+1:rg,:)/ws(1:rg/2,:));
```

a 是状态转移矩阵，b 是输入矩阵，q 是状态成本矩阵，r 是控制成本矩阵。q 的元素越大，我们对状态偏离零的成本就越高。这将导致严格的控制需求，代价是更多的控制。b 的元素越大，我们控制的成本就越高。而规模更大的 b 意味着更少的控制。如果测量所有状态，则二次调节器可确保稳定性。它们是一个非常方便的可以工作起来的控制器。仿真结果如图 5.12 所示，请注意其中的增益如何演化。转向率 r 的增益几乎是恒定的，请注意，ψ 的范围非常小！另外两个增益随着速度增加。这是增益调度的一个示例，不同之处在于，我们根据轮船前向速度的测量值自动计算增益。

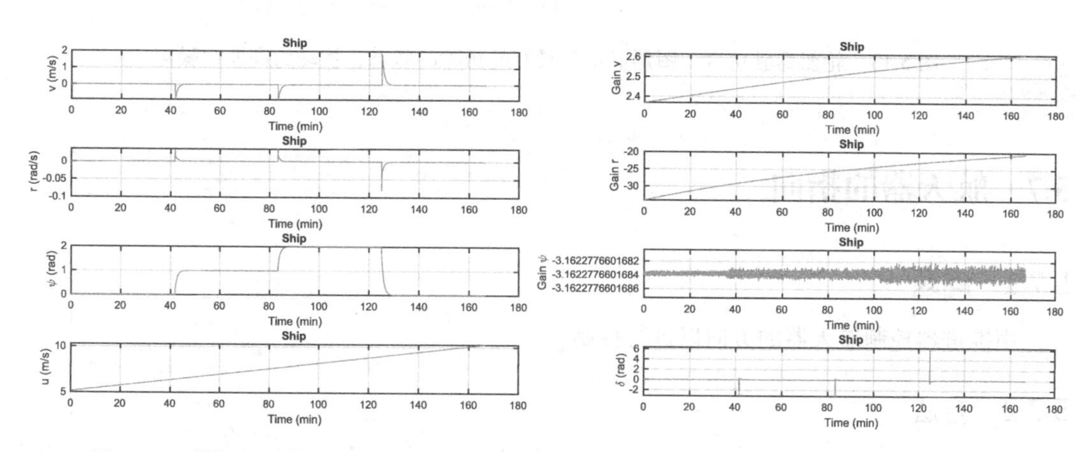

图 5.12 轮船驾驶仿真。左列图形显示具有前向速度下的状态；右列图形显示增益和舵角，请注意那些控制轮船的方向舵中的“脉冲”

接下来的示例代码 ShipSimDisturbance 是 ShipSim 的更新版本，其持续时间较短，只包含一次航向改变，并且在角速率和横向速度上都有扰动。结果如图 5.13 所示。

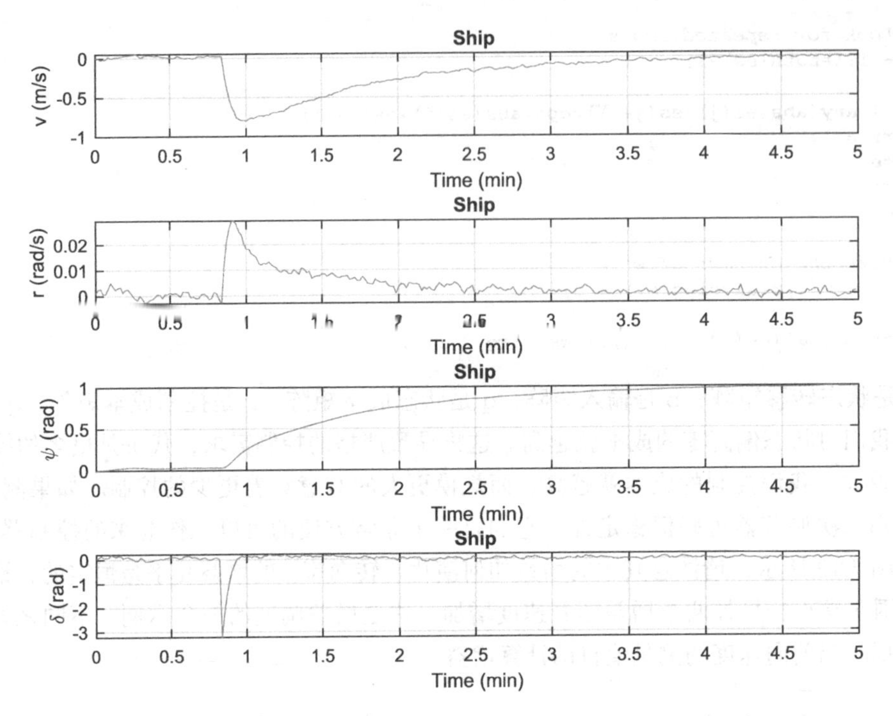

图 5.13 轮船驾驶仿真，图形显示为具有舵角时的状态，扰动为高斯白噪声

5.7 航天器的指向

5.7.1 问题

用推进器控制航天器的方向以进行控制。

5.7.2 方法

解决方案是使用参数估计器来估算惯性并将其馈入控制系统。

5.7.3 步骤

航天器模型如图 5.14 所示。

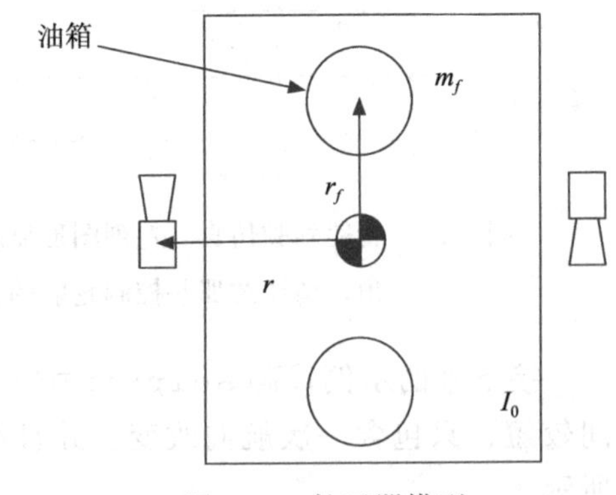

图 5.14 航天器模型

动力学方程为：

$$I = I_0 + m_f r_f^2 \tag{5.40}$$

$$T_c + T_d = I\ddot{\theta} + \dot{m}_f r_f^2 \dot{\theta} \tag{5.41}$$

$$\dot{m}_f = -\frac{T_c}{ru_e} \tag{5.42}$$

其中I是总惯性，I_0是除燃料质量外的常量惯性，T_c是推进器控制扭矩，T_d是扰动扭矩，m_f是总燃料质量，r_f是到油箱中心的距离，r是推进器的向量，u_e是推进器的排气速度，θ是航天器轴的角度。两个油箱之间的燃油消耗是平衡的，因此质心保持在（0, 0）。第二个等式中的第二项是惯性导数项，它为系统增加了阻尼。

我们的控制器是某种形式的比例微分控制器：

$$T_c = Ia \tag{5.43}$$

$$a = -K(\theta + \tau\dot{\theta}) \tag{5.44}$$

K是前向增益，τ是速率常数。我们为单位惯量设计控制器，然后估算惯性，使我们的动态响应始终相同。我们将使用一个非常简单的算法估算惯性：

$$I_k = \frac{T_{c_{k-1}}}{\ddot{\theta}_k - \ddot{\theta}_{k-1}} \tag{5.45}$$

只有当控制扭矩不为零且速率变化不为零时，我们才会这样做。这是第一个差异近似值，如果没有很多噪声它应该是好的。下面的代码片段显示了控制系统的仿真循环。

```
%% Initialize
nSim      = 50;              % Number of time steps
dT        = 1;               % Time step (sec)
dRHS      = RHSSpacecraft;   % Get the default data structure
x         = [2.4;0.;1];      % [angle;rate;mass fuel]

%% Controller
kForward  = 0.1;
tau       = 10;

%% Simulation
xPlot     = zeros(6,nSim);
omegaOld  = x(2);
inrEst    = dRHS.i0 + dRHS.rF^2*x(3);
dRHS.tC   = 0;
tCThresh  = 0.01;
kI        = 0.99; % Inertia filter gain

for k = 1:nSim
  % Collect plotting information
  xPlot(:,k)   = [x;inrEst;dRHS.tD;dRHS.tC];
  % Control
  % Get the state space matrices
  dRHS.tC   = -inrEst*kForward*(x(1) + tau*x(2));
  omega     = x(2);
  omegaDot = (omega-omegaOld)/dT;
  if( abs(dRHS.tC) > tCThresh  )
    inrEst = kI*inrEst + (1-kI)*omegaDot/(dRHS.tC);
  end
  omegaOld = omega;
  % Propagate (numerically integrate) the state equations
  x            = RungeKutta( @RHSSpacecraft, 0, x, dT, dRHS );
end
```

我们仅在控制扭矩高于阈值时估算惯性，这可以防止我们对噪声做出过度反应。我们还将惯性估计器合并到一个简单的低通滤波器中。结果如图 5.15 所示。需要减少姿态误差时，该阈值仅在仿真开始时估计惯性。

这种看似粗糙的算法我们基本上在角速率测量的情况下才可能做到。更复杂的过滤器或估算器可以提高性能。

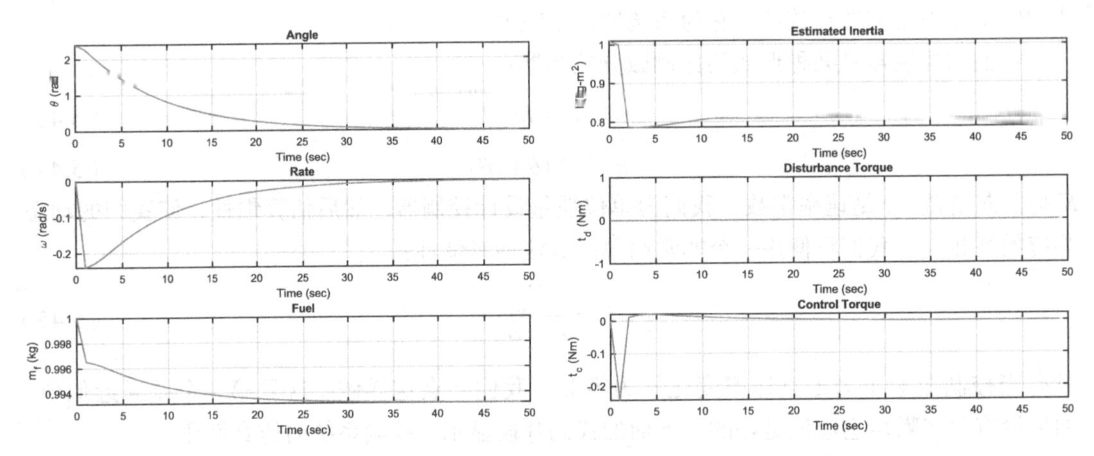

图 5.15　航天器仿真的状态和控制输出

5.8　小结

本章展示了自适应或学习控制。你了解到了模型调校、模型参考自适应控制、自适应控制和增益调度。表 5.2 列出了配套代码中包含的函数和脚本。

表 5.2　本章代码列表

文件	描述
Combinations	1 ~ n 共 n 个整数，每次取 k 个整数的组合数枚举
FFTEnergy	用 FFT 计算能量
FFTSim	FFT 示例
MRAC	实现模型参考自适应控制
QCR	生成全状态反馈控制器
RHSOscillatorControl	具有速度增益的阻尼振荡器
RHSRotor	转子
RHSShip	轮船转向模型
RHSSpacecraft	航天器模型
RotorSim	仿真模型参考自适应控制
ShipSim	仿真轮船驾驶

（续）

文件	描述
ShipSimDisturbance	仿真具有扰动的轮船驾驶
SpacecraftSim	航天器仿真
SquareWave	产生方波
TuningSim	控制器调校示例
WrapPhase	保持角度在 $-\pi$ 与 π 之间

Chapter 6 第6章

模糊逻辑

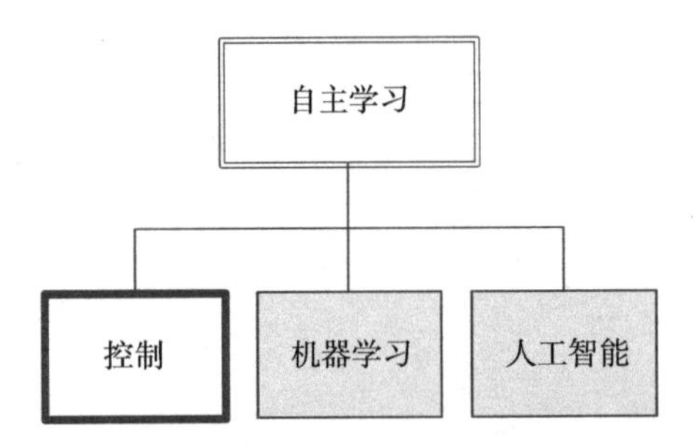

模糊逻辑[26]是控制系统设计的另一种方法。模糊逻辑在集合论的框架之内工作，更善于处理歧义。例如，可以为传感器定义三组故障：硬故障、软故障和无故障。这三组可以相互重叠，并且在任何给定时间，传感器可以在每组中具有一定程度的隶属度。每组中的隶属程度可用于确定要采取的行动。算法方法必须为传感器的状态分配一个数字。这可能是有问题的，并不一定代表系统的实际状态。实际上，你会应用一定程度的模糊性。

当你去看医生时，医生会经常尝试让你将一个模糊的概念，疼痛转换成0到10的数字。由于疼痛是个人的，你的印象是不精确的，你只能给出一个模糊的概念或信念，却很难给出一个硬编码的数字。正如你可能已经经历过的那样，通常这不是非常有效。

调查也类似。例如，你可能被要求给出0到5的数字对餐厅服务进行评级。然后你按照相同的准则评价其他一些东西。这样，评价机制就可以为你对餐厅的整体印象提供一个数字。结果4.8实际上是什么意思吗？ Netflix放弃了对电影进行数字化评级，而采用你现在看到的上下大拇指来评级。表面看起来它采用二元评级来替代数字评级，而实际上这是两套完全不同的方案，是一种比数字评级更好的指标。

美国国家宇航局和美国国防部喜欢使用从1到9的数字来评价技术准备水平，以确定你在准备工作上的位置。9代表已经能够在目标系统中运行的技术，而0则代表当前只有一个想法而已。而对于任何完成到一半的事情，所有其他级别数字都是模糊的。针对某项技术，即使是数字9也不是非常有用的信息。M-16步枪部署到越南战场，它经常会卡住。在TRL评价方面它对应数字9，但是9并没有说它的工作情况如何。而且，对步枪的准备状态，当你看到士兵和海军陆战队的评价时，最好用一种模糊的信念来表示，而不是硬数字。

本章将向你展示如何为挡风玻璃雨刮器实现模糊逻辑控制系统。与其他章节不同，我们将使用语言概念，而不是硬数字来描述。当然，当你设置雨刮器电机速度时，你需要选择一个数字（对输出进行去模糊化），但所有中间步骤都将采用模糊逻辑来处理。

6.1 构建模糊逻辑系统

6.1.1 问题

我们需要一个工具来构建模糊逻辑控制器。

6.1.2 方法

编写一个MATLAB函数，其输入为定义模糊逻辑所需的参数对。

6.1.3 步骤

要创建模糊系统，先要创建输入、输出和响应的规则，另外还可以为模糊推理的某些部分选择具体的推理方法。模糊推理引擎包含三步：

1. 模糊化
2. 触发
3. 去模糊

模糊系统的数据存放在MATLAB的数据结构之中，该结构包含如下字段：

- `Input{:}`
- `Output{:}`
- `Rule{:}`
- `Implication`
- `Aggregation`
- `Defuzzify`

前三个字段为结构体元胞数组类型。而规则和模糊集，将在下面描述。最后的三个字段类型为字符串，包含期望的函数的名字。

模糊集结果具有以下的字段

- `name`

- range(2)（最大值和最小值构成的两元素数组）
- comp{:}（标签字符串元胞数组）
- type{:}（函数名元胞数组）
- param{:}（参数向量元胞数组）

模糊规则结构包含字段：

- input(:)（输入向量）
- output(:)（输出向量）
- operator(:)（操作字串元胞数组）

为了组织大量的数据，我们可以用函数 BuildFuzzySystem 来实现。以下代码段显示了如何使用参数对将数据分配给数据结构。

```
d = load('SmartWipers');

j = 1;

for k = 1:2:length(varargin)
  switch (lower(varargin{k}))
    case 'id'
      j = varargin{k+1};
    case 'input␣comp'
      d.input(j).comp = varargin{k+1};
    case 'input␣type'
      d.input(j).type = varargin{k+1};
    case 'input␣name'
       d.input(j).name = varargin{k+1};
    case 'input␣params'
```

此处我们省略了其他 case 的分支。如果你没有输入任何内容，BuildFuzzySystem 会加载 SmartWipers 内容，如上所示，不加修改直接返回。例如，如果你只输入一种输入类型，则会获得：

```
SmartWipers = BuildFuzzySystem(...
              'id',1,...
              'input␣comp',{'Dry'  'Drizzle'  'Wet'} ,...
              'input␣type', {'Trapezoid'  'Triangle'  'Trapezoid'}
                 ,...
              'input␣params',{[0 0 10 50]  [40 50]  [50 90 101
                 101]},...
              'input␣range',[0 100])

SmartWipers =
  struct with fields:

    SmartWipers: [1x1 struct]
          input: [1x1 struct]
```

在此上下文中的模糊集由一组语言类别或定义变量的成分。例如，如果变量是“年龄”，则组件可能是“年轻”“中年”和“老年”。每个模糊集都有一个有效的范围，例如，“年龄”的良好范围介于 0 到 100 之间。每个组件都有一个隶属函数，用于描述集合范围中的值属于每个组件的程度。例如,50 岁的人很少被描述为“年轻”，但可能被描述为“中年”或“老年”，这取决于所询问的人。

为了描述模糊集，我们需要把它分割成组件，我们提供了以下的隶属函数：

- 三角函数
- 梯形函数
- 高斯函数
- 通用钟形函数
- S 形函数（Sigmoidal）

隶属函数把值限定为 0 到 1 之间，如图 6.1 所示。

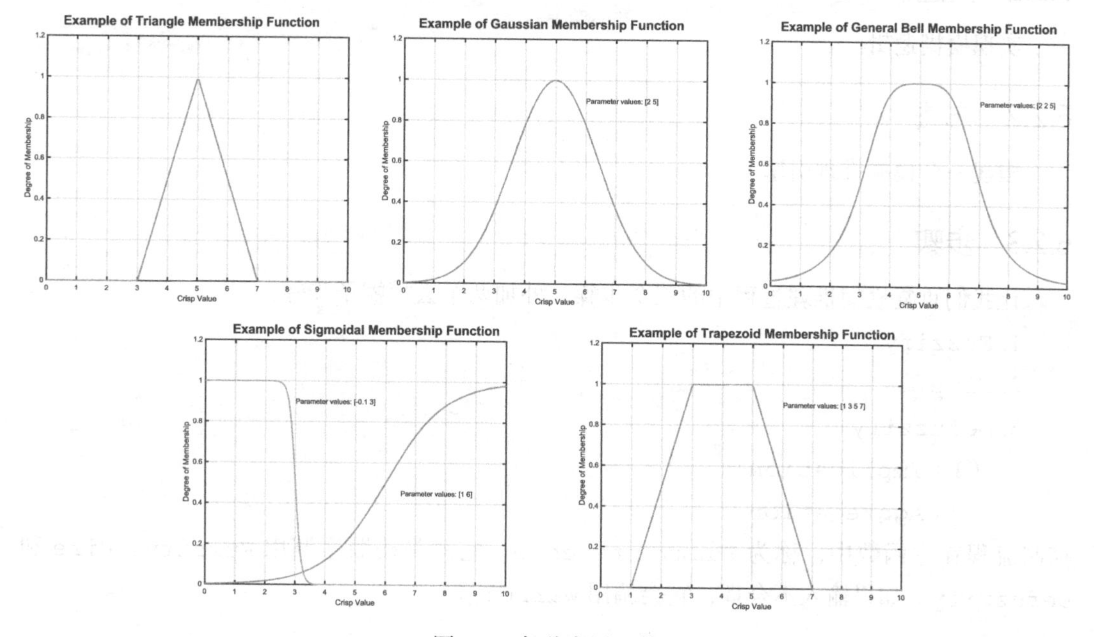

图 6.1 各种隶属函数

三角隶属函数需要两个参数：三角的中心和期望的三角的底线的半宽。三角隶属函数只提供了对称形状的实现。

而梯形隶属函数需要 4 个参数：最左边的点、顶部的起始点、顶部的结束点，以及最右边的点。

高斯隶属函数是一种具有两个参数的连续函数：钟的中心和宽度（标准差）。高斯隶属函数是对称函数。

通用钟形函数也是连续和对称的，但是它可以输入三个参数来控制平顶，类似于平滑的提醒函数。该函数需要三个参数：钟的中心、`y=0.5` 时钟的宽度，以及函数在 `y=0.5` 时的斜率。

正如钟形函数相似于平滑的梯形函数，一个 S 形隶属函数类似于平滑的阶跃函数。它需要两个参数：在 y=0.5 时刻的点和函数的斜率。当斜率趋近于无穷时，S 形函数逼近于阶跃函数。

模糊规则是一种 if-then 语句。例如，空调规则可能会说，如果室温高，那么鼓风机风力级别变高。在这种情况下，“室温”是输入模糊集，“高”是该规则的成分，“鼓风机风力级别”是输出模糊集，“高”是其成分。

6.2 模糊逻辑的实现

6.2.1 问题

实现模糊逻辑。

6.2.2 方法

构建一个模糊推理引擎。

6.2.3 步骤

让我们重复模糊推理过程中的三个步骤，外加两个去模糊子步骤：

1. Fuzzify
2. Fire
3. Defuzzify
   （1）Implication
   （2）Aggregation

控制流程在主函数中，称为 FuzzyInference。它只是按顺序调用 Fuzzify、Fire 和 Defuzzify。如果输入不合理，它会调用 warndlg。

```
function y = FuzzyInference( x, system )

if length(x) == length( system.input )
  fuzzyX   = Fuzzify( x, system.input );
  strength = Fire( fuzzyX, system.rules );
  y        = Defuzzify( strength, system );
else
  warndlg({'The length of x must be equal to the',...
           'number of input sets in the system.'})
end
```

你会注意到我们使用 eval 来执行函数，该函数名作为输入存储为字符串。你也可以存储指针做同样的事情。例如，对于函数：

```
function y = MyFun(x)
y = x;
```

eval 适用于执行字符串代表的函数。本质上，它将 MATLAB 解析器作用于你自己的文本。

尽管以可读性为代价，我们可以根据需要使字符串变得复杂，还可以执行诸如自修改代码之类的操作。

```
>> eval(['MyFun(',sprintf('%f',2),')'])

ans =
     2
```

使用指向函数的指针所需的处理时间更短，这种方式更简洁。

```
>> feval(@MyFun,2)

ans =
     2
```

feval 作用于一个函数指针，通常会比 eval 更快。

提示 尽量用 feval 替代 eval。

模糊化子函数代码如下所示。它将数据放入各种输入隶属集中。一个输入可以隶属于多个集合中。

```
function fuzzyX = Fuzzify( x, sets )

m = length(sets);
fuzzyX = cell(1,m);
for i = 1:m
  n = length(sets(i).comp);
  range = sets(i).range(:);
  if range(1) <= x(i) <= range(2)
    for j = 1:n
      fuzzyX{i}(j) = eval([sets(i).type{j} 'MF(x(i),[' num2str(sets(i
          ).params{j}) '])']);
    end
  else
    fuzzyX{i}(1:n) = zeros(1,n);
  end
end
```

模糊规则在以下代码中被触发。代码应用“Fuzzy AND”或“Fuzzy OR”。“Fuzzy AND”是一组隶属值的最小值。“Fuzzy OR”是一组隶属值的最大值。假设我们有一个向量 [1 0 1 0]。最大值为 1，最小值为 0。

```
>> 1 && 0 &&  1 && 0

ans =

  logical
   0

>> 1 || 0 ||  1 || 0

ans =

  logical
   1
```

计算机中常见的布尔逻辑可以视为模糊逻辑中的特例，true/false 的逻辑运算对应于硬判决值 0/1 的 AND 和 OR 运算。

下面的代码片段演示了在 FuzzyInference 函数中的触发子函数 Fire。

```
function strength = Fire( FuzzyX, rules )

m = length( rules );
n = length( FuzzyX );

strength = zeros(1,m);

for i = 1:m
  method = rules(i).operator;
  for j = 1:n
    comp = rules(i).input(j);
    if comp ~= 0
      dom(j) = FuzzyX{j}(comp);
    else
      dom(j) = inf;
    end
  end
  strength(i) = eval([method '(dom(find(dom<=1)))']);
end
```

最后，我们对结果进行去模糊化。此函数首先使用隐含函数来确定隶属关系。它使用聚合函数聚合输出，此时，聚合函数是 max。

```
function result = Defuzzify( strength, system )

rules    = system.rules;
output   = system.output;

m        = length( output );
n        = length( rules );
imp      = system.implicate;
agg      = system.aggregate;
defuzz   = system.defuzzify;
result   = zeros(1,m);

for i = 1:m
  range = output(i).range(:);
  x = linspace( range(1),range(2),200 );
  for j = 1:n
    comp = rules(j).output(i);
    if( comp ~= 0 )
      mf        = [output(i).type{comp} 'MF'];
      params    = output(i).params{comp};
      mem(j,:)  = eval([ imp 'IMP(' mf '(x,params),strength(j))']);
    else
      mem(j,:)  = zeros(size(x));
    end
  end
  aggregate = eval([ agg '(mem)' ]);
  result(i) = eval([ defuzz 'DF(aggregate,␣x)']);
end
```

6.3 演示模糊逻辑

6.3.1 问题

希望控制系统根据降雨量选择雨刷速度和间隔。

6.3.2 方法

用前面开发的工具去构建一个模糊逻辑控制系统。

6.3.3 步骤

要调用模糊系统，请使用函数调用 y = FuzzyInference(x,system)。

脚本 SmartWipersDemo 实现了降雨的过程。我们只显示调用推理引擎的代码，如上所述，使用 SmartWipers = BuildFuzzySystem() 加载模糊系统。

```
% Generate regularly space arrays in the 2 inputs
x = linspace(SmartWipers.input(1).range(1),SmartWipers.input(1).range
    (2),n);
y = linspace(SmartWipers.input(2).range(1),SmartWipers.input(2).range
    (2),n);

PlotSet(1:n,[x;y],'x␣label','Input','y␣label',{'Wetness','Intensity'
    },...
        'figure␣title','Inputs','Plot␣Title',{'Wetness','Intensity'})

h = waitbar(0,'Smart␣Wipers␣Demo:␣plotting␣the␣rule␣base');
z1 = zeros(n,n);
z2 = zeros(n,n);
for k = 1:n
  for j = 1:n
    temp = FuzzyInference([x(k),y(j)], SmartWipers);
    z1(k,j) = temp(1);
    z2(k,j) = temp(2);
  end
  waitbar(k/n)
end
close(h);

NewFigure('Wiper␣Speed␣from␣Fuzzy␣Logic')
```

智能雨刮器是一种自动挡风玻璃雨刮器的控制系统[7]。首先，演示将绘制输入和输出模糊变量。对绘制的每组清晰输入执行模糊推理。图 6.2 显示了模糊逻辑系统的输入，图 6.3 则显示了系统的输出。

在模糊逻辑系统中测试的输入如图 6.4 所示。

图 6.5 给出了表面图，显示了输出与输入的关系。表面图由下面的代码生成。我们添加了一个 colorbar，使图更具可读性。颜色与 z 值有关。我们在第二个图中使用 view，以便在图中更容易阅读。你可以使用 rotate3d on 以允许你使用鼠标旋转图形。

```
NewFigure('Wiper␣Speed␣from␣Fuzzy␣Logic')
surf(x,y,z1)
xlabel('Raindrop␣Wetness')
ylabel('Droplet␣Frequency')
zlabel('Wiper␣Speed')
colorbar
NewFigure('Wiper␣Interval␣from␣Fuzzy␣Logic')
surf(x,y,z2)
xlabel('Raindrop␣Wetness')
ylabel('Droplet␣Frequency')
zlabel('Wiper␣Interval')
view([142.5 30])
```

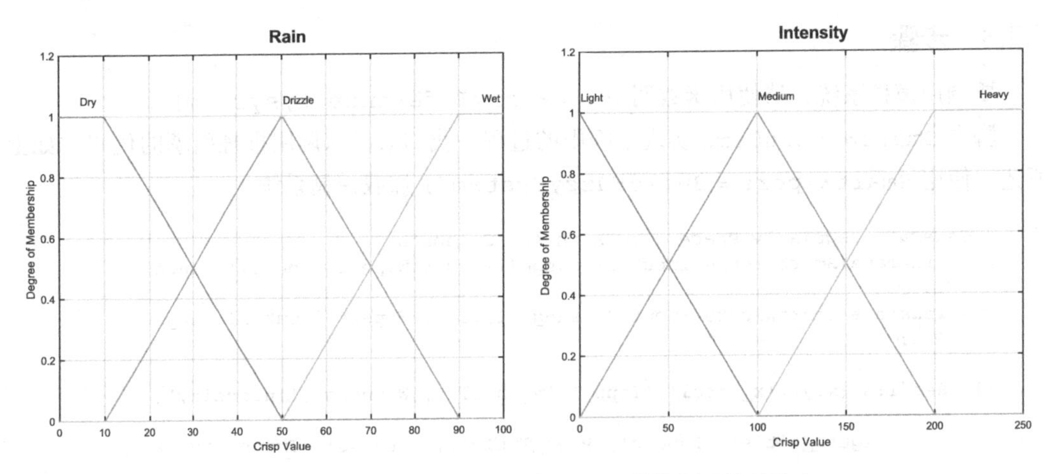

图 6.2　下雨的湿度和强度是智能雨刮器控制系统的输入

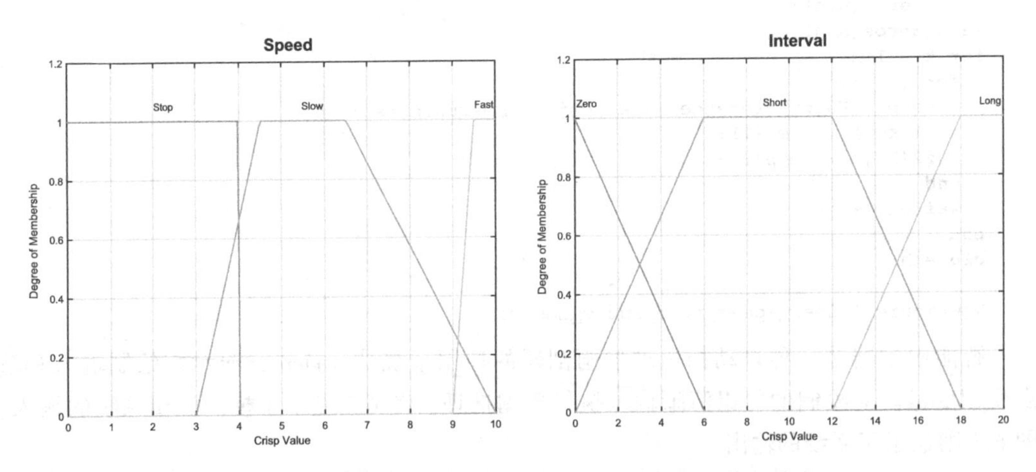

图 6.3　雨刮器的速度和间隔是智能雨刮器控制系统的输出

提示　用 rotate3d on 开启图像的鼠标旋转。

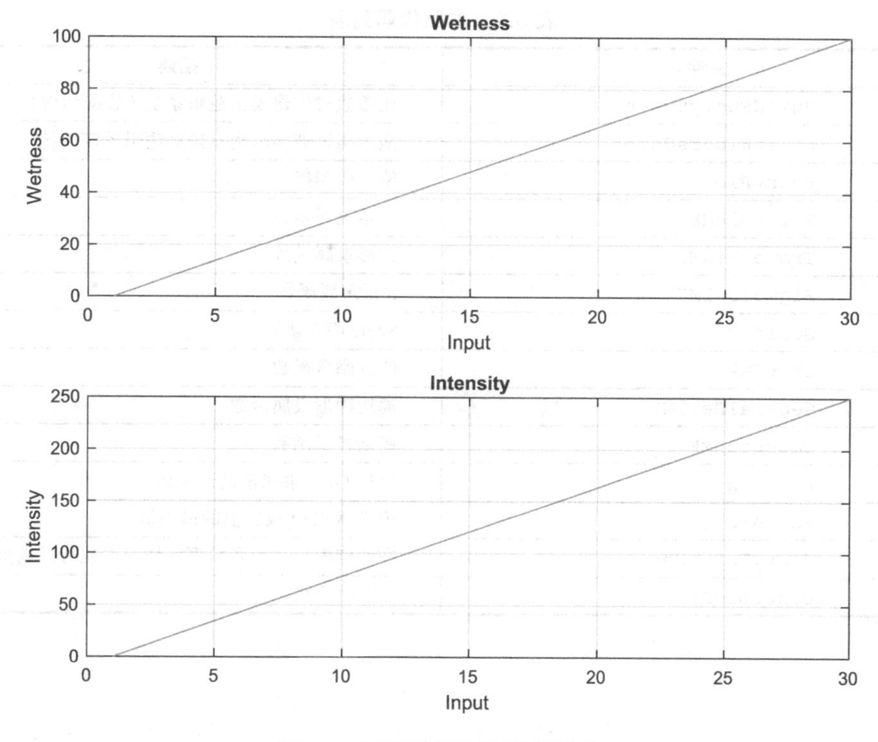

图 6.4 下雨的湿度和强度输入

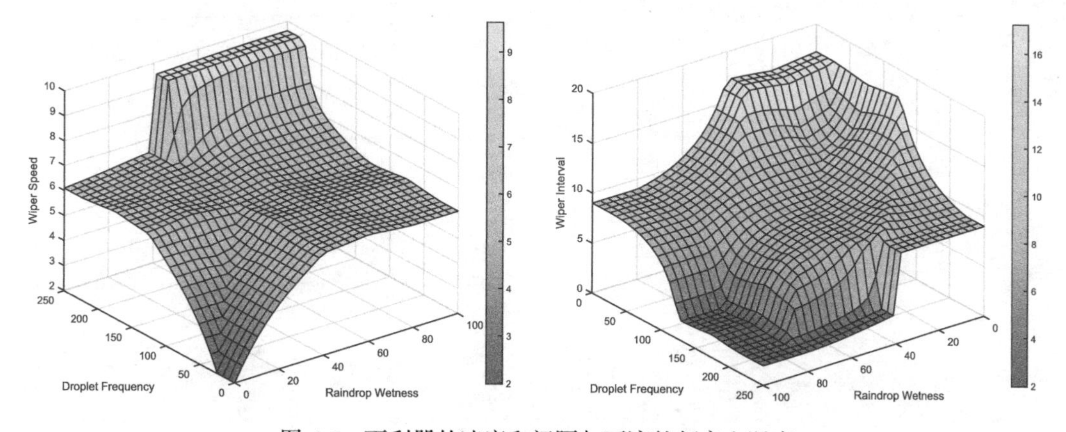

图 6.5 雨刮器的速度和间隔与雨滴的频率和湿度

6.4 小结

本章介绍了模糊逻辑。挡风玻璃雨刮器示例提供了如何使用它的例子。表 6.1 列出了配套代码中包含的函数和脚本。

表 6.1 本章代码列表

文件	描述
BuildFuzzySystem	用参数对构建模糊逻辑系统（数据结构）
SmartWipersDemo	演示挡风玻璃雨刮器模糊逻辑控制系统
FuzzyPlot	绘制模糊集
TriangleMF	三角隶属函数
TrapezoidMF	梯形隶属函数
SigmoidalMF	S 形隶属函数
ScaleIMP	Scale 隐含函数
ClipIMP	Clip 隐含函数
GeneralBellMF	通用钟形隶属函数
GaussianMF	高斯隶属函数
FuzzyOR	模糊 OR（隶属值的最大值）
FuzzAND	模糊 AND（隶属值的最小值）
FuzzyInference	在给定模糊系统和数据的情况下执行模糊推理
CentroidDF	中心去模糊化

第 7 章　Chapter 7

用决策树进行数据分类

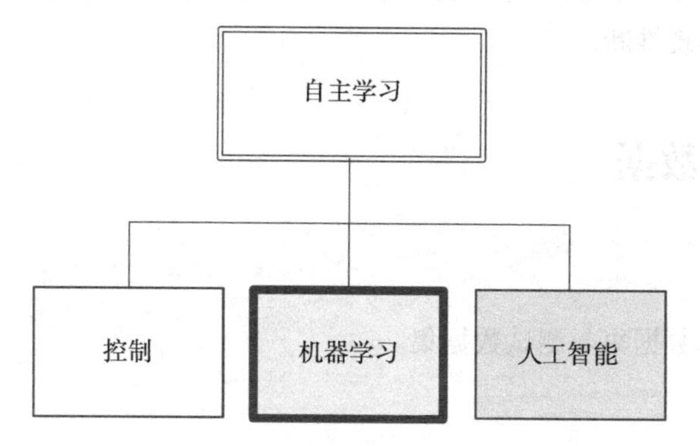

本章我们将介绍二叉决策树的理论。决策树可用于对数据进行分类，属于自主学习的机器学习的一个分支。二叉树则是其中最容易实现的一种类型，因为每个节点要么分叉到另外两个节点，要么没有分叉。我们将创建生成决策树的函数，并生成数据集进行分类。图 7.1 显示了一个简单的二叉树。点 a 位于左上象限。第一个二叉测试发现它的 x 值大于 1。下一个测试发现它的 y 值大于 1，并将它放在第 2 类中。虽然图中的边界显示了一个方形区域，但二叉树确实涵盖 x 和 y 都是无穷大的区域。

二叉决策树是一种决策树，其中在每个决策节点处仅做出两个决策。做出决策后，下一个决策节点将为你提供另外两个选项。每个节点接受二进制值 0 或 1。0 向下发送到一个路径，1 向下发送到另外一个路径。在每个决策节点，你都要测试一个新变量。当到达底部时，你将找到一个所有值都为真的路径。n 个变量的二叉树的问题具有 2^n–1 个节点。4 个变量需要 15 个决策节点，8 个变量需要 65 个决策节点，依此类推。如果测试变量的顺序是固定的，我们称之为有序树。

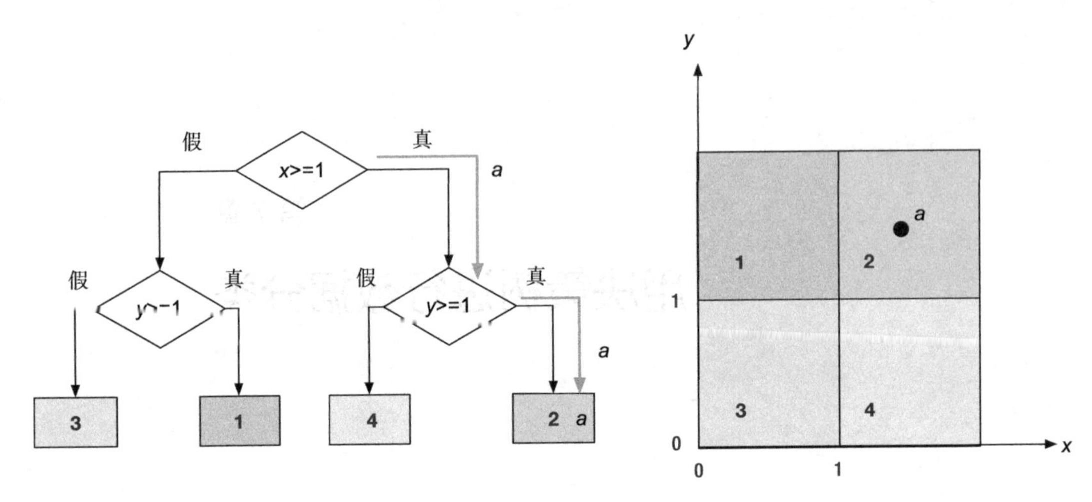

图 7.1 一个简单的基于点分类的二叉树

对于分类来说，假设我们总能做出一系列二叉决策来对事物进行分类。如果可以，我们尽量在二叉树中实现推断。

7.1 生成测试数据

7.1.1 问题

为分类生成训练数据集与测试数据集。

7.1.2 方法

写一个函数使用 rand 在 x 和 y 指定的范围内生成数据。

7.1.3 步骤

函数 ClassifierSets 用于生成随机数据，并把相应的数据进行分类。函数调用方法为：

```
function p = ClassifierSets( n, xRange, yRange, name, v, f, setName )
```

ClassifierSets 的第一个参数是点数的平方根。第二个参数 xRange 给出数据的 x 范围，第三个参数 yRange 给出 y 范围，n^2 个点将随机放置在该区域。下一个参数是一个元胞数组 name，为维度的名字，用于绘制标签。其余输入是顶点列表 v 和面列表 f。每个面将选择出在多边形用到的顶点下标，连接这些顶点组成一个多边形。f 是一个元胞数组，因为每个下标数组可以有任意的长度。一个三角形面需要用长度为 3 的数组表示，而一个六边形则需要用长度为 6 的数组表示。三角形、长方形和六边形可以方便地啮合到一起，不留下空隙。

分类可以通过添加将数据划分为区域的多边形来定义。理论上你可以使用任意多边形，实际上你应该选择没有间隙的多边形。矩形最容易，但你也可以使用大小均匀的六边形。以下代码是内置演示。它是函数的最后一个子函数。这里指定了顶点和面参数。

```
function Demo

v = [0 0;0 4; 4 4; 4 0; 0 2; 2 2; 2 0;2 1;4 1;2 1];
f = {[5 6 7 1] [5 2 3 9 10 6] [7 8 9 4]};
ClassifierSets( 5, [0 4], [0 4], {'width', 'length'}, v, f );
```

在这个演示中，用到了三个多边形。所有点都定义在 x 和 y 方向上 0 到 4 的正方形之内。

其他子函数分别是 PointInPolygon 和 Membership。Membership 确定一个点是否在多边形中，然后调用 PointInPolygon 将点分配给集合。ClassifierSets 随机地在指定区域中放置点，并使用函数 PointInPolygon 中的代码计算出每个点所在的区域。

```
function r = PointInPolygon( p, v )

m = size(v,2);

% All outside
r = 0;

% Put the first point at the end to simplify the looping
v = [v v(:,1)];

for i = 1:m
  j   = i + 1;
  v2J   = v(2,j);
  v2I = v(2,i);
  if (((v2I > p(2)) ~= (v2J > p(2))) && ...
      (p(1) < (v(1,j) - v(1,i)) * (p(2) - v2I) / (v2J - v2I) + v(1,i)
        ))
    r = ~r;
  end
end
```

这段代码可以确定点是否位于由一组顶点定义的多边形内。它经常被用于计算机图形学和游戏中，当需要判断一个对象的顶点是否在另一个多边形中时。可以说，这个函数可以代替我们对这类问题的决策树逻辑。但是，决策树可以计算更复杂数据集的成员资格。我们的 ClassifierSets 很简单，可以很容易地验证其结果。

你只要运行 ClassifierSets 就可以查看结果。给定输入范围，它确定随机选择的点的成员。p 是一个用于保存顶点和成员的数据结构。它使用 NewFigure 创建新图形后接着绘制点。然后使用 patch 创建矩形区域。

```
p.x    = (xRange(2) - xRange(1))*(rand(n,n)-0.5) + mean(xRange);
p.y    = (yRange(2) - yRange(1))*(rand(n,n)-0.5) + mean(yRange);
p.m    = Membership( p, v, f );

NewFigure(setName);
i = 0;
```

```
drawNum = n^2 < 50;
for j = 1:n
  for k = 1:n
    i = i + 1;
    plot(p.x(k,j),p.y(k,j),'marker','o','MarkerEdgeColor','k')
    if( drawNum )
      text(p.x(k,j),p.y(k,j),sprintf(' %3d',i));
    end
    hold on
  end
end

m = length(f);
a = linspace(0,2*pi-2*pi/m,m)';
c = abs(cos([a a+pi/6 a+3*pi/5]));

for k = 1:m
  patch('vertices',v,'faces',f{k},'facecolor',c(k,:),'facealpha',0.1)
end

xlabel(name{1});
ylabel(name{2});
grid on
```

如果少于 50 个数据点，该函数还会显示数据编号。MATLAB 函数 patch 用于生成多边形。代码展示了一系列图形码，包括图形参数的使用。注意我们创建 m 种颜色的方式。

提示 你可以使用 linspace 和 cos 为绘图创建无限数量的颜色。

脚本 ClassifierTestSet 可以生成测试集或经过训练的决策树。如图 7.2 所示，该图显示分类区域是具有平行于 x 轴或 y 轴的边的区域。这些区域不应重叠。

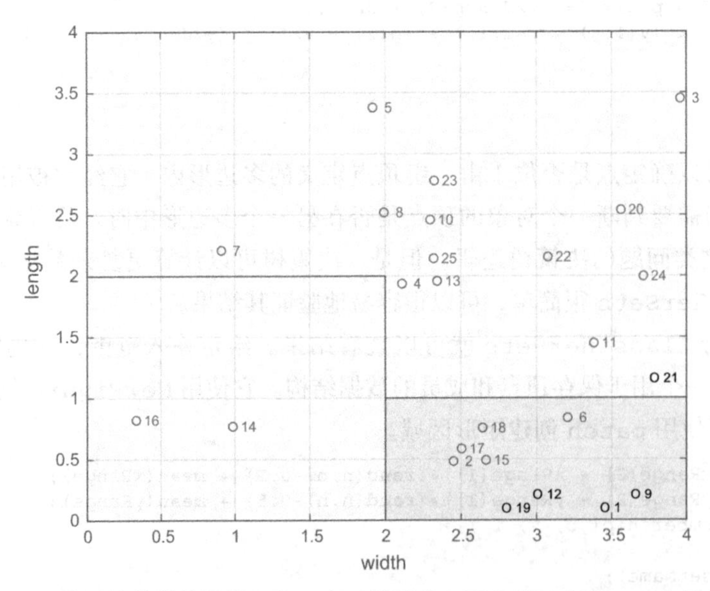

图 7.2　演示的分类数据集，由三个区域构成，两个是长方形，一个是 L 形

7.2 绘制决策树

7.2.1 问题

我们想要绘制一个二叉决策树用于展示决策树的思考过程。

7.2.2 方法

具体方法是使用 MATLAB 图形函数 `patch`、`text` 和 `line` 绘制一棵树。

7.2.3 步骤

用函数 `DrawBinaryTree` 绘制二叉树。具体的函数调用方法为：

```
function d = DrawBinaryTree( d, name )
```

传入一个以元胞数组为决策条件的数据结构 `d`。输入 `name` 是可选的，它有一个名称的默认选项。代表决策树节点的方框从左边开始逐行排列。在二叉树中，行数与节点数的关系可以用下列等式表示：

$$m = \log_2(n) \tag{7.1}$$

其中 m 是行数，n 是节点的数目。因此，这个公式可以用来计算决策树的深度。

函数通过检查输入数据的数量开始，并运行演示程序或返回默认数据结构。当编写一个函数的时候，你总是应该尽可能地给所有的变量和参数赋一个默认值。

> 提示 尽可能为函数的输入参数设定默认值。

它会立即创建一个具有该名称的新图形。然后它逐步判断方框中的条件，因为二叉树的缘故，一分为二。第一行有一个方框，接着两个方框，再接着四个方框，等等。由于这是一个以几何级数递增的序列，它很快就会变得难以管理！这是决策树的一个固有问题，如果它有超过四层以上的深度，即使是绘制过程也会变得非常困难。在绘制代表决策树节点的方框时，示例函数会计算位于其底部和顶部的顶点，这些点将是用来绘制节点之间连接线的锚点。绘制完所有的节点方框之后，示例函数开始绘制所有的连接线。

所有的绘制功能都集中在子函数 `DrawBox` 之中：

```
v = [x y 0;x y+h 0; x+w y+h 0;x+w y 0];

patch('vertices',v,'faces',[1 2 3 4],'facecolor',[1;1;1]);

text(x+w/2,y + h/2,t,'fontname',d.font,'fontsize',...
  d.fontSize,'HorizontalAlignment','center');

%% DrawBinaryTree>DefaultDataStructure
```

它使用 `patch` 函数绘制方框，使用 `text` 函数生成方框中的文本。参数 `'facecolor'`

代表白色，红绿蓝（RGB）三色从 0 到 1 之间分布。把 'facecolor' 设置为 [1 1 1] 使前景为白色，而边框为黑色。与所有 MATLAB 图形一样，你可以编辑许多属性以生成漂亮的图形。注意 text 函数中的其他参数，其中最有趣的是 'HorizontalAlignment'，它允许用户方便地将文字居中显示。MATLAB 负责设定图形的字体大小。

下面的代码清单展示了 DrawBinaryTree 中用于绘制决策树的代码，我们从代码开始。如果指定了一个输出且没有输入，则该函数返回默认数据结构。代码的第一部分创建一个新图形并在每个节点处绘制节点框。它还为框位置创建数组，用于绘制连接框的连线。它以 name 的默认参数开始。第一组循环绘制树的节点框。rowID 是一个元胞数组。元胞数组的每一行都是一个数组。一个元胞数组允许每个元素都不同。这使得在元胞中容易容纳不同长度的数组。如果使用标准矩阵，则需要在添加新行时调整行的大小。

```
if( nargin < 2 )
  name = 'Binary Tree';
end

NewFigure(name);
m       = length(d.box);
nRows   = ceil(log2(m+1));
w       = d.w;
h       = d.h;
i       = 1;
x       = -w/2;
y       =  1.5*nRows*h;
nBoxes  = 1;
bottom  = zeros(m,2);
top     = zeros(m,2);
rowID   = cell(nRows,1);
% Draw a box at each node
for k = 1:nRows
  for j = 1:nBoxes
    bottom(i,:)    = [x+w/2 y ];
    top(i,:)       = [x+w/2 y+h];
    DrawBox(d.box{i},x,y,w,h,d);
    rowID{k}       = [rowID{k} i];
    i              = i + 1;
    x              = x + 1.5*w;
    if( i > length(d.box) )
      break;
    end
  end
  nBoxes   = 2*nBoxes;
  x        = -(0.25+0.5*(nBoxes/2-1))*w - nBoxes*w/2;
  y        = y - 1.5*h;
end
```

剩余代码绘制节点框之间的连线：

```
for k = 1:length(rowID)-1
  iD = rowID{k};
  i0 = 0;
  % Work from left to right of the current row
  for j = 1:length(iD)
    x(1) = bottom(iD(j),1);
```

```
      y(1)  = bottom(iD(j),2);
      iDT   = rowID{k+1};
      if( i0+1 > length(iDT) )
        break;
      end
      for i = 1:2
        x(2)  = top(iDT(i0+i),1);
        y(2)  = top(iDT(i0+i),2);
        line(x,y);
      end
      i0 = i0 + 2;
    end
  end
  axis off
```

接下来的内置演示绘制了一棵二叉树。该演示创建了三行。它从默认数据结构开始。你只需为决策点添加字符串。这些方框放在一个摊平的列表之中。

```
function Demo
% Draw a simple binary data treea

d            = DefaultDataStructure;
d.box{1}     = 'a > 0.1';
d.box{2}     = 'b > 0.2';
d.box{3}     = 'b > 0.3';
d.box{4}     = 'a > 0.8';
d.box{5}     = 'b > 0.4';
d.box{6}     = 'a > 0.2';
d.box{7}     = 'b > 0.3';

DrawBinaryTree( d );
```

注意，它调用了一个子函数 DefaultDataStructure 来初始化数据。

```
%% DrawBinaryTree>DefaultDataStructure
function d = DefaultDataStructure
% Default data structure

d            = struct();
d.fontSize   = 12;
d.font       = 'courier';
d.w          = 1;
d.h          = 0.5;
d.box        = {};
```

提示　总是让函数返回默认的数据结构。这些默认值用来保证代码能够正常运转。

它以 name 的默认参数开始。循环绘制树的节点框。rowID 是一个元胞数组。元胞中的每一行都是一个数组。元胞数组允许每个元胞类型不同。这使得在元胞中容易填充不同长度的数组。如果使用标准矩阵，则需要在添加新行时调整行的大小。产生的二叉决策树如图 7.3 所示。节点框中的文字可以是你想要的任何内容。

box 的文字输入内容可以在循环体内完成。你可以使用 sprintf 创建它们。例如，对于你可以编写的第一个节点框的内容：

```
d.box{1}= sprintf('%s %s %3.1f','a','>',0.1);
```

只需要在循环体中填入相似的代码即可。

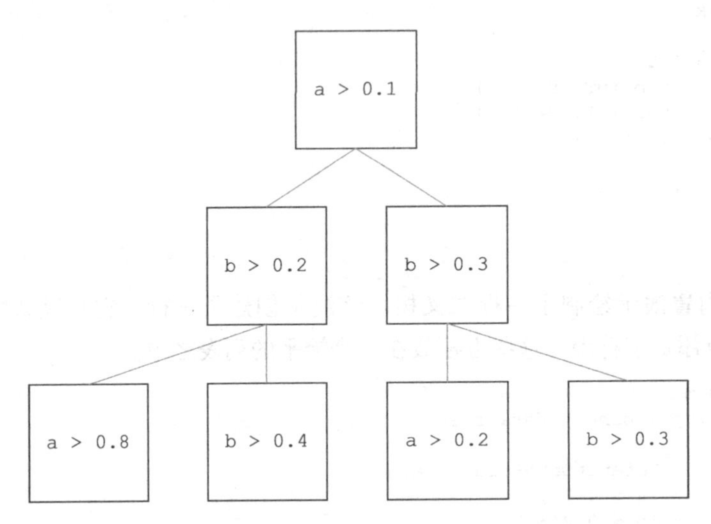

图 7.3 在 DrawBinaryTree 中的函数构建的二叉决策树

7.3 决策树的算法实现

决策树是本章重点。我们将首先来看如何确定决策树是否正常工作；然后，手工构建一棵决策树；最后编写学习代码，为树中的每个节点生成决策。

7.3.1 问题

我们需要测量决策树上不同节点的一组数据的同质性。如果点彼此相似，则数据集是同质的。例如，如果你试图在经济多样化的学校中研究学生的学习成绩，你可能想知道样本是否都是来自富裕家庭的孩子。我们在决策树中的目标是最终得到同质集。

7.3.2 方法

解决方法是计算数据集的基尼不纯度。函数将返回一个代表同质性的度量的数值。

7.3.3 步骤

这里我们使用信息增益（IG）作为同质性的测量方式。信息增益被定义为在节点处进行分裂时的信息增加量，计算公式如下所示：

$$\Delta I = I(p) - \frac{N_{c1}}{N_p} I(c_1) - \frac{N_{c2}}{N_p} I(c_2) \tag{7.2}$$

其中 I 是不纯度，N 是该节点处的样本数。如果决策树工作正常，信息增益应该持续下降，最终变为零或非常小的数字。在训练数据集中，我们知道每个数据点的类别。因此，我们可以得到确定的信息增益值。基本上，如果子节点中数据类别的混合情形变得更少，我们就可以获得更多的信息。例如，在根节点中，所有数据都混合在一起。在根节点的两个子节点中，我们预期每个子节点所包含的类别数目都将比它自己的子节点更多。从本质上讲，我们计算每个节点中各个类别的百分比，并寻找在类别不均匀性上增加最大的地方。

有三种不纯度的计算方式：

- 基尼不纯度
- 熵
- 分类误差

基尼不纯度 I_G 是最小化错误分类概率的标准方法，我们不愿意将样本数据分类为错误的类别。

$$I_G = 1 - \sum_{1}^{c} p(i|t)^2 \tag{7.3}$$

$p(i|t)$ 是节点 t 中属于类别 c_i 的数据样本的比例。对于二元类别，熵的值为 0 或 1。

$$I_E = 1 - \sum_{1}^{c} p(i|t)\log_2 p(i|t) \tag{7.4}$$

分类误差 I_C 的计算公式如下所示：

$$I_C = 1 - \max p(i|t) \tag{7.5}$$

我们将在决策树中使用基尼不纯度。以下代码实现了 Gini 度量。第一部分只是决定是初始化函数还是更新函数。所有数据都保存在结构体 d 中。这通常比全局数据更易于使用。一个优点是你可以在同一个脚本或函数中多次使用该函数，而不会混淆函数中的持久数据。

```
function [i, d] = HomogeneityMeasure( action, d, data )

if( nargin == 0 )
  if( nargout == 1 )
    i = DefaultDataStructure;
  else
    Demo;
  end
  return
end

switch lower(action)
  case 'initialize'
    d = Initialize( d, data );
    i = d.i;
  case 'update'
    d = Update( d, data );
    i = d.i;
  otherwise
```

```
    error('%s is not an available action',action);
end
```

Initialize 函数初始化数据结构并计算数据的不纯度度量。每个不同的数据值都对应于一个类。例如，[1 2 3 3] 将对应于三个类。

```
function d = Initialize( d, data )
%% HomogeneityMeasure>Initialize

m       = reshape(data,[],1);
c       = 1:max(m);
n       = length(m);
d.dist  = zeros(1,c(end));
d.class = c;
if( n > 0 )
  for k = 1:length(c)
    j         = find(m==c(k));
    d.dist(k) = length(j)/n;
  end
end
d.i = 1 - sum(d.dist.^2);
```

函数如下所示。我们试验了 4 组不同的数据集，并计算对应的度量。0 代表同质化；如果没有输入，代码会返回 1。

```
function d = Demo
% Demonstrate the homogeniety measure for a data set.

data    = [1 2 3 4 3 1 2 4 4 1 1 1 2 2 3 4]; fprintf(1,'%2.0f',data);
d       = HomogeneityMeasure;
[i, d]  = HomogeneityMeasure( 'initialize', d, data );
fprintf(1,'\nHomogeneity Measure %6.3f\n',i);
fprintf(1,'Classes              [%1d %1d %1d %1d]\n',d.class);
fprintf(1,'Distribution         [%5.3f %5.3f %5.3f %5.3f]\n',d.dist);

data = [1 1 1 2 2]; fprintf(1,'%2.0f',data);
[i, d] = HomogeneityMeasure( 'update', d, data );
fprintf(1,'\nHomogeneity Measure %6.3f\n',i);
fprintf(1,'Classes              [%1d %1d %1d %1d]\n',d.class);
fprintf(1,'Distribution         [%5.3f %5.3f %5.3f %5.3f]\n',d.dist);
data = [1 1 1 1]; fprintf(1,'%2.0f',data);
[i, d] = HomogeneityMeasure( 'update', d, data );
fprintf(1,'\nHomogeneity Measure %6.3f\n',i);
fprintf(1,'Classes              [%1d %1d %1d %1d]\n',d.class);
fprintf(1,'Distribution         [%5.3f %5.3f %5.3f %5.3f]\n',d.dist);

data = []; fprintf(1,'%2.0f',data);
[i, d] = HomogeneityMeasure( 'update', d, data );
fprintf(1,'\nHomogeneity Measure %6.3f\n',i);
fprintf(1,'Classes              [%1d %1d %1d %1d]\n',d.class);
fprintf(1,'Distribution         [%5.3f %5.3f %5.3f %5.3f]\n',d.dist);
```

i 是同质性度量。d.dist 是具有该分类的数据点的比例。每个分类用不同的值代表。该演示的输出如下所示。

```
>> HomogeneityMeasure
 1 2 3 4 3 1 2 4 4 1 1 1 2 2 3 4
Homogeneity Measure  0.742
```

```
Classes                 [1 2 3 4]
Distribution            [0.312 0.250 0.188 0.250]
 1 1 1 2 2
Homogeneity Measure  0.480
Classes                 [1 2 3 4]
Distribution            [0.600 0.400 0.000 0.000]
 1 1 1 1
Homogeneity Measure  0.000
Classes                 [1 2 3 4]
Distribution            [1.000 0.000 0.000 0.000]

Homogeneity Measure  1.000
Classes                 [1 2 3 4]
Distribution            [0.000 0.000 0.000 0.000]
```

倒数第二个集合的基尼不纯度为 0，这是我们的期望值。最后一种情况中，如果没有输入，代码会返回 1，因为根据类别定义，每个已有类别都必须拥有自己的数据项。

7.4　创建决策树

7.4.1　问题

实现一个具有两个参数的决策树来分类数据。

7.4.2　方法

用 MATLAB 编写一个叫作 DecisionTree 的二叉决策树函数。

7.4.3　步骤

决策树 [20] 通过询问一系列关于数据的问题来逐步分解数据集。因为每个问题都会有一个是或否的答案，所以我们的决策树将是二元的。在每个节点，我们都针对数据中的每个特征询问一个问题，这样就总是会将数据分解到两个子节点中。我们将查看确定类别隶属度的两个数值形式的参数。

在接下来的节点中，我们继续提出其他问题，以进一步分解数据集，图 7.4 显示了父节点与其子节点的这种树状结构。重复这样的分解过程，直到每个节点中的样本数据都属于同一个类别。构建双参数分类决策树时，在每个节点我们需要做出两个决策：

- 检查的特征参数（x 或 y）
- 检查的决策树深度

这是通过使用前文所述的基尼不纯度来完成的。我们在每个节点使用 MATLAB 函数 fminbnd，每次应用于双参数中的某一个。fminbnd 是一个一维局部最小化函数，目的是在两个指定点之间寻找一个函数的最小值。如果你知道感兴趣的范围，这是一种寻找最小值非常有效的方法。

$$\min_x f(x) \text{ 使得 } x_1<x<x_2 \tag{7.6}$$

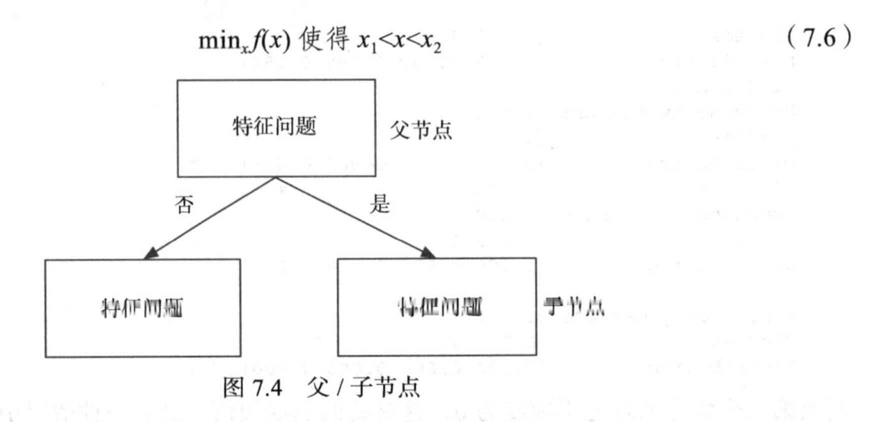

图 7.4 父 / 子节点

参数 action 有两种行为，“train”与“test”，其中“train”用来创建决策树，“test”用来运行已经生成的决策树，当然用户也可以输入自己的决策树。FindOptimalAction 函数用来找到能够最小化两侧分支中不均匀性的参数。示例中，fminbnd 调用了函数 RHSGT，其中只实现了“大于”分支。这个函数的调用过程为：

```
function [d, r] = DecisionTree( action, d, t )
```

d 用来定义决策树的数据结构。t 是训练或测试的输入。输出分别是更新后的数据结构和决策结果 r。

该函数先要用训练数据调用，设置参数 action 为“train”。主函数很短：

```
switch lower(action)
  case 'train'
    d = Training( d, t );
    d.box(1)

  case 'test'
    for k = 1:length(d.box)
      d.box(k).id = [];
    end
    [r, d] = Testing( d, t );
    for k = 1:length(d.box)
      d.box(k)
    end
  otherwise
    error('%s is not an available action',action);
end
```

为了完整性，我们在 otherwise 分支抛出错误。请注意，我们使用 lower 来消除大小写的区分。Training 负责构建出决策树。决策树是由线连接的一组节点框。如果父框是决策框，则它具有两个子框。分类框没有子框（叶节点）。子函数 Training 用来训练决策树，它负责在每个节点上添加方框。

```
%% DecisionTree>Training
function d = Training( d, t )
[n,m]    = size(t.x);
nClass   = max(t.m);
box(1)   = AddBox( 1, 1:n*m, [] );
```

```
box(1).child = [2 3];
[~, dH] = HomogeneityMeasure( 'initialize', d, t.m );

class    = 0;
nRow     = 1;
kR0      = 0;
kNR0     = 1; % Next row;
kInRow   = 1;
kInNRow = 1;
while( class < nClass )
  k    = kR0 + kInRow;
  idK   = box(k).id; % Data that is in the box and to use to compute
     the next action
  % Enter this loop if it not a non-decision box
  if( isempty(box(k).class) )
    [action, param, val, cMin] = FindOptimalAction( t, idK, d.xLim,
       d.yLim, dH );
    box(k).value              = val;
    box(k).param              = param;
    box(k).action             = action;
    x                         = t.x(idK);
    y                         = t.y(idK);
    if( box(k).param == 1 ) % x
      id  = find(x >    d.box(k).value );
      idX = find(x <=   d.box(k).value );
    else % y
      id  = find(y >  d.box(k).value );
      idX = find(y <=   d.box(k).value );
    end
    % Child boxes
    if( cMin < d.cMin) % Means we are in a class box
      class          = class + 1;
      kN             = kNR0 + kInNRow;
      box(k).child   = [kN kN+1];
      box(kN)        = AddBox( kN, idK(id), class  );
      class          = class + 1;
      kInNRow        = kInNRow + 1;
      kN             = kNR0 + kInNRow;
      box(kN)        = AddBox( kN, idK(idX), class );
      kInNRow        = kInNRow + 1;
    else
      kN             = kNR0 + kInNRow;
      box(k).child   = [kN kN+1];
      box(kN)        = AddBox( kN, idK(id)  );
      kInNRow        = kInNRow + 1;
      kN             = kNR0 + kInNRow;
      box(kN)        = AddBox( kN, idK(idX) );
      kInNRow        = kInNRow + 1;
    end
  end
       % Update current row
  kInRow    = kInRow + 1;
  if( kInRow > nRow )
    kR0        = kR0 + nRow;
    nRow       = 2*nRow; % Add two rows
    kNR0       = kNR0 + nRow;
    kInRow     = 1;
    kInNRow    = 1;
```

```
    end
  end

  for k = 1:length(box)
    if( ~isempty(box(k).class) )
      box(k).child = [];
    end
    box(k).id = [];
    fprintf(1,'Box %3d action %2s Value %4.1f\n',k,box(k).action,box(k)
       .value);
  end

  d.box = box;
```

我们使用 fminbnd 找到最佳切换点。我们需要计算开关两侧的同质性并对这些值求和。求和结果在子函数 FindOptimalAction 中被 fminbnd 最小化。此代码专为矩形区域类设计。其他边界类型不一定能正常工作。代码相当复杂。它需要追踪框编号以使父子连接。当同质性度量足够低时，它将框标记为某个分类（叶节点）。

数据结构 box 有多个字段。一个用于决策框中采取的行动。param 为 1 时代表对应于 x 分支，否则对应于 y 分支。这决定了它究竟是基于 x 还是基于 y 做出决策。value 是用于决策的数值。child 是 box 下一级子节点的索引。剩余的代码用于确定节点框究竟在哪一行中。class 框没有子节点。各个字段如表 7.1 所示。

表 7.1　box 数据结构的字段

字段	决策框	分类框
action	字符串	未使用
value	在决策中使用的值	未使用
param	x 或 y	未使用
child	有两个子框的数组	空
id	空	数据的类号
class	类号	未使用

7.5　手工创建决策树

7.5.1　问题

测试手工生成的决策树。

7.5.2　方法

编写脚本来测试手工生成的决策树。

7.5.3　步骤

我们编写如下所示的测试脚本 SimpleClassifierDemo。它使用 DecisionTree 的 'test' 动作，产生了 5^2 个点。我们创建矩形区域，每个多边形由 4 个元素来描述，存放在一个数组之中。而 DrawBinaryTree 则用于绘制决策树。

```
d = DecisionTree;

% Vertices for the sets
v = [ 0 0; 0 4; 4 4; 4 0; 2 4; 2 2; 2 0; 0 2; 4 2];

% Faces for the sets
f = { [6 5 2 8] [6 7 4 9] [6 9 3 5] [1 7 6 8] };

% Generate the testing set
pTest  = ClassifierSets( 5, [0 4], [0 4], {'width', 'length'}, v, f,
    'Testing Set' );

% Test the tree
[d, r] = DecisionTree( 'test',  d, pTest  );

q = DrawBinaryTree;
c = 'xy';
for k = 1:length(d.box)
  if( ~isempty(d.box(k).action) )
    q.box{k} = sprintf('%c %s %4.1f',c(d.box(k).param),d.box(k).
       action,d.box(k).value);
  else
    q.box{k} = sprintf('Class %d',d.box(k).class);
  end
end
DrawBinaryTree(q);

m = reshape(pTest.m,[],1);

for k = 1:length(r)
  fprintf(1,'Class %d\n',m(r{k}(1)));
  for j = 1:length(r{k})
    fprintf(1,'%d ',r{k}(j));
  end
  fprintf(1,'\n')
end
```

SimpleClassifierDemo 使用 DecisionTree 中手工构建的示例。

```
function d = DefaultDataStructure
%% DecisionTree>DefaultDataStructure
% Generate a default data structure
d.tree          = DrawBinaryTree;
d.threshold     = 0.01;
d.xLim          = [0 4];
d.yLim          = [0 4];
d.data       = [];
d.cMin          = 0.01;
d.box(1)     = struct('action','>','value',2,'param',1,'child',[2 3],'
   id',[],'class',[]);
d.box(2)     = struct('action','>','value',2,'param',2,'child',[4 5],'
```

```
   id',[],'class',[]);
d.box(3)     = struct('action','>','value',2,'param',2,'child',[6 7],'
   id',[],'class',[]);

for k = 4:7
  d.box(k) = struct('action','','value',0,'param',0,'child',[],'id'
     ,[],'class',[]);
end
```

分类结果如图 7.5 所示，二维空间中有四个矩形区域，分别对应四个类别的数据集合。

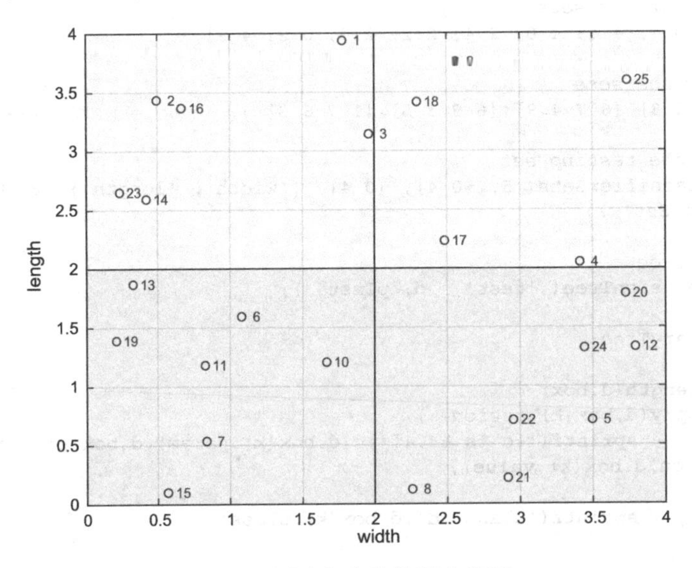

图 7.5　测试集中的数据和类别

我们可以手工创建一棵决策树，如图 7.6 所示。

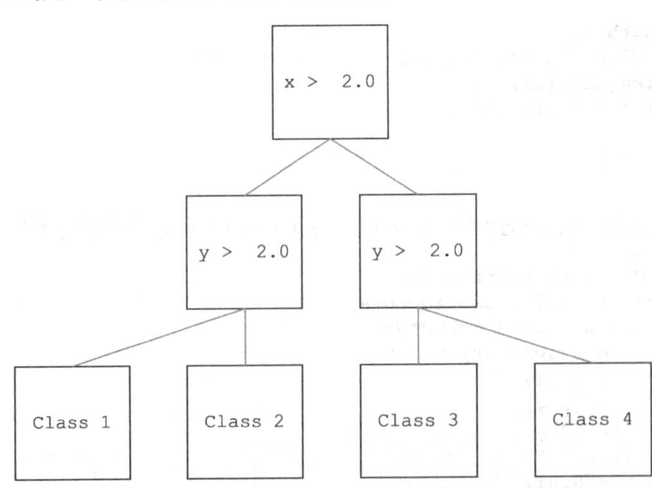

图 7.6　一棵手工创建的决策树。该图由 DecisionTree 生成，最后一行的节点对应于分别属于四个类别的数据

决策树将样本分为四组。在这种情况下，如果我们知道边界，就可以使用它们来编写不等式。在软件中，我们必须确定哪些值提供了最短的分支。以下是 SimpleClassifierDemo 的输出。决策树能将所有数据正确分类。

```
>> SimpleClassifierDemo

Class 3
4 6 9 13 18
Class 2
7 14 17 21
Class 1
1 2 5 8 10 11 12 23 25
Class 4
3 15 16 19 20 22 24
```

7.6　训练和测试决策树

7.6.1　问题

通过训练生成一棵决策树并测试分类结果。

7.6.2　方法

我们复制前一节中的方法，不同的是这次利用 DecisionTree 来创建决策树，而非用手工的方法。

7.6.3　步骤

TestDecisionTree 训练和测试决策树。它与手工构建的决策树示例程序 SimpleClassifierDemo 的代码非常相似。我们再次使用矩形区域。

```
% Vertices for the sets
v = [ 0 0; 0 4; 4 4; 4 0; 2 4; 2 2; 2 0; 0 2; 4 2];

% Faces for the sets
f = { [6 5 2 8] [6 7 4 9] [6 9 3 5] [1 7 6 8] };

% Generate the training set
pTrain = ClassifierSets( 40, [0 4], [0 4], {'width', 'length'},...
  v, f, 'Training Set' );

% Create the decision tree
d      = DecisionTree;
d      = DecisionTree( 'train', d, pTrain );

% Generate the testing set
pTest  = ClassifierSets( 5, [0 4], [0 4], {'width', 'length'},...
  v, f, 'Testing Set' );

% Test the tree
```

```
[d, r] = DecisionTree( 'test',  d, pTest  );

q = DrawBinaryTree;
c = 'xy';
for k = 1:length(d.box)
  if( ~isempty(d.box(k).action) )
    q.box{k} = sprintf('%c %s %4.1f',c(d.box(k).param),...
      d.box(k).action,d.box(k).value);
  else
    q.box{k} = sprintf('Class %d',d.box(k).class);
  end
end
DrawBinaryTree(q);

m = reshape(pTest.m,[],1);

for k = 1:length(r)
  fprintf(1,'Class %d\n',m(r{k}(1)));
  for j = 1:length(r{k})
    fprintf(1,'%d ',r{k}(j));
  end
```

代码中使用 ClassifierSets 生成训练数据集，输出包括数据点的坐标和所属的集合信息。然后，我们创建默认的数据结构，并以训练模式调用 DecisionTree 函数。

决策树如图 7.9 所示。训练数据如图 7.7 所示，测试数据如图 7.8 所示。我们需要足够多的分布在各个类别中的测试数据，否则，决策树生成器会仅仅针对训练集中的数据来绘制类别区域。

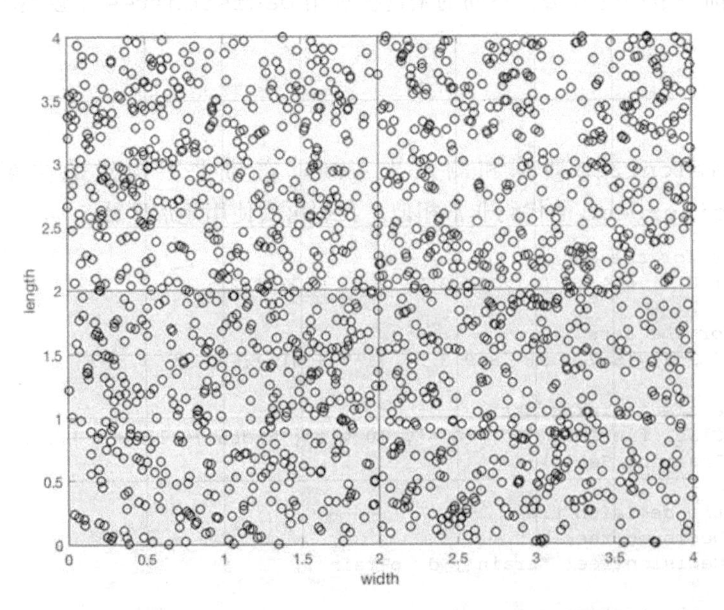

图 7.7 训练数据集，需要大量数据填充至各个类别中

分类测试结果与上一节中的示例类似。

```
Class 3
1 14 16 21 23
Class 2
2 4 5 6 9 13 17 18 19 20 25
Class 1
3 7 8 10 11 15 24
Class 4
12 22
```

分类结果展示了生成的决策树能够有效地区分数据类别。

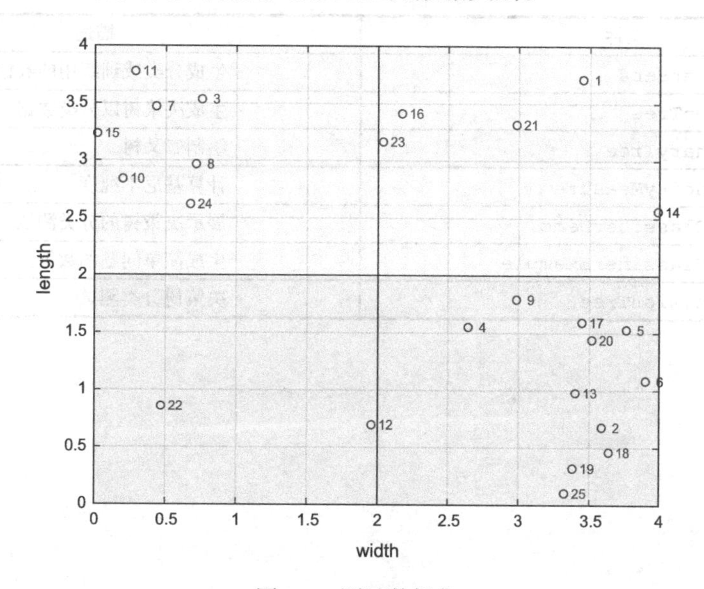

图 7.8　测试数据集

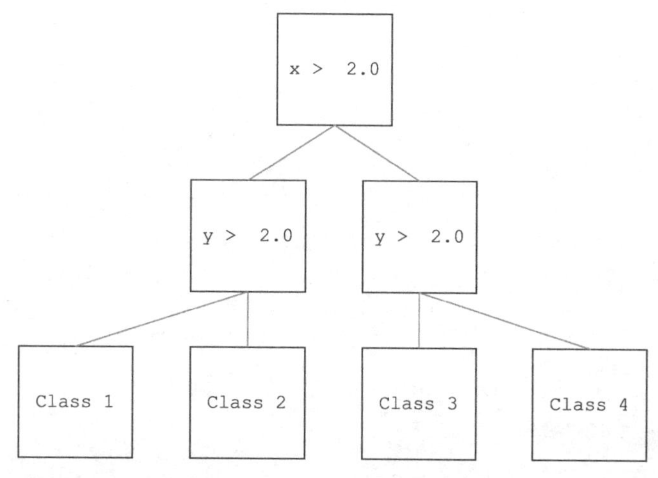

图 7.9　由训练数据集生成的决策树，与手工创建的树基本相同（节点中的值并不是精确的 2.0）

7.7 小结

本章通过由 MATLAB 示例代码生成的决策树展示了数据分类，我们还编写了新的图形函数来绘制决策树。这里的决策树工具示例并不能作为通用分类器来使用，但可以作为更具通用性代码的编写指南。表 7.2 总结了本章的代码列表。

表 7.2 本章代码列表

文件	描述
ClassifierSets	生成分类或训练用的数据集
DecisionTree	生成决策树以分类数据
DrawBinaryTree	绘制二叉树
HomogeneityMeasure	计算基尼不纯度
SimpleClassifierDemo	展示决策树的分类测试
SimpleClassifierExample	生成简单问题的数据集
TestDecisionTree	决策树分类测试

第 8 章 Chapter 8

神经网络入门

神经网络是实现机器“智能”的一种流行方式。其思想是它们的行为类似于大脑中的神经元。在我们的分类中，神经网络属于真正的机器学习分类，如下图所示。

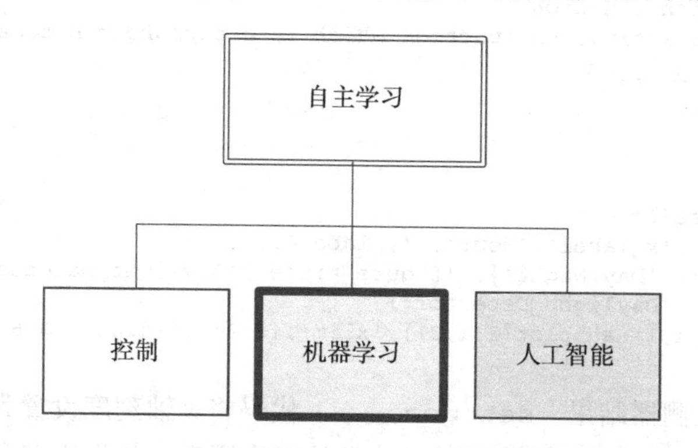

在本章中，我们将探讨神经网络如何工作，从单个神经元的最基本思想开始，一直到多层神经网络。我们采用钟摆作为讨论的例子。我们将展示如何使用神经网络来解决预测问题。这是神经网络的两种用途（预测和分类）之一。我们将从一个简单的分类示例开始。我们将在第 9 章和第 10 章中讨论更复杂的分类神经网络。

8.1 日光检测器

8.1.1 问题

用一个简单的神经网络来检测日光。

8.1.2 方法

历史上，第一个神经元是感知机。这是一种具有基于阈值的激活函数的神经网络。它的输出为 0 或 1。这对于诸如本章方案中涵盖的摆角估计等问题并不实用。但是，它非常适合分类问题。在这个例子中我们将使用单个感知器。

8.1.3 步骤

假设我们的输入是感光细胞测量所得的亮度。如果你对输入进行加权，使得 1 是定义黄昏时亮度级别的值，则会得到晴天检测器。

这在以下脚本 SunnyDay 中显示。该脚本实现了本该用于检测坦克的神经网络，结果却能够检测到晴天；这是因为所有坦克的训练照片都是在晴天拍摄的，而所有没有坦克的照片都是在阴天拍摄的。使用余弦对太阳通量进行建模并进行缩放，使其在中午为 1。任何大于 0 的值都是白天。

```
%% The data
t = linspace(0,24);           % time, in hours
d = zeros(1,length(t));
s = cos((2*pi/24)*(t-12)); % solar flux model

%% The activation function
% The nonlinear activation function which is a threshold detector
j    = s < 0;
s(j) = 0;
j    = s > 0;
d(j) = 1;

%% Plot the results
PlotSet(t,[s;d],'x␣label','Hour', 'y␣label',...
  {'Solar␣Flux', 'Day/Night'}, 'figure␣title','Daylight␣Detector',...
  'plot␣title', 'Daylight␣Detector');
set([subplot(2,1,1) subplot(2,1,2)],'xlim',[0 24],'xtick',[0 6 12 18
   24]);
```

图 8.1 展示了检测器结果。set(gca,...) 代码将 x 轴刻度设置为刚好在 24 点结束。这是一个非常简单的例子，但的确显示了分类的工作原理。如果用多个设好阈值的神经元来检测太阳通量带之内的日光强度，我们将得到一个神经网络太阳钟。

8.2 单摆建模

8.2.1 问题

我们想要实现单摆的动力学模型，如图 8.2 所示。摆锤将被建模为点状质量，与其转轴具有刚性连接。所谓刚性连接是不会收缩或膨胀的杆。

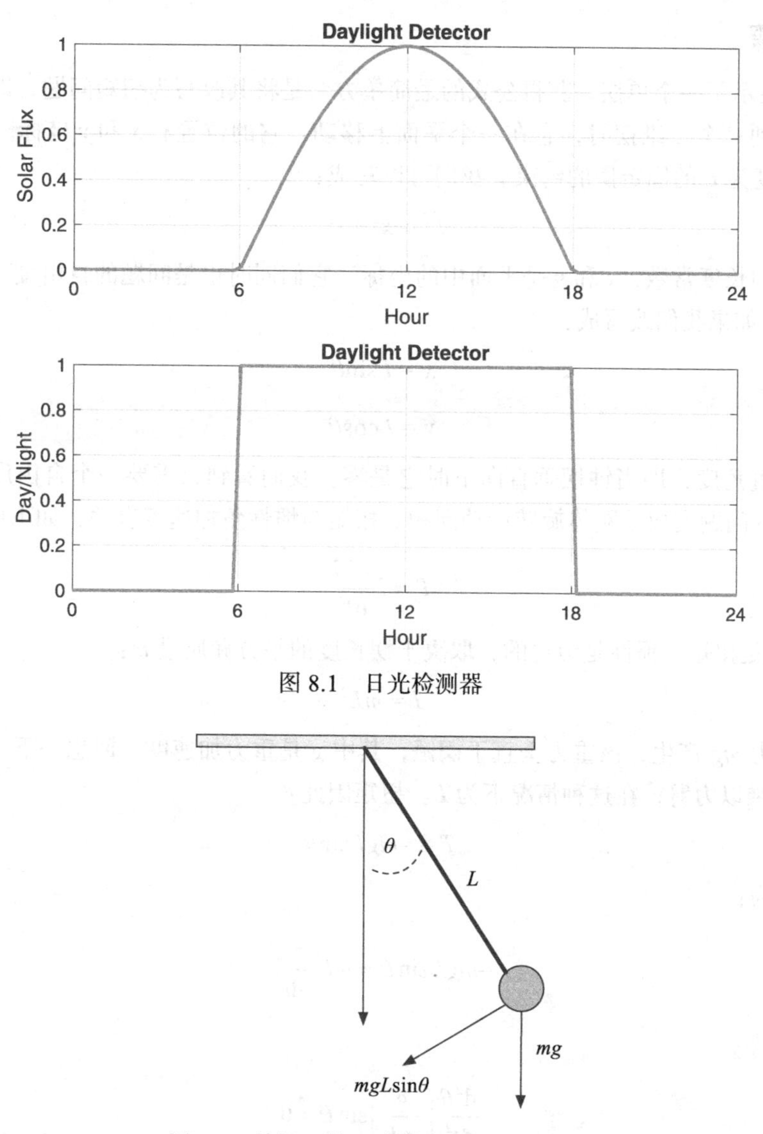

图 8.1　日光检测器

图 8.2　单摆，其运动由重力加速度驱动

8.2.2　方法

解决方法是在 MATLAB 中编写一个单摆动力学函数。动力学方程将以扭矩形式表示，也就是说，我们将其模拟为刚体旋转。比如，旋转车轮时就会发生刚体旋转。它将使用所包含工具箱的 `General` 文件夹中的 `RungeKutta` 积分函数来对运动方程进行积分运算。

8.2.3 步骤

图 8.2 显示了一个单摆。获得公式的最简单方法是将其改写为扭矩问题，即刚体旋转问题。当你看到一个二维摆时，它在一个平面上移动，它的位置有 x 和 y 坐标。然而这两个坐标受到长度为 L 的固定摆的约束。我们可以写成：

$$L^2 = x^2 + y^2 \tag{8.1}$$

其中 L 是杆的长度常数，x 和 y 是平面中的坐标。它们同时也是问题的自由度。这表明 x 由 y 唯一确定。如果我们改写成：

$$x = L\sin\theta \tag{8.2}$$

$$y = L\cos\theta \tag{8.3}$$

其中 θ 是垂直角度，即当钟摆垂直向下时它是零。我们看到只需要一个自由度 θ 来模拟运动，所以力的问题变成了刚体旋转运动问题。扭矩与惯性角加速度有关，如下所示：

$$T = I\frac{\mathrm{d}^2\theta}{\mathrm{d}t^2} \tag{8.4}$$

I 是惯性，T 是扭矩。惯性是恒定的，取决于摆长度的平方和质量 m：

$$I = mL^2 \tag{8.5}$$

而扭矩由重力 mg 产生，该重力垂直于摆锤，其中 g 是重力加速度。回想一下，扭矩是作用力 $mg\sin(\theta)$ 乘以力臂，在这种情况下为 L。扭矩因此：

$$T = -mgL\sin\theta \tag{8.6}$$

运动方程则为：

$$-mgL\sin\theta = mL^2\frac{\mathrm{d}^2\theta}{\mathrm{d}t^2} \tag{8.7}$$

简化为：

$$\frac{\mathrm{d}^2\theta}{\mathrm{d}t^2}\left(\frac{g}{mL}\right)\sin\theta = 0 \tag{8.8}$$

我们指定：

$$\frac{g}{mL} = \Omega^2 \tag{8.9}$$

其中 Ω 是单摆的振荡频率。因为存在 $\sin(\theta)$ 项，这是一个非线性方程。我们可以对小角度摆动的情况进行线性化。对于很小的摆动角度情况：

$$\sin\theta \approx \theta \tag{8.10}$$

$$\cos\theta \approx 1 \tag{8.11}$$

可以得到一个线性常系数方程。正弦函数的线性化版本来自于泰勒展开：

$$\sin\theta=\theta-\frac{\theta^3}{6}+\frac{\theta^5}{120}+\frac{\theta^7}{5040}+\cdots \tag{8.12}$$

当钟摆垂直悬挂时，可以看到第一项是 $\theta=0$ 附近的非常好的近似。我们实际上可以将它扩展到任何角度。设 $\theta=\theta+\theta_k$，其中 θ_k 是我们当前的角度，现在 θ 很小。我们可以展开正弦项：

$$\sin(\theta+\theta_k)=\sin\theta\cos\theta_k+\sin\theta_k\cos\theta\approx\theta\cos\theta_k+\sin\theta_k \tag{8.13}$$

我们得到一个关于新扭矩和 θ 的差分系数的线性方程。

$$\frac{\mathrm{d}^2\theta}{\mathrm{d}t^2}+\cos\theta_k\Omega^2\theta=-\Omega^2\sin\theta_k \tag{8.14}$$

尽管当前角度非 0，线性化近似依然是一个有效的方法。

我们的最终不等式（非线性的和线性的）为：

$$\frac{\mathrm{d}^2\theta}{\mathrm{d}t^2}+\Omega^2\sin\theta=0 \tag{8.15}$$

$$\frac{\mathrm{d}^2\theta}{\mathrm{d}t^2}+\Omega^2\theta\approx 0 \tag{8.16}$$

动力学模型列在以下代码中，可以为 MATLAB Recipe 的 RungeKutta 函数或任何 MATLAB 积分函数所调用。可以用一个叫作 `linear` 的布尔类型选项来选择使用完全非线性运动方程或线性化的运动方程形式。状态向量的第一个元素是角度，而第二个元素是角度的微分 ω。时间是第一个输入，因为它只在公式中出现微分形式 dt，所以它被替换为波浪号。输出是状态 `x` 的导数 `xDot`。如果未指定输入，则该函数将返回默认数据结构 `d`。

```
%  x        (2,1) State vector [theta;theta dot]
%  d        (.)   Data structure
%                 .linear   (1,1) If true use a linear model
%                 .omega    (1,1) Input gainss

function xDot = RHSPendulum( ~, x, d )

if( nargin < 1 )
  xDot = struct('linear',false,'omega',0.5);
  return
end

if( d.linear )
  f = x(1);
else
  f = sin(x(1));
end

xDot = [x(2);-d.omega^2*f];
```

`xDot` 的代码有两个元素。第一个元素只是状态向量的第二个元素，因为角度的导数是角速度。第二项是使用我们的方程计算的角加速度。实现的微分方程组是一个一阶微分方程组：

$$\frac{\mathrm{d}\theta}{\mathrm{d}t}=\omega \tag{8.17}$$

$$\frac{\mathrm{d}\omega}{\mathrm{d}t}=-\Omega^2\sin\theta \tag{8.18}$$

一阶意味着在左手边只出现一阶微分形式。

如下所示，脚本 PendulumSim 通过积分动力学模型来模拟单摆。将数据结构字段 linear 设置为 true 将给出线性模型。请注意，初始化状态下初始角度为 3 弧度，以突出显示模型之间的差异。

```
%% Pendulum simulation
%% Initialize the simulation
n              = 1000;          % Number of time steps
dT             = 0.1;           % Time step (sec)
dRHS           = RHSPendulum;    % Get the default data structure
dRHS.linear    = false;         % true for linear model

%% Simulation
xPlot          = zeros(2,n);
theta0         = 3;            % radians
x              = [theta0;0];   % [angle;velocity]
for k = 1:n
  xPlot(:,k)   = x;
  x            = RungeKutta( @RHSPendulum, 0, x, dT, dRHS );
end

%% Plot the results
yL      = {'\theta␣(rad)' '\omega␣(rad/s)'};
[t,tL]  = TimeLabel(dT*(0:n-1));

PlotSet( t, xPlot, 'x␣label', tL, 'y␣label', yL, ...
        'plot␣title', 'Pendulum', 'figure␣title', 'Pendulum␣State' );
```

图 8.3 显示了两个模型的结果，非线性模型的周期与线性模型的周期不同。

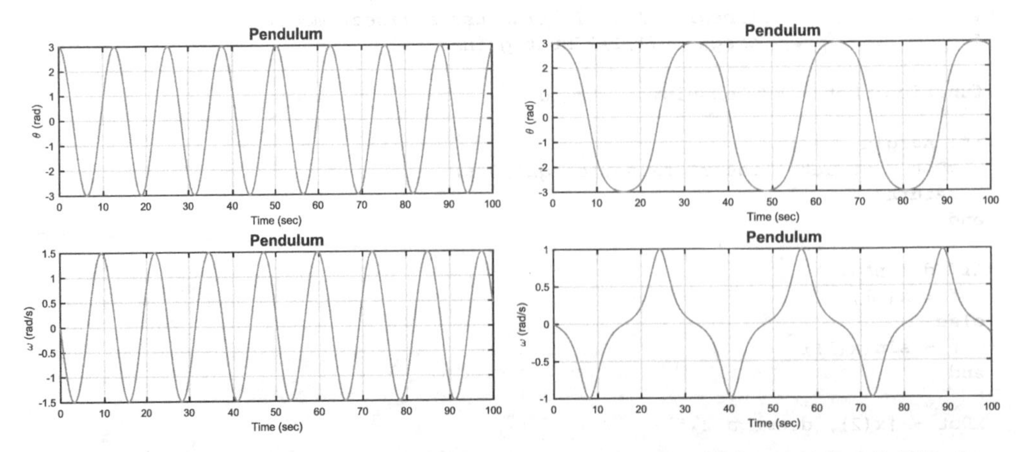

图 8.3　由线性和非线性方程构建的单摆模型。非线性模型的周期与线性模型的周期不同。左图是线性的，右图是非线性的

8.3 单神经元角度估计器

8.3.1 问题

用一个简单的神经网来估计刚性摆与垂直角度之间的关系。

8.3.2 方法

导出线性估计器的方程式，然后用一个由单个神经元组成的神经网络进行复现。

8.3.3 步骤

让我们首先看一下有两个输入的单个神经元。如图 8.4 所示，该神经元具有输入 x_1 和 x_2、偏置 b、权重 w_1 和 w_2，以及单个输出 z。激活函数 σ 采用加权输入并产生输出。

$$z = \sigma(w_1x_1 + w_2x_2 + b) \tag{8.19}$$

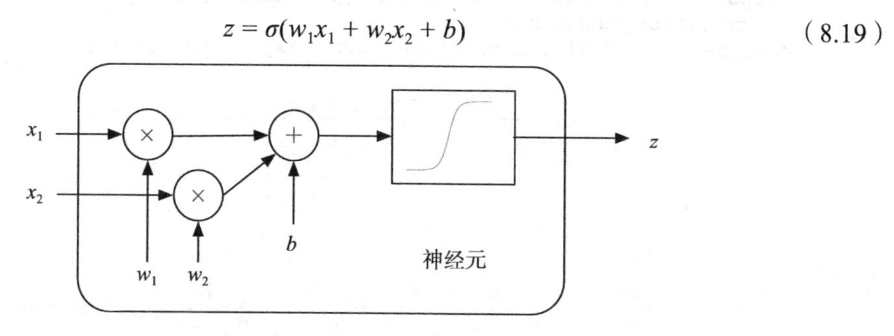

图 8.4 一个两输入的神经元

让我们将它与真正的神经元进行比较，如图 8.5 所示。真正的神经元通过树突具有多个输入。神经元输入可能具有一些分支结构，这意味着多个输入可以通过相同的树突连接到单元体。输出则通过轴突实现。每个神经元都有一个输出。轴突通过突触连接到树突。信号通过突触从轴突传递到树突。

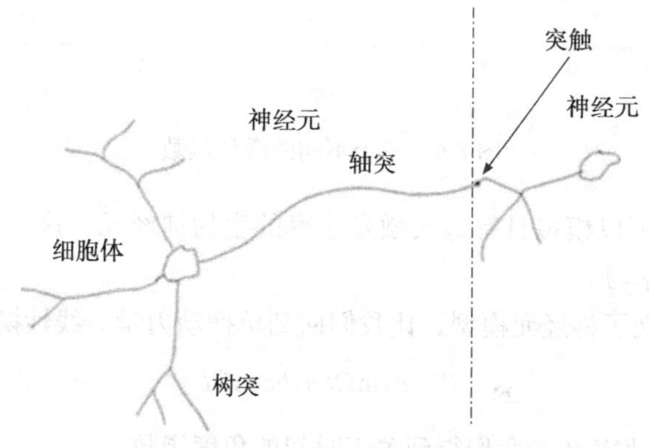

图 8.5 一个真实的神经元可以有上万个输入

神经元可能有许多常用的激活功能。我们展示了其中三个：

$$\sigma(y)=\tanh(y) \tag{8.20}$$

$$\sigma(y)=\frac{2}{1-e^{-y}}-1 \tag{8.21}$$

$$\sigma(y)=y \tag{8.22}$$

上面第二个指数激活函数被归一化并且从零开始偏移，因此它的范围从 –1 到 1。脚本 OneNeuron 中的以下代码计算并绘制输入 q 的这三个激活函数。

```
%% Look at the activation functions
q       = linspace(-4,4);
v1      = tanh(q);
v2      = 2./(1+exp(-q)) - 1;

PlotSet(q,[v1;v2;q],'x␣label','Input', 'y␣label',...
  'Output', 'figure␣title','Activation␣Functions','plot␣title', '
     Activation␣Functions',...
  'plot␣set',{[1 2 3]},'legend',{{'Tanh','Exp','Linear'}});
```

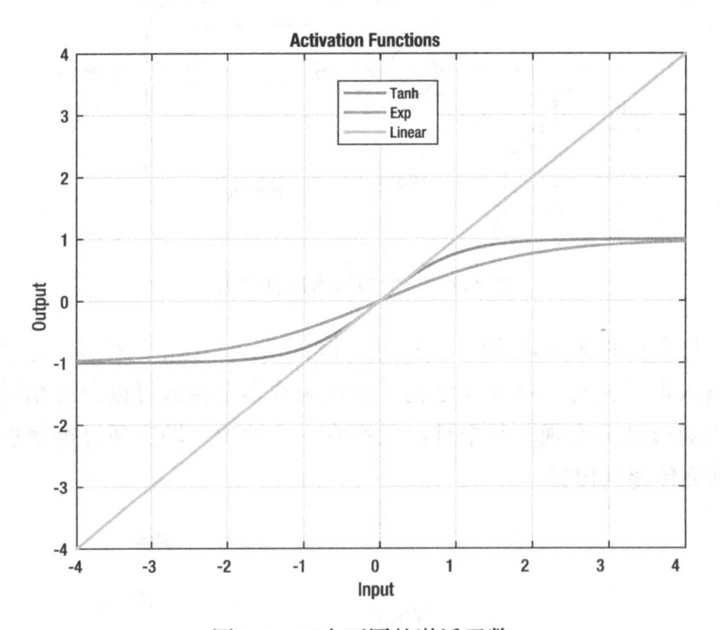

图 8.6　三个不同的激活函数

饱和的激活函数可以模拟具有最大激发速率的生物神经元。这些特殊函数还具有良好的数值特性，有助于学习。

现在我们已经定义了神经元模型，让我们回到单摆动力学。线性摆方程的解是：

$$\theta=a\sin\Omega t+b\cos\Omega t \tag{8.23}$$

给定初始角度 θ_0 和角速率 $\dot{\theta}_0$，我们得到关于时间的角度函数：

$$\theta(t)=\frac{\dot{\theta}_0}{\Omega}\sin\Omega t+\theta_0\cos\Omega t \tag{8.24}$$

对于很小的 Ω_t:

$$\theta(t)=\hat{\theta}_0 t+\theta_0 \tag{8.25}$$

这是一个线性方程。将此更改为离散时间问题：

$$\theta_{k+1}=\hat{\theta}_k\Delta t+\theta_k \tag{8.26}$$

其中 Δt 是测量之间的时间步长，θ_k 是当前角度，θ_{k+1} 是下一步的角度。角速率的线性近似值为：

$$\hat{\theta}_k=\frac{\theta_k-\theta_{k-1}}{\Delta t} \tag{8.27}$$

所以合并式（8.23）和式（8.24），我们的“估计器”为：

$$\theta_{k+1}=2\theta_k – \theta_{k-1} \tag{8.28}$$

非常简单，甚至无须知道步长。

让我们用神经网做同样的事情。神经元输入是 x_1 和 x_2。如果我们设置：

$$x_1=\theta_k \tag{8.29}$$

$$x_2=\theta_{k-1} \tag{8.30}$$

$$w_1=2 \tag{8.31}$$

$$w_2=-1 \tag{8.32}$$

$$b=0 \tag{8.33}$$

我们可以得到

$$z=\sigma(2\theta_k – \theta_{k-1}) \tag{8.34}$$

利用激活函数 σ，我们可以得到估计器：

继续来看 OneNeuron，以下代码实现了估计器。我们输入纯正弦波，仅适用于小摆角。然后我们用线性激活函数计算神经元输出，然后用激活函数 tanh 计算输出。注意，变量 thetaN 等效于使用线性激活函数。

```
%% Look at the estimator for a pendulum
omega   = 1;                    % pendulum frequency in rad/s
t       = linspace(0,20);
theta   = sin(omega*t);
thetaN  = 2*theta(2:end) - theta(1:end-1); % linear estimator for "
   next" theta
truth   = theta(3:end);
tOut    = t(3:end);
thetaN  = thetaN(1:end-1);
% Apply the activation function
z = tanh(thetaN);
```

```
PlotSet(tOut,[truth;thetaN;z],'x␣label','Time␣(s)', 'y␣label',...
  'Next␣angle', 'figure␣title','One␣neuron','plot␣title', 'One␣neuron
     ',...
  'plot␣set',{[1 2 3]},'legend',{{'True','Estimate','Neuron'}});
```

图 8.7 显示了两个神经元输出——线性和 tanh 激活函数，与真实结果进行比较。具有线性激活功能的那个与真相非常匹配。而 tanh 却不太匹配，但这是符合预期的，这是因为它达到了饱和。

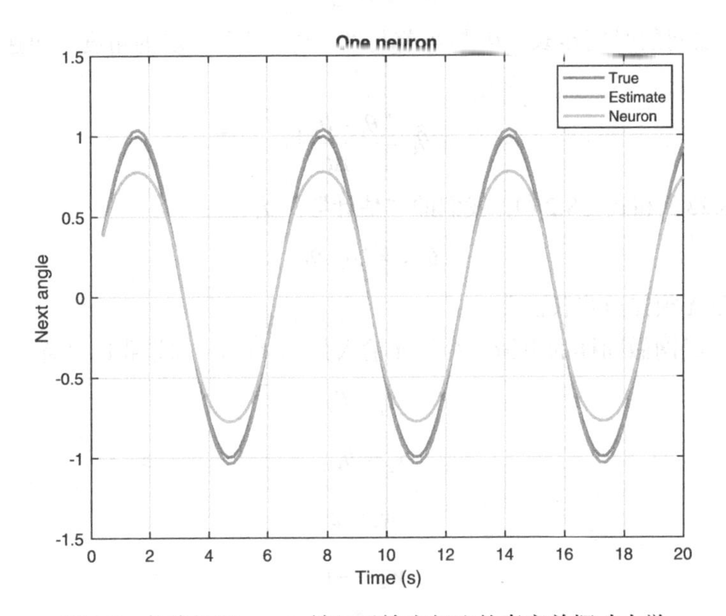

图 8.7　与线性和 tanh 神经元输出相比的真实单摆动力学

具有线性激活函数的神经元函数本身与估计器相同。这个神经网络的唯一输出节点，具有线性激活功能。这是合理的，正如我们在 tanh 中看到的那样，否则输出将被限制在激活函数的饱和值之内。使用任何其他激活功能，输出都不会产生所需的结果。在这个特殊的例子中，神经网络并没有真正给我们带来任何好处，因为这个选择的例子可以被简化为简单的线性估计。对于更一般的问题，在输入之间具有更多输入和非线性依赖性，具有饱和限制的激活函数可能是有价值的。

为此，我们需要在 8.6 节中讨论多神经元组成的神经网络。请注意，即使具有线性激活功能的神经元也与真值不完全匹配。如果我们使用线性激活函数与非线性单摆，它将不会很好地工作。非线性估计器是复杂的，但是可以通过训练多层（深度学习）神经网络来覆盖更广泛的状况。

8.4 为单摆系统设计神经网络

8.4.1 问题

估计非线性单摆系统的角度。

8.4.2 方法

使用 NeuralNetMLFF 从训练集中构建一个神经网络。(MLFF 来自于 Multi-LayerFeed-Forward。)NeuralNetMLFF 的代码将被下一章开发的神经网络图形界面所引用。

8.4.3 步骤

这个方案的脚本是 NNPendulumDemo。第一部分生成测试数据，然后与 8.2 节中的 PendulumSim.m 运行相同的仿真。我们计算了单摆的周期，以便将仿真时间步长设置为一个周期的小片段。请注意，我们将使用 tanh 作为网络的激活函数。

```
% Demo parameters
nSamples    = 800;          % Samples in the simulation
nRuns       = 2000;         % Number of training runs
activation  = 'tanh';       % activation function

omega       = 0.5;          % frequency in rad/s
tau         = 2*pi/omega;   % period in secs
dT          = tau/100;      % sample at a rate of 20*omega

rng(100);                   % consistent random number generator

%% Initialize the simulation RHS
dRHS        = RHSPendulum; % Get the default data structure
dRHS.linear = false;
dRHS.omega  = omega;

%% Simulation
nSim   = nSamples + 2;
x      = zeros(2,nSim);
theta0 = 0.1;                  % starting position (angle)
x(:,1) = [theta0;0];
for k = 1:nSim-1
  x(:,k+1) = RungeKutta( @RHSPendulum, 0, x(:,k), dT, dRHS );
end
```

下一个代码块定义了网络并使用 NeuralNetTraining 进行训练。NeuralNet-Training 和 NeuralNetMLFF 将在下一章中介绍。简而言之，我们定义了具有三个神经元的第一层和具有单个神经元的第二输出层。网络有两个输入，即前面说的两个角度。

```
         'plot␣title', 'Pendulum', 'figure␣title', 'Pendulum␣State' );

%% Define a network with two inputs, three inner nodes, and one
   output
layer              = struct;
```

```
layer(1,1).type  = activation;
layer(1,1).alpha = 1;
layer(2,1).type  = 'sum'; %'sum';
layer(2,1).alpha = 1;

% Thresholds
layer(1,1).w0 = rand(3,1) - 0.5;
layer(2,1).w0 = rand(1,1) - 0.5;

% Weights w(i,j) from jth input to ith node
layer(1,1).w  = rand(3,2) - 0.5;
layer(2,1).w  = rand(1,3) - 0.5;

%% Train the network
% Order the samples using a random list
kR           = ceil(rand(1,nRuns)*nSamples);
thetaE       = x(1,kR+2); % Angle to estimate
theta        = [x(1,kR);x(1,kR+1)]; % Previous two angles
e            = thetaE - (2*theta(1,:) - theta(2,:));
[w,e,layer]  = NeuralNetTraining( theta, thetaE, layer );

PlotSet(1:length(e), e.^2, 'x␣label','Sample', 'y␣label','Error^2'
   ,...
  'figure␣title','Training␣Error','plot␣title','Training␣Error','plot
     ␣type','ylog');

% Assemble a new network with the computed weights
layerNew              = struct;
layerNew(1,1).type    = layer(1,1).type;
```

训练数据结构包括要计算的权重。它定义了层数和激活函数的类型。初始权重是随机的。训练返回新的权重和训练误差。我们使用索引数组 k 以随机顺序将训练数据传递给函数。这比我们按原始顺序传递它的结果来得好。我们还使用参数 nRuns 多次发送相同的训练数据。图 8.8 显示了训练误差，看起来相当不错。要查看计算的权重，只需在命令行显示 w。例如，输出节点的权重现在是：

```
>> w(2)
ans =
  struct with fields:
       w: [-0.67518 -0.21789 -0.065903]
      w0: -0.014379
    type: 'tanh'
```

我们在最后一段代码中测试神经网络。我们重新运行仿真，然后使用 NeuralNetMLFF 运行神经网络。请注意，你可以通过更改 thetaD 的值，选择使用与训练数据不同的起点来初始化仿真。

```
layerNew             = struct;
layerNew(1,1).type   = layer(1,1).type;
layerNew(1,1).w      = w(1).w;
layerNew(1,1).w0     = w(1).w0;
layerNew(2,1).type   = layer(2,1).type; %'sum';
layerNew(2,1).w      = w(2).w;
layerNew(2,1).w0     = w(2).w0;
```

```
network.layer       = layerNew;

%% Simulate the pendulum with a different starting point
x(:,1)        = [0.1;0];

%% Simulate the pendulum and test the trained network
% Choose the same or a different starting point and simulate
thetaD = 0.5;
x(:,1) = [thetaD;0];
for k = 1:nSim-1
  x(:,k+1) = RungeKutta( @RHSPendulum, 0, x(:,k), dT, dRHS );
end
% Test the new network
theta    = [x(1,1:end-2);x(1,2:end-1)];
thetaE   = NeuralNetMLFF( theta, network );
eTSq     = (x(1,3:end)-thetaE).^2;
```

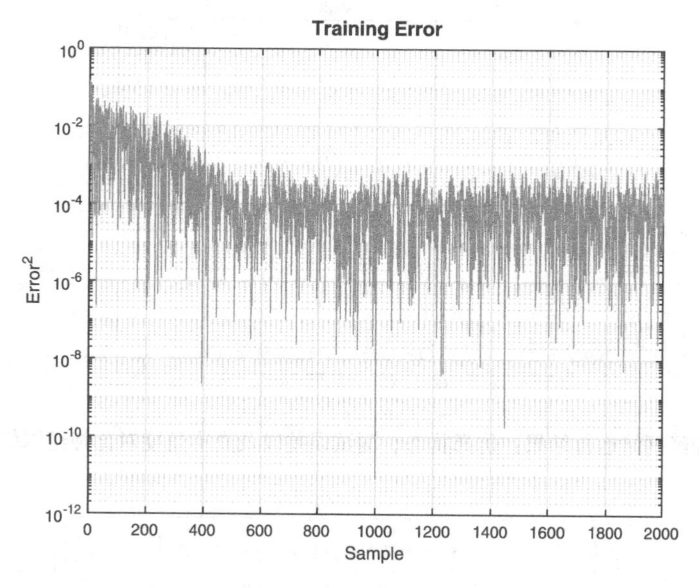

图 8.8 训练误差

图 8.9 中的结果看起来很不错。神经网络估计的角度非常接近真实角度。然而，请注意，我们运行完全相同的振幅摆振（thetaD = theta0），这正是我们训练它所要识别的目标。如果我们使用不同的起始点运行测试，例如 0.5 弧度与训练数据 0.1 相比，则估计的角度误差更大，如图 8.10 所示。

如果我们希望神经网络预测其他幅度下的角度，则需要使用所有条件下的各种数据来训练。当我们训练网络时，我们让它看到几次相同的振荡幅度。这不是很有效率。可能还需要向网络添加更多层或者添加更多节点以实现更通用的估计器。

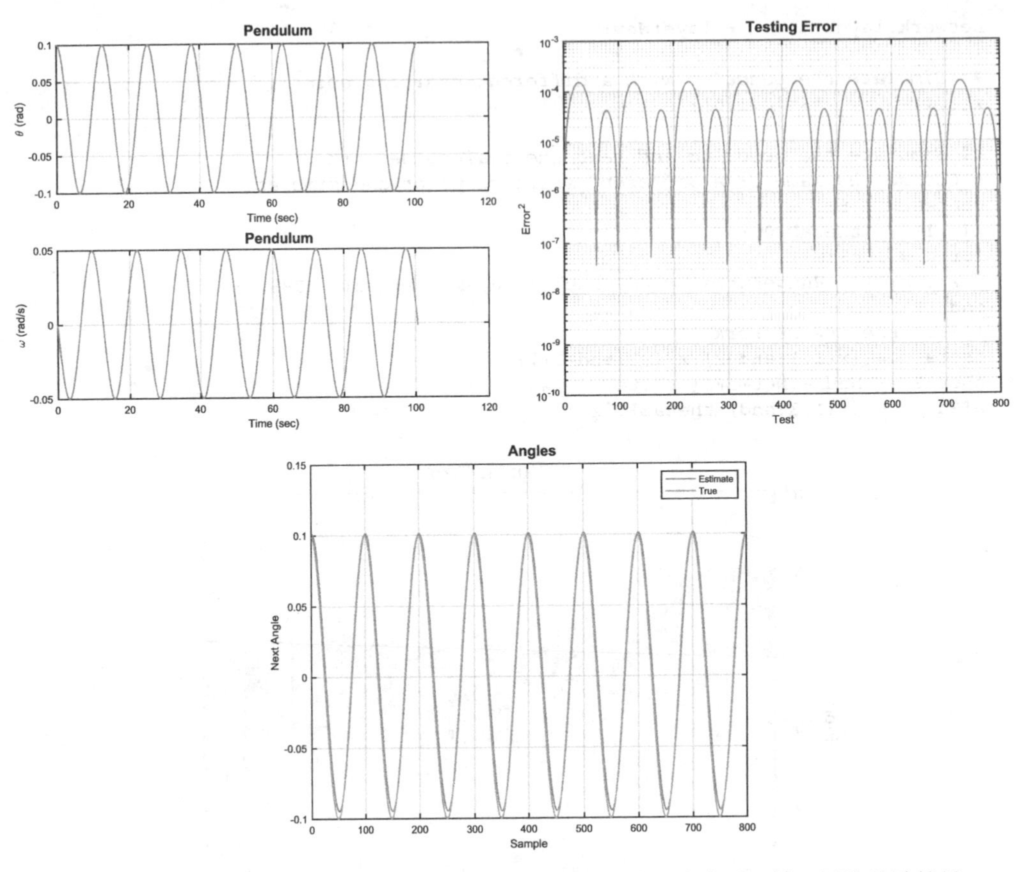

图 8.9　神经网络运行结果：仿真状态、测试误差以及真实角度对比神经网络估计结果

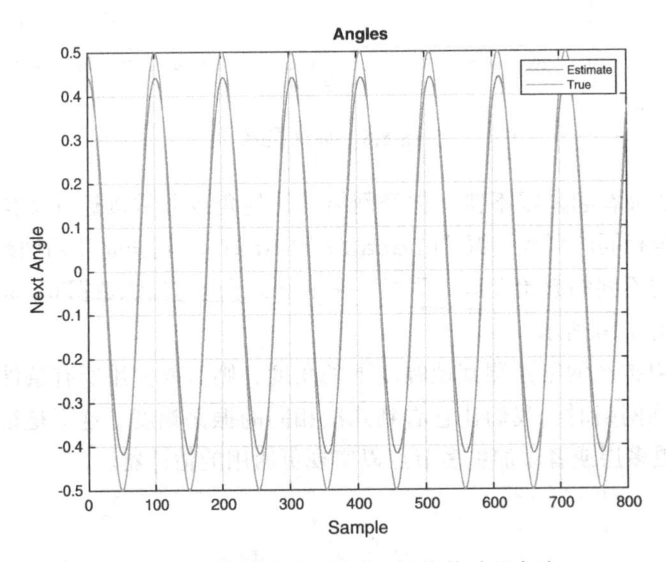

图 8.10　不同振幅下的神经网络估计的角度

8.5 小结

本章已经展示了如何用神经网络来学习预测摆角。本章还介绍了神经元的概念，以及单摆的单神经元网络，并展示了它与线性估计器的比较。还给出了感知器示例和多层摆角估计器。表 8.1 列出了配套代码中包含的功能和脚本。最后有两个函数是从下一章借来的，在下一章中，将更深入地介绍多层神经网络。

表 8.1 本章代码列表

文件	描述
NNPendulumDemo	训练一个神经网络来追踪单摆
OneNeuron	探索单一神经元
PendulumSim	仿真一个单摆
RHSPendulum	非线性单摆方程的右侧表达式
SunnyDay	识别日光
第 9 章函数	
NeuralNetMLFF	计算一个多层前馈神经网络的输出
NeuralNetTraining	用反向传播训练神经网络

Chapter 9 第9章

基丁神经网络的数字分类

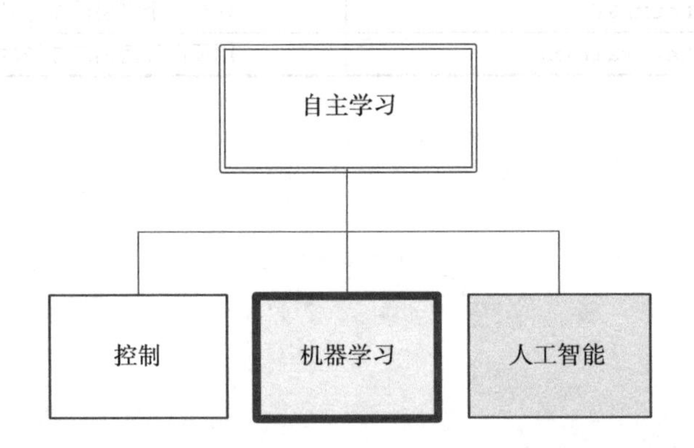

图像模式识别是神经网络的经典应用。在本章中，我们将使用神经网络来查看计算机生成的数字图像，并正确识别其中的数字。这些自动生成的图像可以代表扫描文档中的真实数字。考虑到字体变化和其他因素，如果尝试使用算法规则来捕获具有各种各样形状变化的数字，很快就会因规则变得太过复杂而无法实现。但是通过大量的数字图像集合，神经网络可以很容易地完成识别任务。我们通过神经网络中的权重来实现关于每个数字形状的推理规则，而不是明确地指明这些规则。

在本章示例中，我们仅使用包含一位数字的图像。将多位数字分割为多个一位数字图像的过程可以由许多技术来实现，而不仅仅局限于神经网络。

9.1　生成带噪声的测试图像

9.1.1　问题

创建分类系统的第一步是生成样本数据。在本章示例中，我们加载 0~9 的数字图像，然后产生带噪声的测试图像。为此，我们使用简单泊松分布或散粒噪声（以具有平方根标准偏差的随机数作为像素值）来引入噪声。

9.1.2　方法

我们在 MATLAB 中使用 `text` 函数将数字写入坐标空间中来生成图像，然后使用 `print` 输出图像，直接从打印输出中捕获像素数据，而不需要创建临时文件。我们将为每一个数字提取出 16 × 16 的像素区域，然后再添加噪声。我们还允许用户指定具体的字体作为输入选项。示例图像如图 9.1 所示。

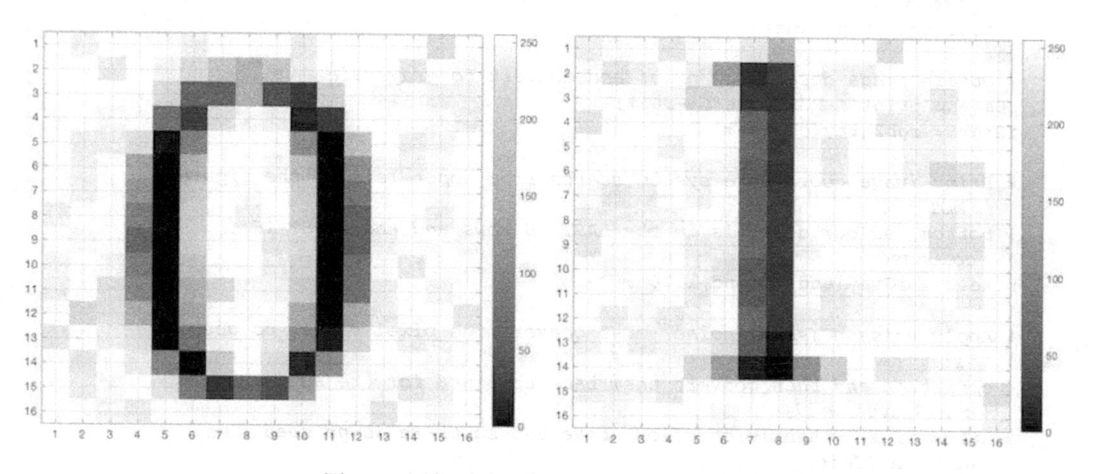

图 9.1　添加噪声的数字 0 和 1 的示例图像

9.1.3　步骤

`CreateDigitImage` 代码如下所示，并允许选择字体作为输入选项。它创建了一个 16 × 16 像素的一位数字图像。用于显示数字文本的中间结果是不可见的，所以我们将为 `print` 使用‘`RGBImage`’选项来获取像素值而不创建图像文件。该函数具有内置演示的选项，如果没有输入或输出，将为数字 0 创建像素并在图中显示。如果没有给出字体参数，则默认字体是 Courier。

```
function pixels = CreateDigitImage( num, fontname )

if nargin < 1
  num = 0;
  CreateDigitImage( num );
```

```
  return;
end
if nargin < 2
  fontname = 'courier';
end

fonts = listfonts;
avail = strcmpi(fontname,fonts);
if ~any(avail)
  error('MachineLearning:CreateDigitImage',...
    'Sorry,␣the␣font␣''%s''␣is␣not␣available.',fontname);
end

f = figure('Name','Digit','visible','off');
a1 = axes( 'Parent', f, 'box', 'off', 'units', 'pixels', 'position',
    [0 0 16 16] );
% 20 point font digits are 15 pixels tall (on Mac OS)
% text(axes,x,y,string)
text(a1,4,10,num2str(num),'fontsize',19,'fontunits','pixels','unit','
    pixels',...
 'fontname',fontname)

% Obtain image data using print and convert to grayscale
cData = print('-RGBImage','-r0');
iGray = rgb2gray(cData);

% Print image coordinate system starts from upper left of the figure,
     NOT the
% bottom, so our digit is in the LAST 16 rows and the FIRST 16
    columns
pixels = iGray(end-15:end,1:16);

% Apply Poisson (shot) noise; must convert the pixel values to double
     for the
% operation and then convert them back to uint8 for the sum. the
    uint8 type will
% automatically handle overflow above 255 so there is no need to
    apply a limit.
noise = uint8(sqrt(double(pixels)).*randn(16,16));
pixels = pixels - noise;

close(f);

if nargout == 0
  h = figure('name','Digit␣Image');
  imagesc(pixels);
  colormap(h,'gray');
  grid on
  set(gca,'xtick',1:16)
  set(gca,'ytick',1:16)
  colorbar
end
```

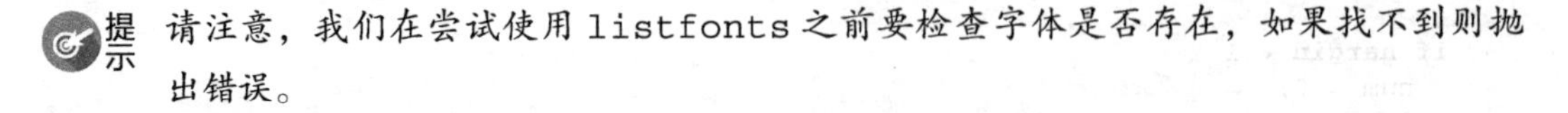

提示 请注意，我们在尝试使用 listfonts 之前要检查字体是否存在，如果找不到则抛出错误。

现在，我们可以使用新函数生成的图像来创建训练数据。本节中，我们将使用这些数据来构建一位数字和多位数字识别网络。我们使用一个 for 循环创建一个图像的集合，并用辅助函数 SaveTS 把它们存到一个 MAT 文件中。这样可以把它们的输入输出，以及分别为训练和测试指定的下标，存储到一个特殊的结构格式中。注意，我们会去缩放像素值，把通常为 0~255 的整数缩放到 0~1 之间。

数据生成脚本 DigitTrainingData 使用 for 循环为每个所需数字（0~9 之间）创建一组噪声图像。它保存数据以及用于训练的数据的下标。图像的像素输出缩放到 0（黑色）~1（白色），因此它将匹配神经网络中的神经元激活输入。脚本的顶部有两个标志选项，一个指定是否采用一位数字模式，另一个指定是否自动更改字体。

```
%% Generate the training data

% Control switches
oneDigitMode = true;  % the first digit is the desired output
changeFonts = true;   % randomly select a font

% Number of training data sets
digits     = 0:5;
nImagesPer = 20;

% Prepare data
nDigits    = length(digits);
nImages    = nDigits*nImagesPer;
input      = zeros(256,nImages);
output     = zeros(1,nImages);
trainSets = [];
testSets  = [];
if (changeFonts)
  fonts = {'times','helvetica','courier'};
else
  fonts = 'times';
  kFont = 1;
end
% Loop through digits
kImage = 1;
for j = 1:nDigits
  fprintf('Digit␣%d\n', digits(j));
  for k = 1:nImagesPer
    if (changeFonts)
      % choose a font randomly
      kFont = ceil(rand*3);
    end
    pixels = CreateDigitImage( digits(j), fonts{kFont} );
    % scale the pixels to a range 0 to 1
    pixels = double(pixels);
    pixels = pixels/255;
    input(:,kImage) = pixels(:);
    if (oneDigitMode)
      if (j == 1)
        output(j,kImage) = 1;
      end
    else
```

```
      output(j,kImage) = 1;
    end
    kImage = kImage + 1;
  end
  sets = randperm(10);
  trainSets = [trainSets (j-1)*nImages+sets(1:5)]; %#ok<AGROW>
  testSets = [testSets (j-1)*nImages+sets(6:10)]; %#ok<AGROW>
end

% Use 75% of the images for training and save the rest for testing
trainSets = sort(randperm(nImages,floor(0.75*nImages)));
testSets = setdiff(1:nImages,trainSets);

% Save the training set to a MAT-file (dialog window will open)
SaveTS( input, output, trainSets, testSets );
```

辅助函数 SaveTS 将询问文件名并保存训练集。你可以在命令行加载结果以验证数据字段。以下是训练和测试集的示例结果：

```
>> trainingData = load('Digit0TrainingTS')
trainingData =
  struct with fields:
    Digit0TrainingTS: [1x1 struct]

>> trainingData.Digit0TrainingTS
ans =
  struct with fields:
        inputs: [256x120 double]
    desOutputs: [1x120 double]
     trainSets: [1 3 4 5 6 8 9 ...  115 117 118 120]
      testSets: [2 7 16 20 28 33 37 ... 112 114 116 119]
```

请注意，输出字段 desOutputs 是布尔类型，当图像是所要的数字时值为 1，否则为 0。在使用布尔标志 oneDigitMode 选项中选择的一位数字集合中，输出是单行；在多位数字集合中，它具有与集合中的数字位一样多的行。如果 changeFonts 选项为真，则图像在 Times、Helvetica 和 Courier 中随机选择字体。表 9.1 显示了用这个脚本创建的三个训练集。

我们用上述方法创建了表 9.1 中的数字训练集。

表 9.1　数字训练集

Digit0TrainingTS	一位数字集合，120 幅图像，从 0 到 5，相同字体
Digit0FontsTS	一位数字集合，从 0 到 5，随机字体
DigitTrainingTS	多位数字集合，200 幅图像，从 0 到 9，相同字体

图 9.2 显示了三种不同字体中数字 2 的图例，摘自 Digit0TrainingTS 数据集。

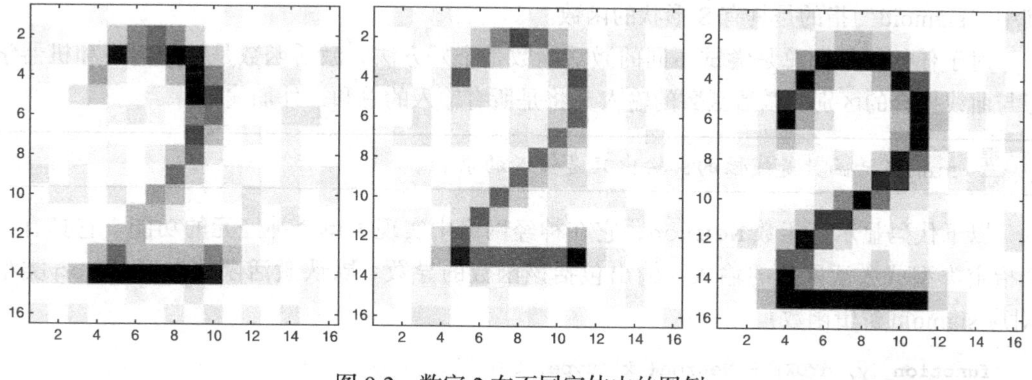

图 9.2　数字 2 在不同字体中的图例

9.2　创建神经网络函数

9.2.1　问题

我们想要创建一个可以被训练以识别数字的神经网络工具。在本节中，我们将讨论 NeuralNetDeveloper 工具的基础功能，如下一个方案的方法所示。此接口将不会使用 MATLAB 的最新图形用户界面（GUI）构建功能，因此我们不会详细介绍 GUI 代码本身，尽管配套代码中提供了完整的 GUI 实现。

9.2.2　方法

解决方案是使用多层前馈（MLFF）神经网络对数字进行分类。在这种类型的网络中，每个神经元只依赖从前一层接收的输入。我们将讨论如何用函数实现神经元。

9.2.3　步骤

神经网络的基础是 Neuron 函数，我们的神经元函数提供六种不同的激活类型：sign、sigmoid mag、step、logistic、tanh 和 sum[22]，如图 9.3 所示。

默认的激活函数类型是 tanh。在多层网络中有用的另外两个函数是指数函数（sigmoid 逻辑函数）：

$$\frac{1}{1+e^{-x}} \tag{9.1}$$

或者 sigmoid 幅度函数：

$$\frac{x}{1+|x|} \tag{9.2}$$

其中“sigmoid”指的是具有 S 形状的函数。

对于任何新问题总是尝试不同的激活函数是个好方法。激活函数是神经网络和机器学习与曲线拟合的区别。激活函数的输入 x 将是所有输入的总和，外加偏差。

提示 sum 激活函数是线性的，输出只是输入的求和。

以下代码显示了函数 Neuron，它在神经网络中实现了单个神经元的功能。它具有一个指定类型或激活函数的输入，输出包括该函数的导数。默认激活函数类型是 log 类型（对应 sigmoid 逻辑函数）。

```
function [y, dYDX] = Neuron( x, type, t )

% Input processing
if( nargin < 1 )
  x = [];
end
if( nargin < 2 )
  type = [];
end
if( nargin < 3 )
  t = 0;
end
if( isempty(type) )
  type = 'log';
end
if( isempty(x) )
  x = sort( [linspace(-5,5) 0 ]);
end

% Compute the function value and the derivative
switch lower( deblank(type) )
  case 'tanh'
    yX   = tanh(x);
    dYDX = sech(x).^2;

  case 'log'
    % sigmoid logistic function
    yX   = 1./(1 + exp(-x));
    dYDX = yX.*(1 - yX);

  case 'mag'
    % sigmoid magnitude function
    d    = 1 + abs(x);
    yX   = x./d;
    dYDX = 1./d.^2;

  case 'sign'
    yX             = ones(size(x));
    yX(x < 0)      = -1;
    dYDX           = zeros(size(yX));
    dYDX(x == 0)   = inf;

  case 'step'
```

```
      yX            = ones(size(x));
      yX(x < t)     = 0;
      dYDX          = zeros(size(yX));
      dYDX(x == t)  = inf;

    case 'sum'
      yX   = x;
      dYDX = ones(size(yX));

    otherwise
      error([type '␣is␣not␣recognized'])
  end

  % Output processing
  if( nargout == 0 )
    PlotSet( x, yX, 'x␣label', 'Input', 'y␣label', 'Output',...
      'plot␣title', [type '␣Neuron'] );
    PlotSet( x, dYDX, 'x␣label','Input', 'y␣label','dOutput/dX',...
      'plot␣title',['Derivative␣of␣' type '␣Function'] );
  else
    y = yX;
  end
```

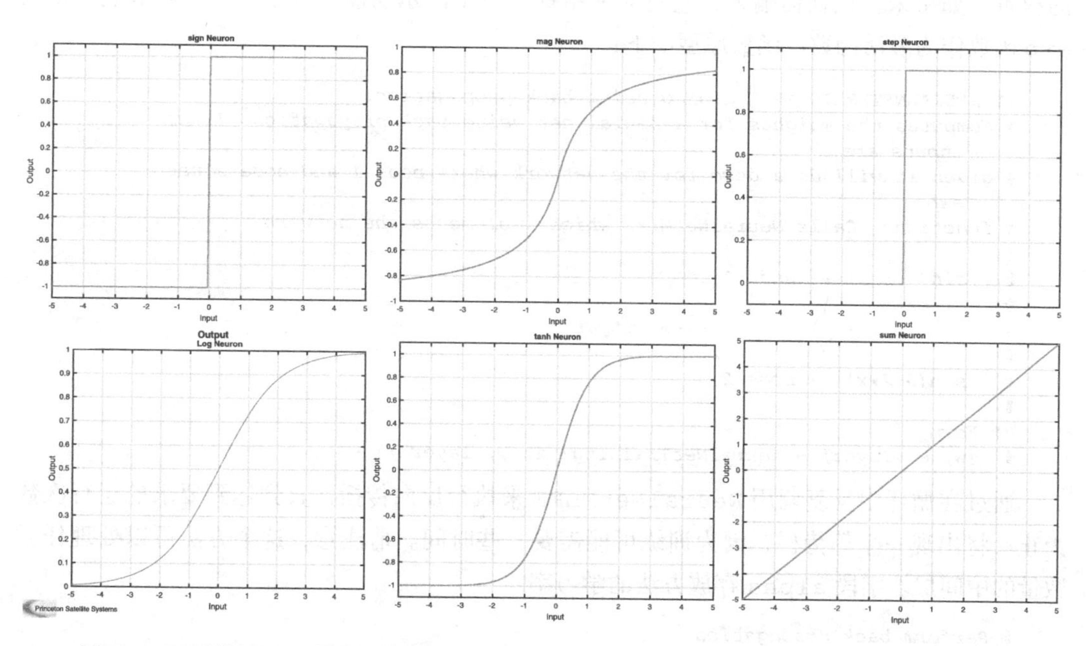

图 9.3　可用的神经元激活函数类型：sign、sigmodmag、step、logistic(log)、tanh 和 sum

使用层和权重的简单数据结构将神经元组合到前馈神经网络中。每个神经元的输入是信号 y、权重 w 和偏差 w0 的组合，如下所示：

```
y = Neuron( w*y - w0, type );
```

网络的输出由 NeuralNetMLFF 函数来计算，得到了 MLFF 神经网络的输出。注意，同时输出了从神经元激活函数获得的导数结果，用于后续训练。函数的描述如下：

```
%% NEURALNETMLFF Computes the output of a multilayer feed-forward
   neural net.
% The input layer is a data structure that contains the network data.
% This data structure must contain the weights and activation
   functions
% for each layer. Calls the Neuron function.
%
% The output layer is the input data structure augmented to include
% the inputs, outputs, and derivatives of each layer for each run.
%% Form
%   [y, dY, layer] = NeuralNetMLFF( x, network )
```

输入和输出层是包含每层的权重和激活函数的数据结构。我们的网络将使用反向传播作为训练方法[19]。这是一种梯度下降的方法，它直接使用网络输出的导数。由于导数的这种用法，任何阈值函数（例如阶梯函数）将被用来训练的S形函数所代替，以使其连续且可导。一个主要参数是学习率α，在每次迭代中将其与权重的梯度变化相乘。函数NeuralNetTraining实现了相关操作。

NeuralNetTraining函数执行训练，也就是说，它使用反向传播来计算神经元中的权重。如果未提供任何输入，它将对网络提供一个演示功能，其中节点1和节点2使用exp函数作为激活函数。函数原型如下：

```
%% NEURALNETTRAINING Training using back propagation.
% Computes the weights for a neural net using back propagation. If no
    inputs are
% given it will do a demo for the network where node 1 and node 2 use
    exp
% functions. Calls NeuralNetMLFF which implements the network.
%
%   sin(     x) -- node 1
%              \ /       \
%               \         ---> Output
%              / \       /
%   sin(0.2*x) -- node 2
%
%% Form
%  [w, e, layer] = NeuralNetTraining( x, y, layer )
```

通过在循环中反复调用NeuralNetMLFF来执行反向传播，直到达到要求的运行次数为止。将出现一个等待栏，因为训练可能需要一些时间。请注意，这个方法可以处理任意数量的中间层。字段alpha存放方法的学习率。

```
% Perform back propagation
h = waitbar(0, 'Neural Net Training in Progress' );
for j = 1:nRuns
  % Work backward from the output layer
  [yN, dYN,layerT] = NeuralNetMLFF( x(:,j), temp );
  e(:,j)           = y(:,j) - yN(:,1); % error

  for k = 1:nLayers
    layer(k,j).w  = temp.layer(k,1).w;
    layer(k,j).w0 = temp.layer(k,1).w0;
    layer(k,j).x  = layerT(k,1).x;
```

```
      layer(k,j).y  = layerT(k,1).y;
      layer(k,j).dY = layerT(k,1).dY;
    end

    % Last layer delta is calculated first
    layer(nLayers,j).delta = e(:,j).*dYN(:,1);
    % Intermediate layers use the subsequent layer's delta
    for k  = (nLayers-1):-1:1
      layer(k,j).delta = layer(k,j).dY.*(temp.layer(k+1,1).w'*layer(k
          +1,j).delta);
    end
    % Now that we have all the deltas, update the weights (w) and
       biases (w0)
    for k = 1:nLayers
      temp.layer(k,1).w  = temp.layer(k,1).w  + layer(k,1).alpha*layer(
          k,j).delta*layer(k,j).x';
      temp.layer(k,1).w0 = temp.layer(k,1).w0 - layer(k,1).alpha*layer(
          k,j).delta;
    end

    waitbar(j/nRuns);
  end
  w = temp.layer;
  close(h);
```

9.3 训练单一输出节点的神经网络

9.3.1 问题

我们想要训练神经网络对数字进行分类。一个好的起点是先识别一位数字。在这种情况下，我们将有一个输出节点，训练数据将包括所需的数字，从 0 开始，加上一些其他数字（1 ~ 5）。

9.3.2 方法

我们可以使用 GUI 创建这个神经网络，如图 9.4 所示。网络在图形界面中从左向右排布。我们可以尝试使用具有不同类型的输出节点的神经网络，例如 sign 或 logistic。在我们的例子中，我们从隐藏层的 sigmoid 激活函数和输出节点的 step 激活函数开始。

GUI 左上角的框允许设置网络的输入大小、输出大小和隐藏层。我们的目的是识别单个数字，在这种情况下，每个像素对应一个输入。右边的框允许我们设计每一层，层中的所有神经元都是相同的。最右边的框允许我们为节点的每个输入和节点的偏差设置权重。路径指的是训练数据文件的路径。可以显示生成的网络。图形化非常有用，但隐藏层中的节点看起来有点困难。

我们的 GUI 有一个单独的训练窗口，如图 9.5 所示。它具有用于加载和保存训练集、训练、测试神经网络的按钮。它将根据所选的首选项自动绘制结果。在这种情况下，我们已经加载了 9.1 节中的训练集，即使用了多种字体的训练集 `Digit0FontsTS`，它显示在窗口的顶部。

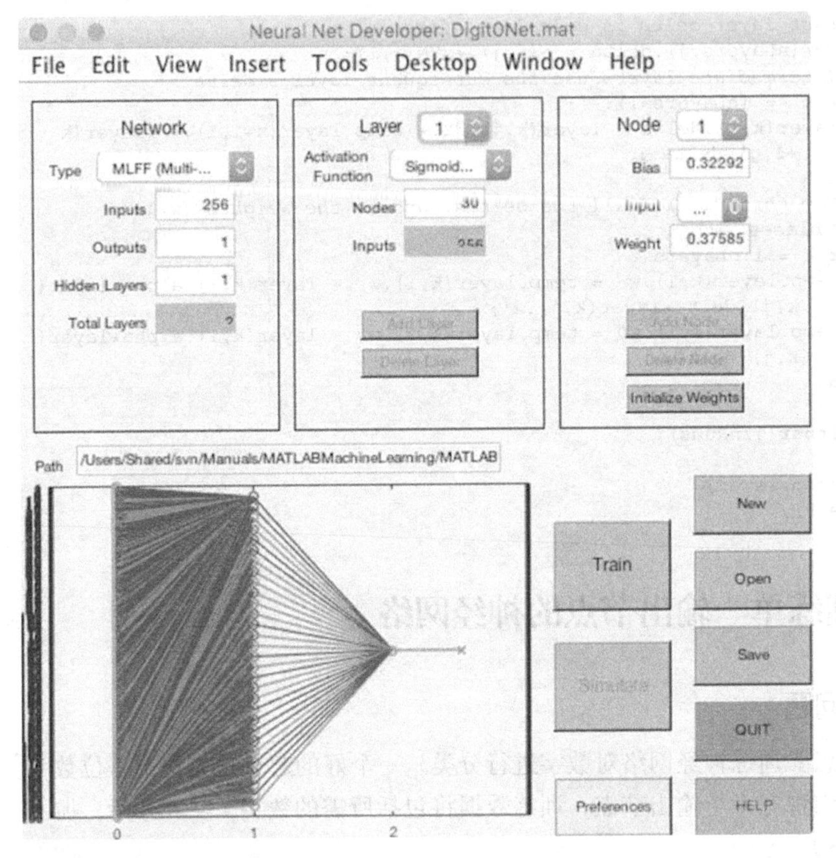

图 9.4 一个具有 256 个输入（每像素对应一个输入）、30 个节点的中间层和一个输出的神经网络

9.3.3 步骤

我们构建一个具有 256 个输入节点的神经网络，每个像素对应一个输入节点，还有一个具有 30 个神经元的隐含层和一个输出节点。我们将训练数据加载到训练图形界面中，然后选择学习迭代次数。如果我们的神经元激活函数选择正确，那么 2000 次训练迭代应该是足够的。还有一个额外的参数需要设置，它是反向传播的学习率，从 1.0 开始学习过程是一个合理的设置。请注意，我们的训练数据脚本使用 `randperm` 函数在图像集合中进行随机抽取，将 75% 的图像数据用于训练，并保留剩余部分用于测试。训练过程中将记录每次迭代的权重与偏置，并在迭代完成时绘制图形。输出层因为只有 30 个输入和一个偏置，因此我们可以容易地为其绘制图形，如图 9.6 所示。

随着神经网络的不断演化，训练过程中也将持续绘制学习误差和均方根误差（RMS）的演进图形。当运行 1000 次左右，RMSE 接近于 10^{-2}，如图 9.7 所示。

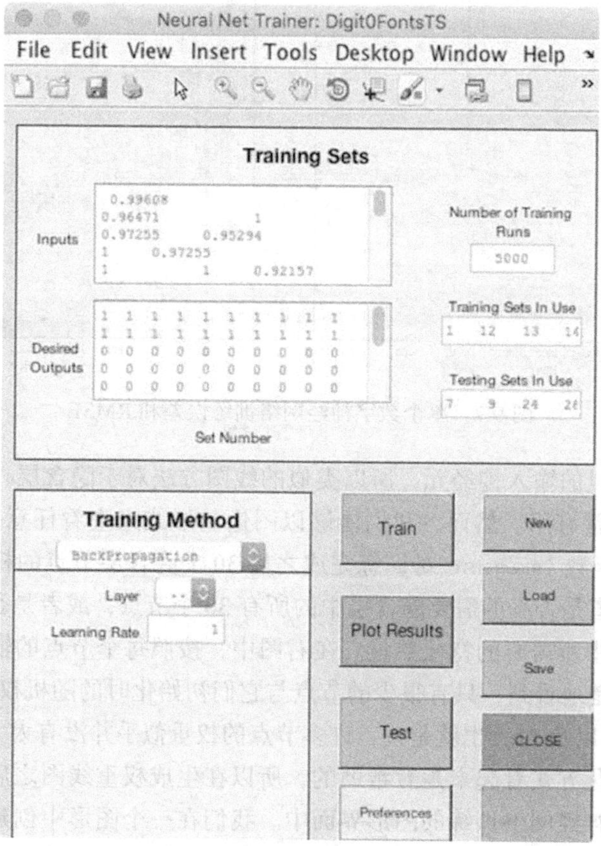

图 9.5　当开发人员按下 Train 按钮时，将打开神经网络训练 GUI

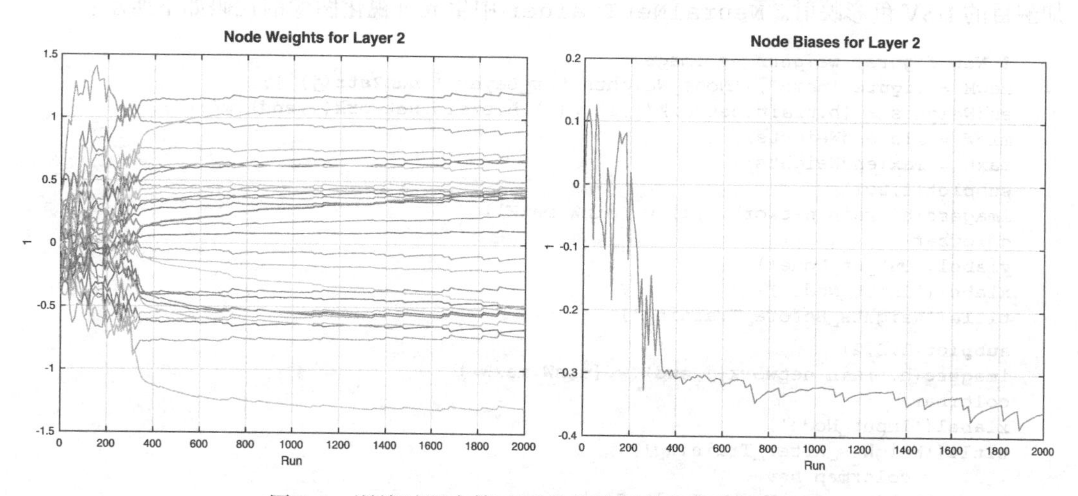

图 9.6　训练过程中第二层节点的权重和偏移的演进

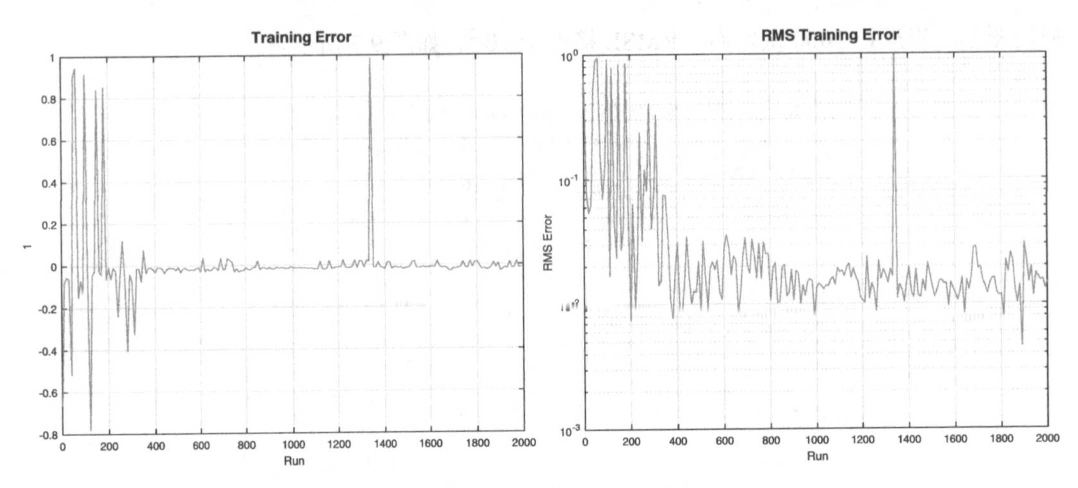

图 9.7　单个数字神经网络训练误差和 RMSE

由于我们有大量的输入神经元，所以类似的线图方法对于隐含层权重与偏置演化过程的可视化并不是非常有用。然而，我们能够以图像的形式来查看任意一次迭代中的权重，图 9.8 显示了使用函数 imagesc 对训练完成之后 30 个隐含层节点的权重进行可视化的图像。我们可能想知道是否真的需要隐含层中的所有 30 个节点，或者是否可以使用较少的节点来提取学习过程中所需要的特征数量。在右图中，按照每个节点的输入像素对权重进行排序，我们可以清楚地看到，只有很少的节点与它们初始化时的随机权重值有很大的变化，尤其是节点 14、18 以及 21。也就是说，许多节点的权重似乎并没有太大变化。

由于这种可视化方式看起来是有帮助的，所以在生成权重线图之后，我们将这部分的可视化代码添加到神经网络训练的图形界面中。我们在一个图形中创建两个子图像，左图显示权重的初始值，右图则显示训练完成之后的权重值。图像中使用比默认 parula 映射更加醒目的 HSV 色彩映射。NeuralNetTrainer 中生成可视化图像的代码如下所示：

```
% New figure: weights as image
newH = figure('name',['Node Weights for Layer ' num2str(j)]);
endWeights = [h.train.network(j,1).w(:);h.train.network(j,end).w(:)];
minW = min(endWeights);
maxW = max(endWeights);
subplot(1,2,1)
imagesc(h.train.network(j,1).w,[minW maxW])
colorbar
ylabel('Output Node')
xlabel('Input Node')
title('Weights Before Training')
subplot(1,2,2)
imagesc(h.train.network(j,end).w,[minW maxW])
colorbar
xlabel('Input Node')
title('Weights After Training')
        colormap hsv
h.resultsFig = [newH; h.resultsFig];
```

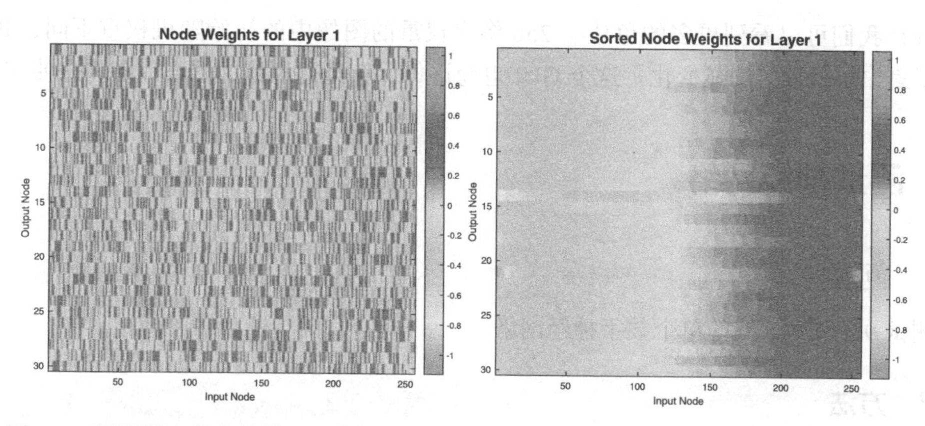

图 9.8　识别单个数字的神经网络中隐含层 30 个节点的权重图像。左图为权重值，右图为按像素排序后的权重

请注意，我们统计包含初始权重值和最终迭代完成后的权重值在内的最小和最大值，以使两个图像具有相同的色彩映射范围。现在，既然初始的 30 个节点看起来并不是必要的，因此我们将该层节点的数量减少为 10 个，重新随机初始化权重，再次进行训练。现在我们可以得到新网络的权重值在学习开始之前和完成之后的新图像，如图 9.9 所示。

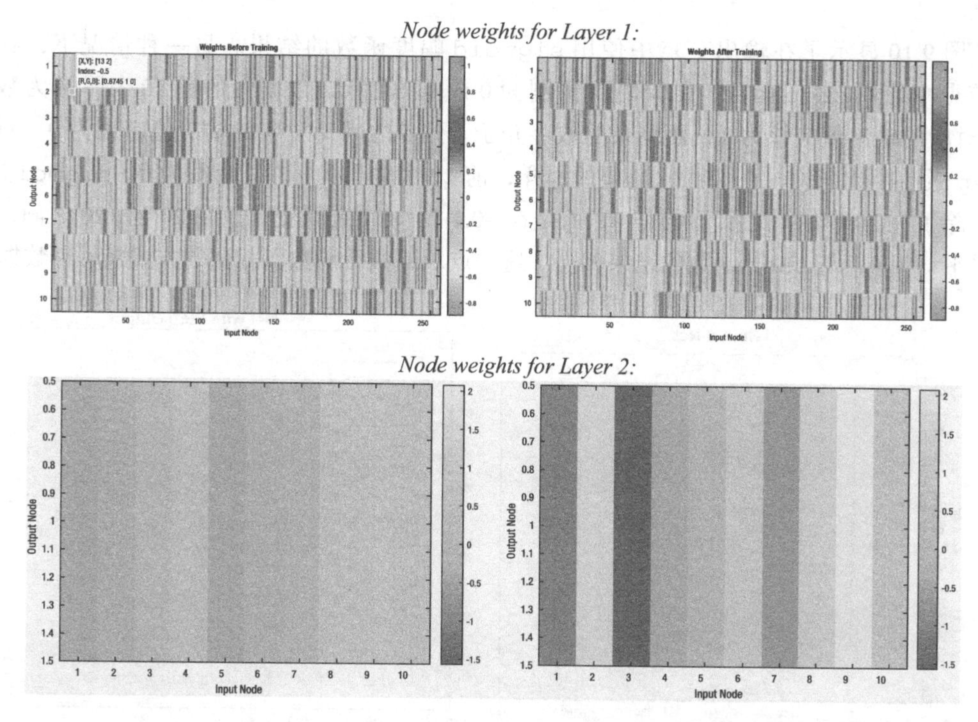

图 9.9　隐含层的 10 个节点在学习之前和之后的权重图像。上图为隐含层的图像，下图为输出层图像（只有一个输出节点）

现在我们可以看到更多的色块与 256 像素权重的图像中的初始随机权重不同，我们也看到了第二层权重的明显变化。这个 GUI 也允许你保存经过训练的网络以备将来使用。

9.4 测试神经网络

9.4.1 问题

测试 9.3 节中训练的单个数字神经网络。

9.4.2 方法

我们使用没有参与学习过程的图像数据来测试神经网络。我们利用训练数据和测试数据各自的独立索引，可以在图形用户界面中实现这样的测试功能。我们通过 9.1 节中的 DigitTrainingData 脚本随机选择 75% 示例图像进行学习，并保存剩余的图像用于测试。

9.4.3 步骤

在图形界面中，只需单击“测试”按钮，即可以对具有不同学习参数的神经网络进行测试。

图 9.10 显示了在输出节点中使用 sigmoid 幅度函数的结果。另一种情况下，在输出节点中使用 step 函数，结果输出限制为 0 或 1。注意，数据集的前 20 个图像为数字 0，对应的输出值应该为 1，而剩余的数字介于 1 到 5 之间，对应的输出值应该为 0。对于 step 激活函数来说，正如我们期望的那样，前 20 个输出为 1，其余的为 0。sigmoid 类似，除了在 20 个结果之后不再是 0，而是在 –0.1 到 +0.1 之间变化。在 20 到 120 之间，它几乎平均为 0，与 step 函数的结果相同。这一点表明激活函数以相似的方式来解释数据。

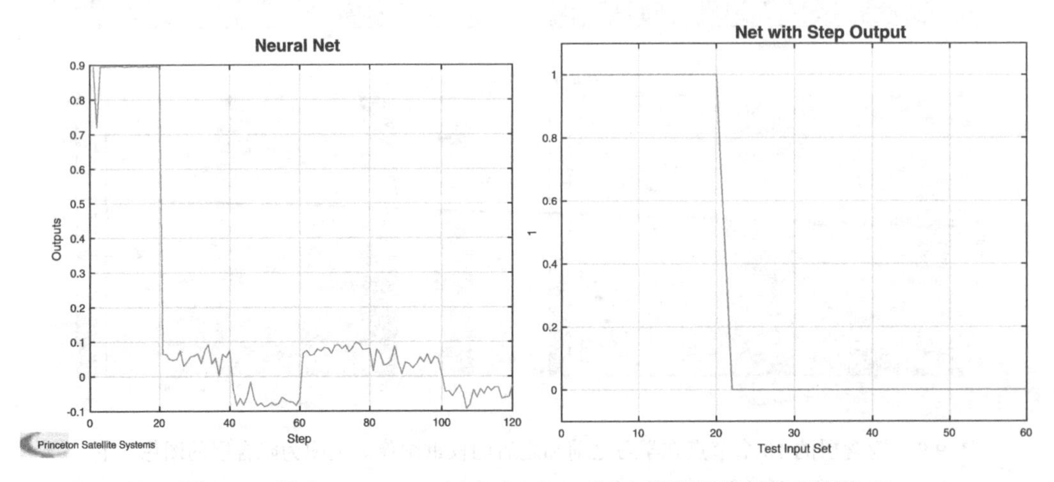

图 9.10 具有 sigmoid（左）和 step（右）激活函数的神经网络

9.5　训练多输出节点的神经网络

9.5.1　问题

构建能够同时识别全部十个数字的神经网络。

9.5.2　方法

增加节点，使得输出层有 10 个节点。当输入数字 0 ~ 9 时，每个输出节点的输出为 0 或 1。在输出节点中尝试使用不同的激活函数，例如逻辑函数和步进函数 step。现在我们的网络要识别更多的数字，因此恢复隐含层中 30 个节点数目的设置。

9.5.3　步骤

如图 9.11 所示，训练数据集现在包括所有 10 个数字，在一个 10 维的零数组的正确位置上标上 1，其余为 0。例如，数字 1 的输出序列将被表示为

[0 1 0 0 0 0 0 0 0 0]

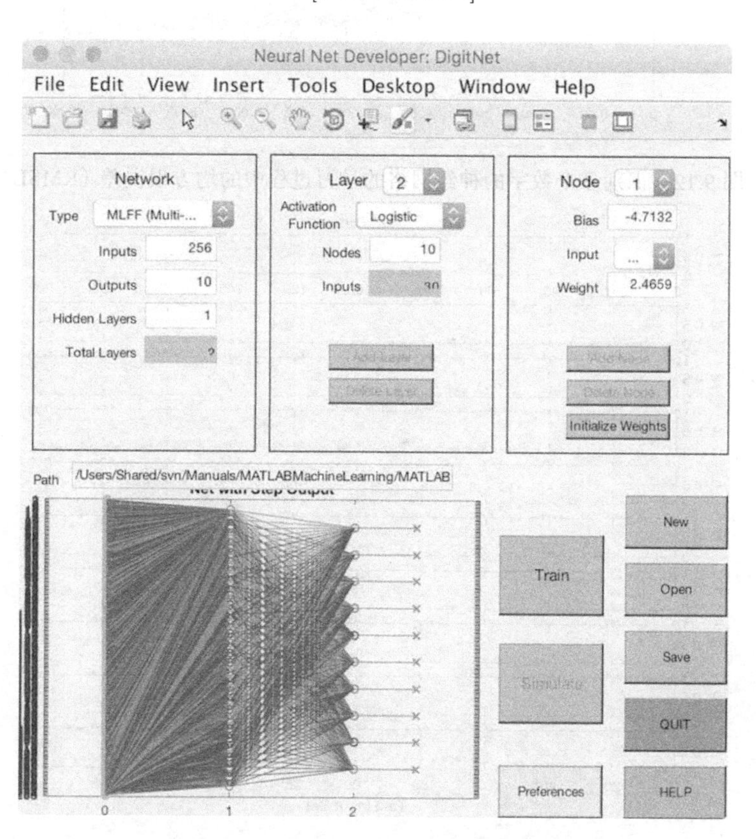

图 9.11　具有多个输出节点的神经网络

数字 3 将在第 4 个位置上为 1。在训练的过程中，我们遵循相同的规则。我们初始化网络，加载训练集到 GUI 之中，并为反向传播指定训练的次数。

训练数据如图 9.12 所示，大部分的训练过程在前面 3000 次循环就已经实现。

如图 9.13 所示，测试数据结果表明每个数字集（本例中有 20 个，总共 200 个测试）都没正确识别出来。

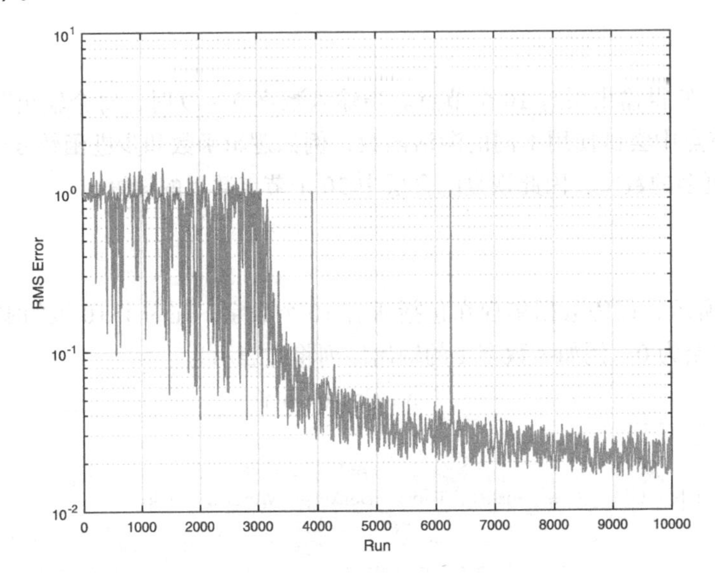

图 9.12 识别多个数字的神经网络的学习过程中的均方根误差（RMSE）

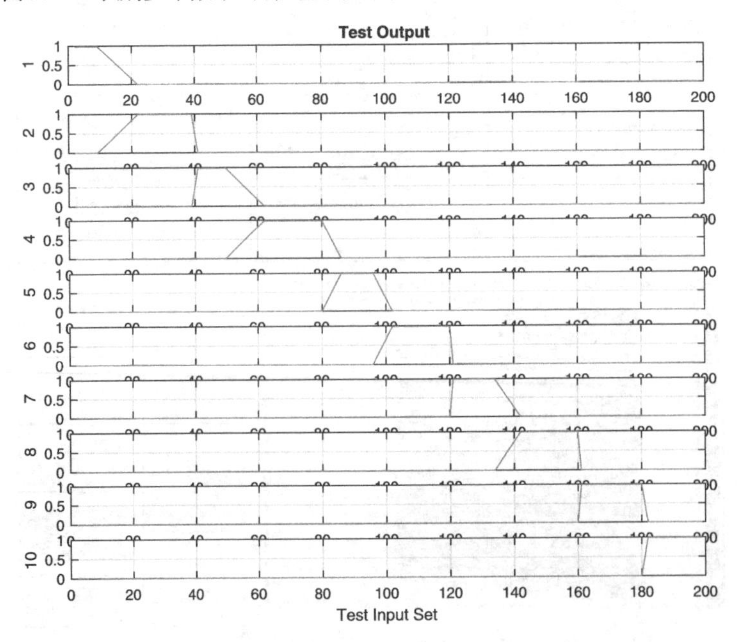

图 9.13 识别多个数字的神经网络的测试数据集

当用户将一个训练好的网络模型保存为 MAT 文件后，便可以使用 NeuralNetMLFF 函数调用这个模型，使用新的数据集进行测试。

```
>> data = load('NeuralNetMat');
>> network = data.DigitsStepNet;
>> y = NeuralNetMLFF( DigitTrainingTS.inputs(:,1), data.DigitsStepNet
    )
y =
     1
     0
     0
     0
     0
     0
     0
     0
     0
     0
```

如前所述，实现神经网络权重值的可视化充满乐趣，可以帮助我们深入洞察问题。而且，我们的问题规模足够小，可以方便地生成权重值的可视化图像。我们可以将单个隐含神经元的 256 个权重构成的集合视为一个 16×16 像素的图像，而在整个隐含层节点的权重集合的可视化图像中，将每一行作为一个神经元，以查看其中的模式，如图 9.14 所示。

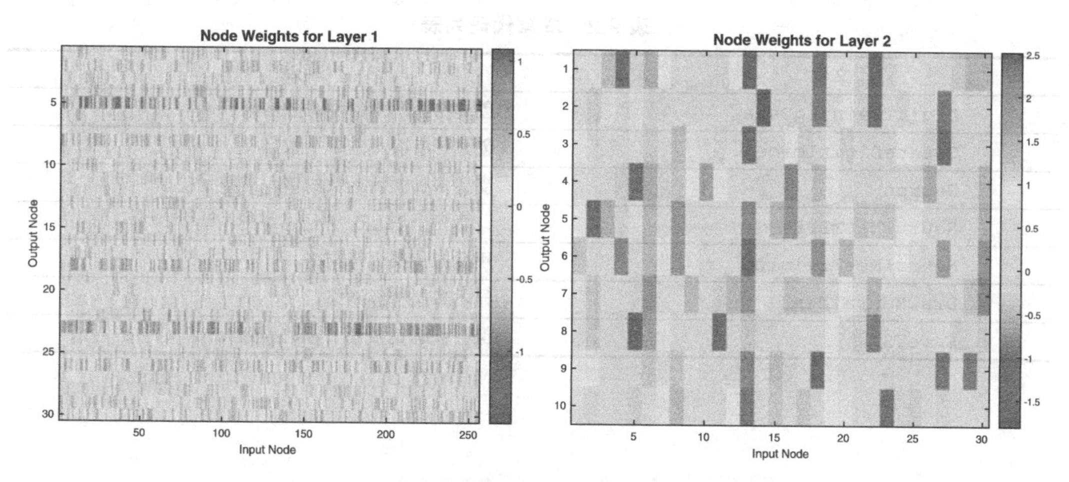

图 9.14 识别多个数字的神经网络中的权重可视化

可以在单节点的权重中，观察到类似于迷你模式下的数字片段。简单调用 imagesc 和 reshape 函数：

```
>> figure;
>> imagesc(reshape(net.DigitsStepNet.layer(1).w(23,:),16,16));
>> title('Weights␣to␣Hidden␣Node␣23')
```

就可以看到如图 9.15 所示的图像。这三个节点（随机选择）分别显示了数字 1、2 和 3。我们可以期望所有的 30 个节点都有一个识别数字的加噪版本的模式存在。

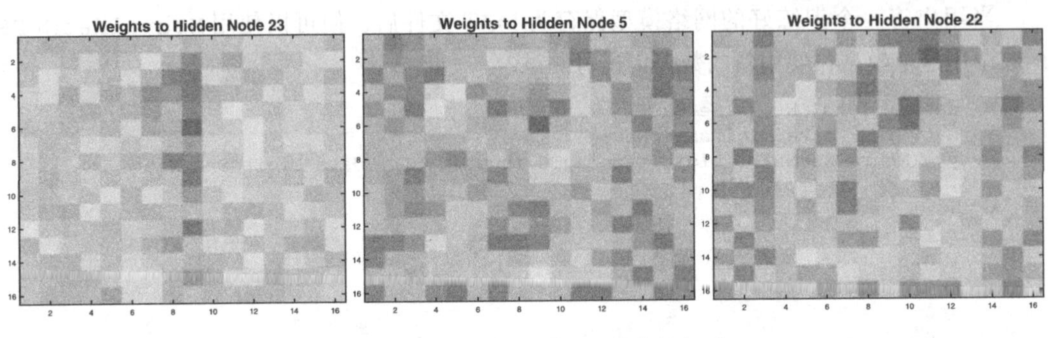

图 9.15 多个数字在神经网络中的权重

9.6 小结

本章展示了利用神经网络学习来分类数字。对工具箱的一个有益的扩展是使用以 datastore 存储的图像数据，而不是以矩阵形式表示的输入数据。表 9.2 给出了本章中所使用的代码和脚本。

表 9.2 本章代码列表

文件	描述
DigitTrainingData	创建数字图像的训练数据集
CreateDigitImage	创建带有噪声的单个数字
Neuron	支持多种激活函数的单一神经元模型
NeuralNetMLFF	计算一个 MLFF 神经网络的输出
NeuralNetTraining	用反向传播训练网络
DrawNeuralNet	显示多层神经网络
SaveTS	保存训练集及其下标数据到 MAT 文件中

第 10 章　Chapter 10

基于深度学习的模式识别

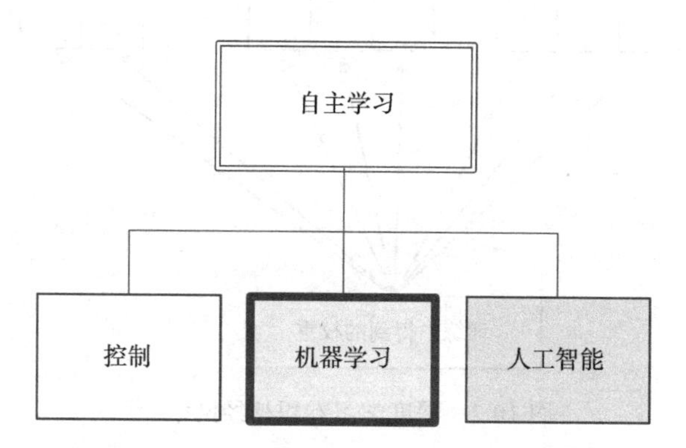

神经网络属于我们分类学的学习类别。在本章中，我们将使用卷积和池化层扩展我们的神经网络工具箱。一般神经网络如图 10.1 所示。这是一个“深度学习”神经网络，因为它有多个内部层。每层可以具有不同的功能和形式。在上一章中，我们的多层网络有多层，但它们在功能上都相似并且完全连接。

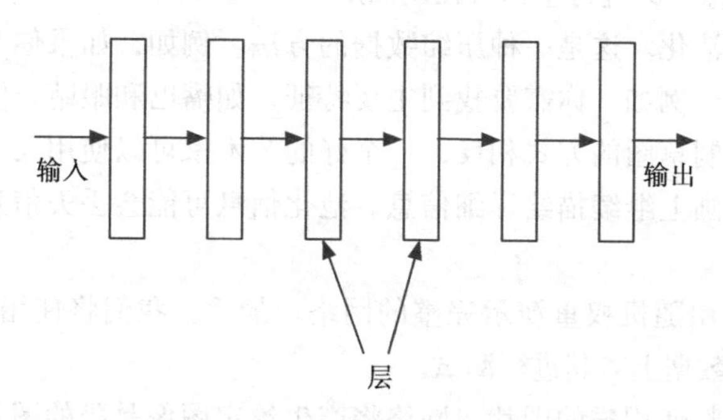

图 10.1　深度学习神经网络

卷积神经网络是一种具有多个处理阶段的流水线方式的神经网络模型[18]。其中有三种不同的层：

- 卷积层（“卷积神经网络”由此而来）——针对输入矩阵卷积特征，以便在输出中增强所获取的特征，即所谓模式。
- 池化层——这些层可以减少链条中进一步处理的输入规模。
- 全连接层。

卷积神经网络的结构如图 10.2 所示，这也是一个“深度学习”神经网络，因为它同样包含多个内部层，但现在这些内部层是上面描述的三种类型之一。

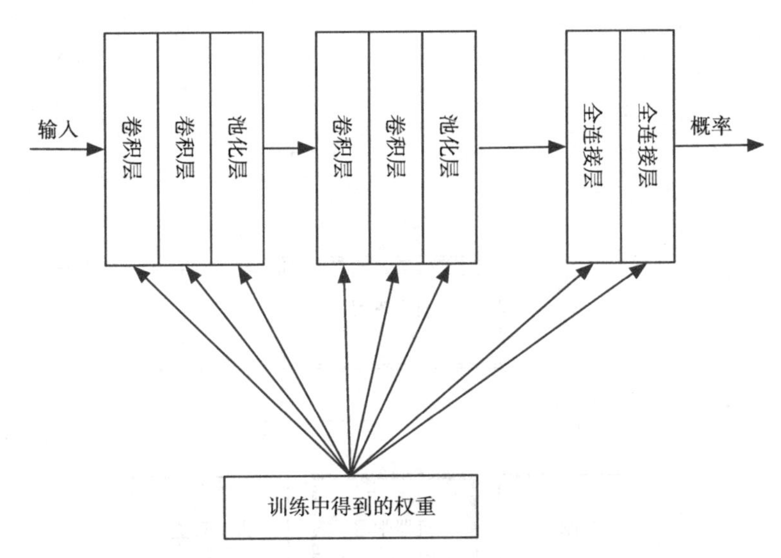

图 10.2　深度学习卷积神经网络[13]

以下章节将详细说明链中的每个步骤。我们将首先展示如何在线收集图像数据。但我们实际上不会直接使用在线数据，但这个过程可能对你的工作有所帮助。

然后我们将描述卷积过程。卷积过程有助于强调图像中的特征。例如，如果圆是关键要素，则使用输入图像对圆进行卷积将强调圆形。

再下一节将实现池化。这是一种压缩数据的方法。例如，如果你有一张脸部图像，则可能不需要每个像素。例如，你需要找到主要特征，如嘴巴和眼睛，但可能不需要人的虹膜细节。这与人们绘制草图的方式相反，一个好的艺术家可以使用几个笔画来清楚地表现一张脸。然后，她在画上继续描绘详细信息。池化信息可能会丢失信息，但是能够减少要处理的像素数。

然后，我们将使用随机权重演示完整的网络。最后，我们将使用数据子集训练网络，并像以前一样在剩余数据上对其进行测试。

在本章中，我们将使用猫的图片。网络将产生给定图像是猫的图像的概率。我们将使用猫图像训练网络，并重复使用前一章中的一些数字图像。

10.1　为训练神经网络在线获取数据

10.1.1　问题

为训练一个识别猫的神经网络在线搜索图片。

10.1.2　方法

用在线数据库 ImageNet 搜索猫图片。

10.1.3　步骤

ImageNet（http://www.image-net.org）是一个根据 WordNet 层次结构组织的图像数据库。WordNet 中每个有意义的概念称为“同义词集合”。ImageNet 中有超过 100 000 个集合和 1400 万个图像。例如，输入“Siamese cat”(暹罗猫)，点击链接，你会看到 445 个图像。请注意，很多图像是从不同角度和在不同的距离范围内拍摄的。

```
Synset: Siamese cat, Siamese
Definition: a slender short-haired blue-eyed breed of cat having a
   pale coat with dark ears, paws, face, and tail tip.
Popularity percentile: 57%
Depth in WordNet: 8
```

这是一个非常棒的资源库！然而，为避免版权问题，我们仍将改为使用我们的猫图片进行测试。ImageNet 上的照片数据库可能是你用于训练自己的神经网络的绝佳资源。但是，你应该查看 ImageNet 许可协议，以确定你的应用程序是否可以无限制地使用这些图片。

10.2　产生猫的训练图像集

10.2.1　问题

我们需要猫识别神经网络的灰度图像训练数据集。

10.2.2　方法

使用数码相机拍摄照片，然后手动裁剪它们，最后用 MATLAB 的函数来处理成灰度图像。

10.2.3　步骤

我们先拍一些猫的照片，然后使用这些照片来训练神经网络。照片是使用 iPhone 6 拍摄的。我们只拍摄面部照片。同时，为了简化问题，我们将其限定为猫的面部照片。接下来，我们固定拍摄位置，使得照片在大小上保持基本一致，并且将背景最小化。然后将彩色照片转换为灰度图像。

我们使用下面示例代码中的 ImageArray 函数读入图像，该函数需要一个包含要处理图像的文件夹的路径。很多代码与图像处理无关，只是处理文件夹中不是图像的 UNIX 文件。ScaleImage 在文件读取循环中以缩放它们。我们上下颠倒它们使之从我们的角度来看是正确的。然后我们对颜色值进行平均以制作灰度点。这将 $n \times n \times 3$ 的数组精简到 $n \times n$。其余代码显示打包到框架中的图像。最后，我们将所有像素值缩小到原来的 1/256，使每个值落在 0 ~ 1 之间。ImageArray 的主体显示在下面的代码之中。

```
%% IMAGEARRAY Read an array of images from a directory
function [s, sName] = ImageArray( folderPath, scale )

c = cd;
cd(folderPath)

d = dir;
n = length(d);
j = 0;

s     = cell(n-2,1);
sName = cell(1,length(n));
for k = 1:n
  name = d(k).name;
  if( ~strcmp(name,'.') && ~strcmp(name,'..') )
    j          = j + 1;
    sName{j}   = name;
    t          = ScaleImage(flipud(imread(name)),scale);
    s{j}       = (t(:,:,1)+ t(:,:,2) + t(:,:,3))/3;
  end
end

del    = size(s{1},1);
lX     = 3*del;

% Draw the images
NewFigure(folderPath);
colormap(gray);
n = length(s);
x = 0;
y = 0;
for k = 1:n
  image('xdata',[x;x+del],'ydata',[y;y+del],'cdata', s{k} );
  hold on
  x = x + del;
  if ( x == lX )
    x = 0;
    y = y + del;
  end
end
axis off
axis image
```

```
for k = 1:length(s)
  s{k} = double(s{k})/256;
end

cd(c)
```

该函数带有一个内置演示作用于本地猫图片。图像被按照 2^4 或 16 倍缩放，所以我们将得到 64 × 64 像素的图像。

```
%%% ImageArray>Demo
% Generate an array of cat images

c0 = cd;
p = mfilename('fullpath');
cd(fileparts(p));
ImageArray( fullfile('..','Cats'), 4 );
cd(c0);
```

加载和缩放的完整的图像集被放置在 Cats 目录底下，如图 10.3 所示。

图 10.3　64 × 64 像素的猫的灰度图

ImageArray 函数使用彩色图像中三种颜色的平均值将其转换为灰度图。因为图像坐标与 MATLAB 中的坐标是相反的，因此该函数将图像上下倒置。我们使用工具软件 GraphicConverter 来裁剪猫脸周围的图像，使得图像尺寸都是 1024 × 1024 像素。将整个过程自动化是图像匹配任务的挑战之一。另外，训练过程通常会使用数千张图像。我们只使用很少一部分数据来看看神经网络是否可以识别出测试图像是不是猫，或者甚至使用那些已经被用于训练过程的图像！ ImageArray 使用 ScaleImage 函数对图像进行缩放。

```
%% SCALEIMAGE Scale an image by powers of 2.
function s2 = ScaleImage( s1, q )

% Demo
if( nargin < 1 )
  Demo
  return
end
```

```
n = 2^q;

[mR,~,mD] = size(s1);

m = mR/n;

s2 = zeros(m,m,mD,'uint8');

for i = 1:mD
  for j = 1:m
    r = (j-1)*n+1:j*n;
    for k = 1:m
      c          = (k-1)*n+1:k*n;
      s2(j,k,i) = mean(mean(s1(r,c,i)));
    end
  end
end
```

请注意，它创建的新图像数组为 `uint8` 类型。图 10.4 显示了图像缩放的结果。

图 10.4 图像从 1024 × 1024 缩小到 256 × 256

10.3 矩阵卷积

10.3.1 问题

将卷积作为一种技术来强调图像中的关键特征，以使学习更有效。然后将在下一个方案中使用它来为神经网络创建卷积层。

10.3.2 方法

使用 MATLAB 中的矩阵运算实现卷积。

10.3.3　步骤

我们创建一个 $n \times n$ 掩码，并将其应用于输入矩阵，矩阵维度为 $m \times m$，其中 $m>n$。卷积计算过程从矩阵的左上角开始，如图 10.5 所示，将掩码与输入矩阵中的对应元素相乘，然后计算二重和，这是卷积计算输出结果中的第一个元素。然后我们逐列移动掩码，直到掩码的最右列与输入矩阵的最右列对齐。然后我们将它返回到第一列，并移动至下一行。重复这样的计算过程，直到我们完成对输入矩阵的遍历，此时掩码与输入矩阵的右下角对齐。

掩码代表一个特征。实际上，卷积计算过程就是在查看该特征是否出现在图像的不同区域。我们可以有多个掩码。对于每个特征，掩码的每个元素都对应着一个偏置和一个权重。在这个示例中，我们有四个偏置与权重的集合，而不是 16 个。对于大图像来说，卷积运算可以显著缩减数据规模。卷积运算可以应用于图像本身，也可以应用于其他卷积层或池化层的输出结果，如图 10.5 所示。

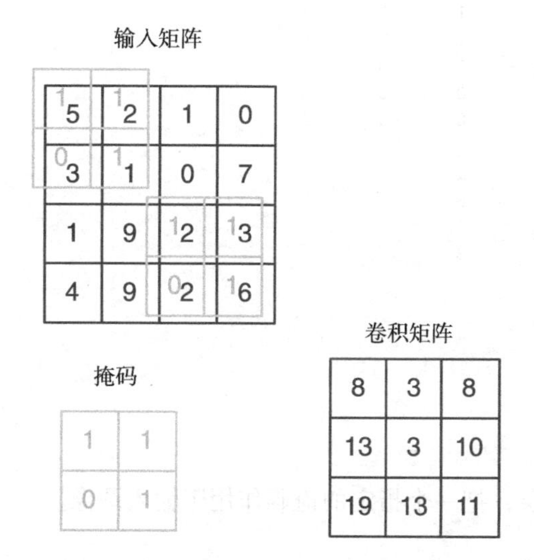

图 10.5　卷积过程：掩码在开始和结束位置的处理过程

卷积运算的实现过程在代码文件 Convolve.m 中。掩码输入对应到变量 a，被卷积的矩阵是输入 b。

```
function c = Convolve( a, b )

% Demo
if( nargin < 1 )
  Demo
  return
end

[nA,mA] = size(a);
[nB,mB] = size(b);
```

```
nC       = nB - nA + 1;
mC       = mB - mA + 1;
c        = zeros(nC,mC);
for j = 1:mC
  jR = j:j+nA-1;
  for k = 1:nC
    kR = k:k+mA-1;
    c(j,k) = sum(sum(a.*b(jR,kR)));
  end
end
```

示例演示了使用 3×3 的掩码对一个 6×6 的矩阵进行卷积，产生 4×4 的矩阵作为输出。

```
>> Convolve
a =

     1     0     1
     0     1     0
     1     0     1
b =
     1     1     1     0     0     0
     0     1     1     1     0     1
     0     0     1     1     1     0
     0     0     1     1     0     1
     0     1     1     0     0     1
     0     1     1     0     0     1
ans =
     4     3     4     1
     2     4     3     5
     2     3     4     2
     3     3     2     3
```

10.4 卷积层

10.4.1 问题

实现一个卷积连接层，把一个指定的掩码作用于输入图像。

10.4.2 方法

使用 Convolve 中的代码来实现卷积连接层，沿着图像滑动掩码。

10.4.3 步骤

“卷积”神经网络利用掩码对输入数据进行扫描，到掩码的每个输入都要通过一个激活函数。对于给定掩码来说，激活函数是相同的，这同样可以减少权重的数目，ConvolutionLayer 有自己内建的神经元函数，如下所示：

```
%% CONVOLUTIONLAYER Convolution layer for a neural net
function y = ConvolutionLayer( x, d )

% Demo
if( nargin < 1 )
```

```
  if( nargout > 0 )
    y = DefaultDataStructure;
  else
    Demo;
  end
  return
end

a         = d.mask;
aFun      = str2func(d.aFun);
[nA,mA]   = size(a);
[nB,mB]   = size(x);
nC        = nB - nA + 1;
mC        = mB - mA + 1;
y         = zeros(nC,mC);
scale     = nA*mA;
for j = 1:mC
  jR = j:j+nA-1;
  for k = 1:nC
    kR = k:k+mA-1;
    y(j,k) = sum(sum(a.*Neuron(x(jR,kR),d, aFun)));
  end
end

y = y/scale;

%%% ConvolutionLayer>Neuron
function y = Neuron( x, d, afun )
% Neuron function
y = afun(x.*d.w + d.b);
```

图 10.6 中显示了演示的输入和输出。演示中使用 tanh 激活函数，而权重与偏置数据则是随机生成的。掩码的卷积（全部为 1）只是它所乘的所有点的求和。输出按掩码中元素的数量进行缩放。

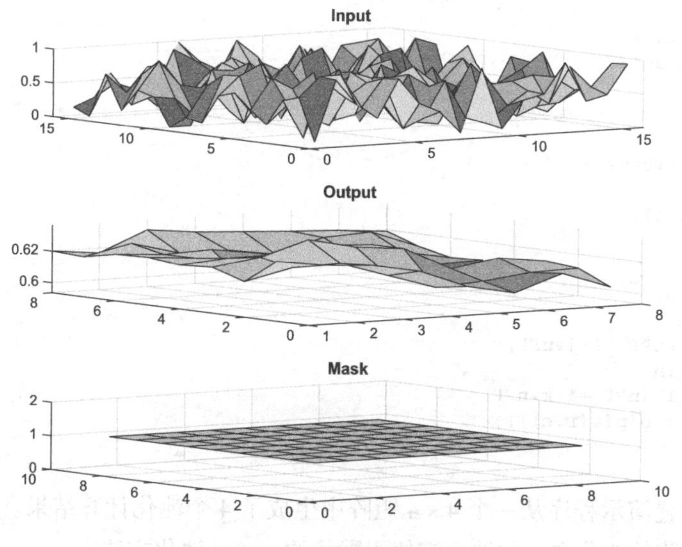

图 10.6　卷积层的输入和输出

10.5 池化层

10.5.1 问题

池化卷积层的输出，以进一步减少需要处理的数据规模。我们将使用前一节创建的 Convolve 函数。

10.5.2 方法

实现一个函数来获取卷积函数的输出。

10.5.3 步骤

池化层获取卷积层输出结果的子集，并将其继续传递至后续的层。池化层没有权重，可以使用池中元素的最大值，或者取中值或平均值作为输出。我们的池化函数将这些池化方式作为选项供用户选择。在实现过程中，池化函数将输入划分为 $n \times n$ 个子区域，并返回一个 $n \times n$ 矩阵。

池化操作的实现代码在 Pool.m 文件中。请注意，代码中我们使用 str2func 函数而不是 switch 语句。a 是待池化的矩阵，n 是池化后的规模，type 是池化函数的名字。

```
function b = Pool( a, n, type )

% Demo
if( nargin < 1 )
  Demo
  return
end

if( nargin <3 )
  type = 'mean';
end

n = n/2;
p = str2func(type);

nA = size(a,1);
nPP = nA/n;

b = size(n,n);
for j = 1:n
  r = (j-1)*nPP +1:j*nPP;
  for k = 1:n
    c = (k-1)*nPP +1:k*nPP;
    b(j,k) = p(p(a(r,c)));
  end
end
```

代码中的内置演示程序从一个 4×4 矩阵中生成了 4 个池化计算结果。输出矩阵中的每个数字是输入矩阵的四分之一的池。它使用默认的 mean 池化方法。

```
>> Pool([1:4;3:6;6:9;7:10],4)
ans =
    2.5000    4.5000
    7.0000    9.0000
>> Pool([1:4;3:6;6:9;7:10],4,'max')
ans =
     4     6
     8    10
```

Pool 是一个神经层，其激活函数就是传递给 Pool 的参数。

10.6 全连接层

10.6.1 问题

实现一个全连接层。

10.6.2 方法

用 FullyConnectedNN 来实现网络。

10.6.3 步骤

“全连接”神经网络层属于传统的神经网络，其中每个输入都连接到每个输出，如图 10.7 所示。我们使用 n 个输入和 m 个输出来实现全连接网络。连接至输出的每个路径都可以具有不同的权重和偏置。我们提供的代码示例 FullyConnectedNN 可以处理任意数目的输入或输出。

```
% FullyConnectedNN>Demo

function y = FullyConnectedNN( x, d )

% Demo
if( nargin < 1 )
  if( nargout > 0 )
    y = DefaultDataStructure;
  else
    Demo;
  end
  return
end

y = zeros(d.m,size(x,2));

aFun = str2func(d.aFun);

n = size(x,1);
for k = 1:d.m
  for j = 1:n
    y(k,:) = y(k,:) + aFun(d.w(j,k)*x(j,:) + d.b(j,k));
```

```
  end
end

function d = DefaultDataStructure
%%% FullyConnectedNN>DefaultDataStructure
% Default Data Structure
```

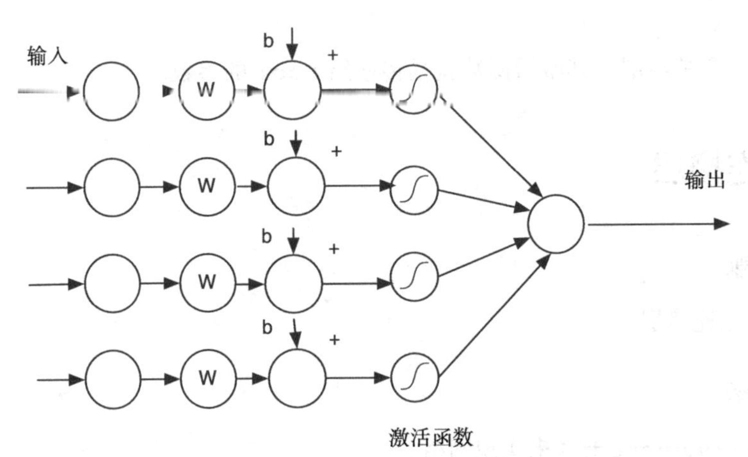

图 10.7　只有一个输出的全连接神经网络

图 10.8 显示了内置演示程序的输出结果，其中使用了 tanh 激活函数，随机生成权重与偏置。从输入到输出的图形形状变化是使用激活函数的结果。

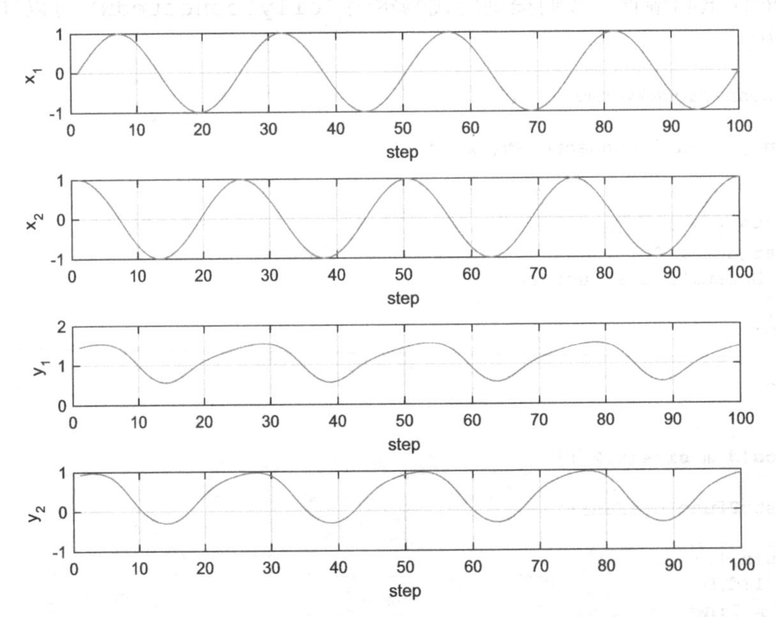

图 10.8　演示程序 FullyConnectedNN 的两种输入所产生的两种输出的对比图形

10.7　确定输出概率

10.7.1　问题

我们希望从神经网络的输出中获得与指定类别对应的概率值。

10.7.2　方法

实现 Softmax 函数，给定一组输入，它计算一组加起来为 1 的正值。这将用于网络的输出节点。

10.7.3　步骤

给定一组输入，Softmax 函数作为逻辑函数的一种泛化形式，用来计算一组总和为 1 的正值 p，公式如下所示：

$$p_j=\frac{e^{q_j}}{\sum_{k=1}^{N}e^{q_k}} \tag{10.1}$$

其中 q 是输入，N 是输入的数目，p 是求和为 1 的输出向量。

该函数实现在 Softmax.m 之中。

```
function [p, pMax, kMax] = Softmax( q )

q = reshape(q,[],1);
n = length(q);
p = zeros(1,n);
den = sum(exp(q));

for k = 1:n
  p(k) = exp(q(k))/den;
end

[pMax,kMax] = max(p);
```

内置演示传入一个简短的输入列表。

```
function Demo
%% Softmax>Demo
q = [1,2,3,4,1,2,3];
[p, pMax, kMax] = Softmax( q )
sum(p)
```

演示的运行结果为：

```
>> Softmax
p =
    0.0236    0.0643    0.1747    0.4748    0.0236    0.0643
        0.1747
pMax =
    0.4748
kMax =
```

```
      4
ans =
    1.0000
```

最后的输出是 p 的和，应该（也确实）为 1。

10.8 测试神经网络

10.8.1 问题

我们将卷积层、池化层、全连接层和 Softmax 集成到一起。

10.8.2 方法

将卷积层、池化层、全连接层和 Softmax 函数集成起来，实现一个完整的卷积神经网络。然后我们用随机生成的权重对这个神经网络进行测试。

10.8.3 步骤

图 10.9 显示了用于图像处理的神经网络结构，包括一个卷积层、一个池化层、一个全连接层，以及最后一层 Softmax。

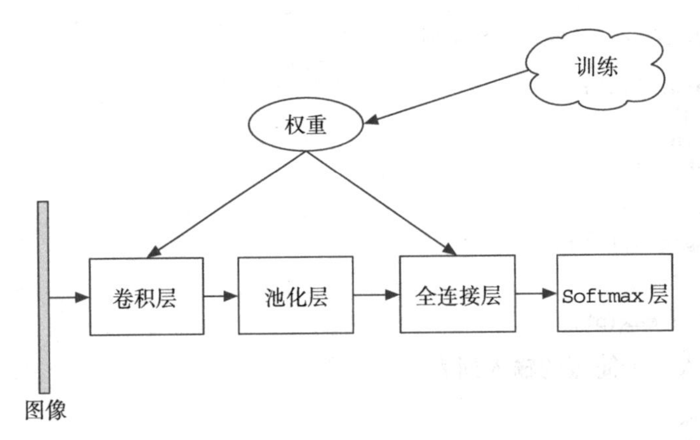

图 10.9 用于图像处理的神经网络

具体的网络实现如函数 ConvolutionalNN 所示，它将调用前面我们已经实现过的 ConvolutionLayer、Pool、FullyConnectedNN 和 Softmax 函数。下面的子函数 NeuralNet 中显示了实现网络的 ConvolutionalNN 中的代码。如果需要，该函数可以调用 mesh 函数作图。

```
function r = NeuralNet( d, t, ~ )
%%% ConvolutionalNN>NeuralNet
% Execute the neural net. Plot if there are three inputs.
```

```
% Convolve the image
yCL    = ConvolutionLayer( t, d.cL );

% Pool outputs
yPool = Pool( yCL, d.pool.n, d.pool.type );

% Apply a fully connected layer
yFC    = FullyConnectedNN( yPool, d.fCNN );
[~,r] = Softmax( yFC );

% Plot if requested
if( nargin > 2 )
  NewFigure('ConvolutionNN');
  subplot(3,1,1);
  mesh(yCL);
  title('Convolution Layer')
  subplot(3,1,2);
        mesh(yPool);
  title('Pool Layer')
  subplot(3,1,3);
        mesh(yFC);
  title('Fully Connected Layer')
end
```

ConvolutionalNN 还包含额外的子函数用于定义数据的结构，并用来训练和测试网络。

我们首先使用 TestNN 函数测试用随机权重初始化的神经网络。这是一个脚本，使用 ImageArray 加载猫图像，使用随机权重初始化卷积网络，然后使用选定的测试图像运行它。

```
>> TestNN
Image IMG_3886.png has a 13.1% chance of being a cat
```

如我们所料，这个未经训练的神经网络目前还不能识别图像中的猫！图 10.10 绘出了网络处理的各个阶段的输出。

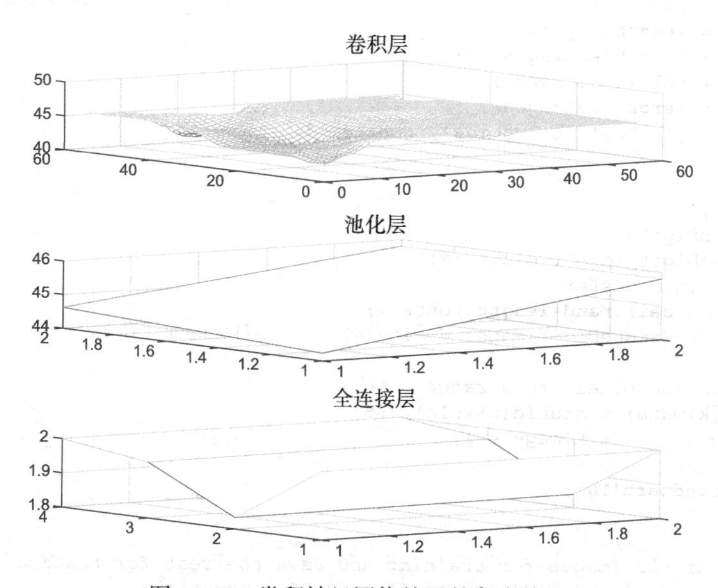

图 10.10　卷积神经网络处理的各个阶段

10.9 识别数字

10.9.1 问题

识别一个图像是否是数字 3。

10.9.2 方法

使用数字 3 的一系列图像训练神经网络。然后我们分别使用来自训练集的一张图片和独立的图片并计算它们是数字 3 的概率。

10.9.3 步骤

我们首先运行 Digit3TrainingData 脚本来生成训练集。这是第 5 章的训练图像生成脚本 DigitTrainingData 的简化版，它只产生一个数字，即数字 3。input 存放在一列中，具有所有 256 位的位图图像。output 的所有图像的输出编号为 1。我们在三种字体 'times'、'helvetica'、'courier' 之间循环以获得多样性。如果神经网络能看到各种不同的字体，训练将更有效。与第 4 章中的脚本不同，我们将图像存储为 16×16 像素图像。我们还使用 save 直接在 .mat 文件中保存三个数组 'input'、'trainSets' 和 'testSets'。

```
%% Generate net training data for the digit 3
digits     = 3;
nImagesPer = 20;

% Prepare data
nDigits    = length(digits);
nImages    = nDigits*nImagesPer;
input      = cell(1,nImages);
output     = zeros(1,nImages);
fonts      = {'times','helvetica','courier'};

% Loop
kImage = 1;
for j = 1:nDigits
  fprintf('Digit␣%d\n', digits(j));
  for k = 1:nImagesPer
    kFont  = ceil(rand*length(fonts));
    pixels = CreateDigitImage( digits(j), fonts{kFont} );

    % Scale the pixels to a range 0 to 1
    input{kImage} = double(pixels)/255;
    kImage        = kImage + 1;
  end
  sets = randperm(10);
end

% Use 75% of the images for training and save the rest for testing
trainSets = sort(randperm(nImages,floor(0.75*nImages)));
```

```
testSets   = setdiff(1:nImages,trainSets);

save('digit3.mat', 'input', 'trainSets', 'testSets');
```

然后，我们运行脚本TrainNNNumber以查看输入图像是否为数字3。此脚本将.mat文件中的数据加载到工作空间中，以便直接提供input、trainSets和testSets。我们从ConvolutionalNN获取默认数据结构并用fminsearch优化设置。

```
%% Train a neural net on a single digit
% Trains the net from the images in the loaded mat file.

% Switch to use one image or all for training purposes
useOneImage = false;

% This is needed to make runs consistent
rng('default')

% Load the image data
load('digit3');

% Training
if useOneImage
  % Use only one image for training
        trainSets        = 2;
  testSets   = setdiff(1:length(input),trainSets);
end
fprintf(1,'Training␣Image(s)␣[')
fprintf(1,'%1d␣',trainSets);
d      = ConvolutionalNN;
d.opt = optimset('TolX',1e-5,'MaxFunEvals',400000,'maxiter',200000);
d      = ConvolutionalNN( 'train', d, input(trainSets) );
fprintf(1,']\nFunction␣value␣(should␣be␣zero)␣%12.4f\n',d.fVal);

% Test the net using a test image
for k = 1:length(testSets)
  [d, r] = ConvolutionalNN( 'test', d, input{testSets(k)} );
  fprintf(1,'Test␣image␣%d␣has␣a␣%4.1f%%␣chance␣of␣being␣a␣3\n',
     testSets(k),100*r);
end

% Test the net using a test image
[d, r] = ConvolutionalNN( 'test', d, input{trainSets(1)} );

fprintf(1,'Training␣image␣%2d␣has␣a␣%4.1f%%␣chance␣of␣being␣a␣3\n',
  trainSets(1),100*r);
```

我们设置rng('default')，因为fminsearch有时会使用随机数，目的是使每次运行结果都相同。运行脚本两次。我们第一次使用顶部的布尔开关，使用一个数字进行训练。通过将布尔值设置为false，我们在第二次中使用完整的训练集，就像在第9章中一样。我们设置tolX=1e-5。这是我们试图解决的权重容差。使它变小不会改善任何事情。但是如果你把它变得非常大，比如1，它会降低学习效果。迭代次数需要大于10 000。同样，如果你把它做得太小，它可能就不会收敛。对于一个训练图像，脚本返回图像2或图像19识别为数字3的概率现在为80.3%（可能是因为它们都是具有相同字体的数字）。其他测试图像识别为数字 3 的概率范围为 35.6% ~ 47.4%。

```
>> TrainNNNumber
Training Image(s) [2 ]
Function value (should be zero) 0.1969
Test image 1 has a 35.6% chance of being a 3
Test image 6 has a 37.1% chance of being a 3
Test image 11 has a 47.4% chance of being a 3
Test image 18 has a 47.4% chance of being a 3
Test image 19 has a 80.3% chance of being a 3
Training image 2 has a 80.3% chance of being a 3
>> TrainNNNumber
Training Image(s) [2 3 4 5 7 8 9 10 12 13 14 15 16 17 20 ]
Function value (should be zero) 0.5734
Test image 1 has a 42.7% chance of being a 3
Test image 6 has a 42.7% chance of being a 3
Test image 11 has a 42.7% chance of being a 3
Test image 18 has a 42.7% chance of being a 3
Test image 19 has a 42.7% chance of being a 3
Training image 2 has a 42.7% chance of being a 3
```

当我们使用大量图像进行代表各种字体的训练时，概率将变得一致，尽管没有我们想要的那么高。即使 fminsearch 的确找到了合理的权重，也不意味着这个网络非常准确。

10.10 识别图像

10.10.1 问题

识别图像中是否包含猫。

10.10.2 方法

我们用一系列包含猫的图像训练神经网络。然后，使用训练集中的一张图片和另外一张单独的图片分别进行测试，计算它们是猫的概率。

10.10.3 步骤

运行脚本 TrainNN 来识别输入图像是否是一只猫。它用 Cats 文件夹中的图像训练网络。有意义的训练需要成千上万的函数执行，此处我们仅允许少量的函数执行表明该函数正在运行。

```
%% Train a neural net on the Cats images
p  = mfilename('fullpath');
c0 = cd;
cd(fileparts(p));
folderPath = fullfile('..','Cats');
[s, name]  = ImageArray( folderPath, 4 );
d          = ConvolutionalNN;

% Use all but the last for training
```

```
s = s(1:end-1);

% This may take awhile
% Use at least 10000 iterations to see a higher change of being a cat
  !
disp('Start␣training...')
d.opt.Display = 'iter';
d.opt.MaxFunEvals = 500;
d =     ConvolutionalNN( 'train', d, s );

% Test the net using the last image that was not used in training
[d, r] = ConvolutionalNN( 'test', d, s{end} );

fprintf(1,'Image␣%s␣has␣a␣%4.1f%%␣chance␣of␣being␣a␣cat\n',name{end
  },100*r);

% Test the net using the first image
[d, r] = ConvolutionalNN( 'test', d, s{1} );

fprintf(1,'Image␣%s␣has␣a␣%4.1f%%␣chance␣of␣being␣a␣cat\n',name
  {1},100*r);
```

脚本返回图像为猫的概率现在为38.8%。考虑到我们只用了一张图像训练它，结果相当不错。真正的处理一共花了几个小时。

```
>> TrainNN

Exiting: Maximum number of function evaluations has been exceeded
         - increase MaxFunEvals option.
         Current function value: 0.612029

Image IMG_3886.png has a 38.8% chance of being a cat
Image IMG_0191.png has a 38.8% chance of being a cat
```

fminsearch使用直接搜索法（Nelder-Mead simplex），它对初始条件非常敏感。

事实上，使用这种搜索方法基本上会给神经网络训练带来一些性能障碍，特别是对于深度学习，因为其不同权重的组合是如此之大。使用全局优化方法可能获得更好（和更快）的结果。

来自ConvolutionalNN的训练代码如下所示。它使用MATLAB fminsearch。fminsearch调整增益和偏差，直到它在所有图像输入和训练图像之间得到很好的拟合。

```
function d = Training( d, t )
%%% ConvolutionalNN>Training

d            = Indices( d );
x0           = DToX( d );
[x,d.fVal]       = fminsearch( @RHS, x0, d.opt, d, t );
d            = XToD( x, d );
```

我们可以通过下列方法来改善识别效果：

- ❑ 调整fminsearch的参数
- ❑ 更多的图像
- ❑ 更多的特征（掩码）

- 更改全连接层中节点之间的连接
- 在 ConvolutionalNN 中增加直接处理 RGB 图像的能力，而不是用灰度图像
- 使用不同的搜索方法，比如遗传算法

10.11 小结

本章展示了使用 MATLAB 实现卷积神经网络的步骤。我们使用卷积神经网络处理数字和猫的图像，用来构建学习过程。训练完成之后，我们使用神经网络来识别其他图片，以确定它们是一只猫还是数字。表 10.1 列出了本章使用的函数和脚本。

表 10.1 本章代码列表

文件	描述
Activation	生成激活函数
ConvolutionalNN	实现卷积神经网络
ConvolutionLayer	实现卷积层
Convolve	使用指定的掩码，对二维数组进行卷积计算
Digit3TrainingData	为单一数字创建训练数据
FullyConnectedNN	实现全连接神经网络
ImageArray	读取文件夹中的图片，并将其转换为灰度图像
Pool	对二维数据进行池化计算
ScaleImage	实现图像缩放
Softmax	实现 Softmax
TrainNN	用猫的图像训练卷积神经网络
TrainNNNumber	在数字图像上，训练卷积神经网络
TestNN	在猫的图像上，测试卷积神经网络
TrainingData.mat	训练数据

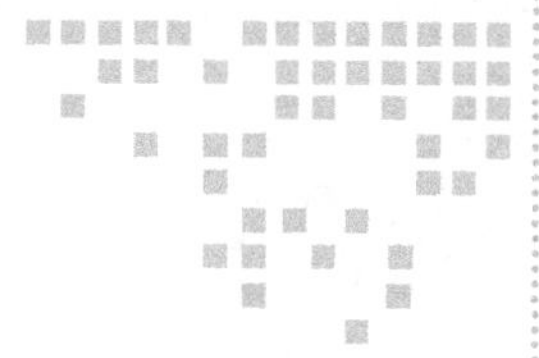

第 11 章 Chapter 11

用于飞机控制的神经网络

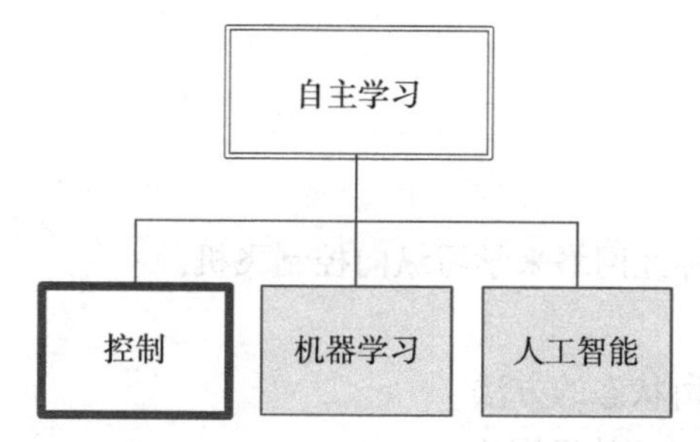

纵向控制是指需要在高度和速度变化下工作的飞机的控制。在本章中，我们将实现神经网络，以产生非线性飞机控制系统的关键参数。这是在线学习的一个例子，并应用了前几章的技术。

飞机的纵向动力学也称为俯仰动力学，动力学完全在飞机的对称平面内。对称平面被定义为将飞机垂直切成两半的平面。大多数飞机都是关于这个平面对称的。动力学行为包括飞机的前向飞行、翻转，以及飞机围绕垂直于对称平面的轴的俯仰运动。图 11.1 展示了一架飞行中的飞机，其中 α 是迎角，即机翼与速度向量之间的角度。我们假设风向与速度向量的方向相反，那么飞机将迎向全部的风。阻力沿着风向，升力垂直于阻力，俯仰力矩在质心附近。我们将要导出的模型中仅仅使用数目不多的参数，但是仍然能够相当好地再现纵向动力学。你也可以轻松地修改模型以对任何感兴趣的飞行器进行仿真。

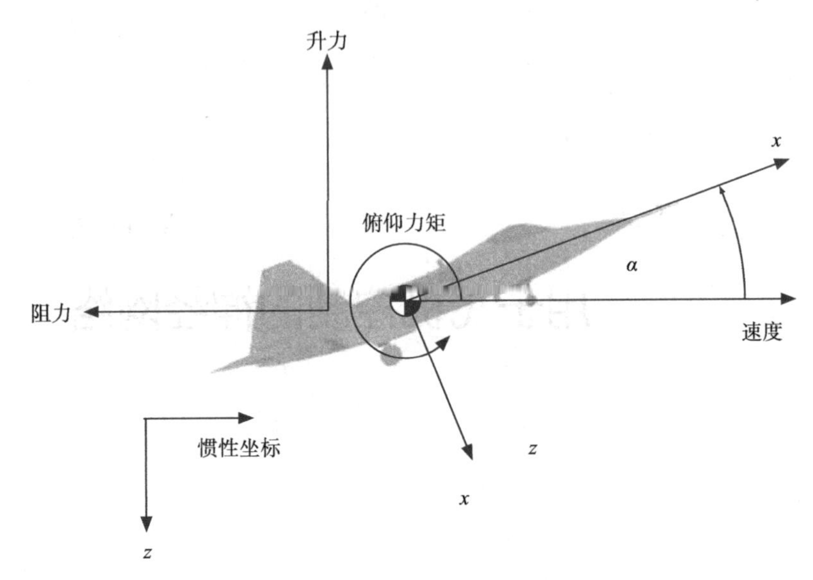

图 11.1　飞行中的飞机显示纵向动力学仿真的所有重要参量

11.1　纵向运动

接下来几节将涉及用神经网络来学习纵向控制飞机。

1. 飞机动力学建模
2. 寻找控制飞机的平衡状态的方法
3. 学习如何编写 sigma-pi 神经网络
4. 实现 PID 控制器
5. 实现神经网络
6. 仿真系统

在本节中，我们将使用学习控制来控制飞机的纵向运力学。我们将推导一个简单的纵向动力学模型，只具有较少数目的参数。在控制系统中将使用具有比例 – 积分 – 微分（PID）控制器的非线性动力学反演来控制俯仰动力学 [16,17]，学习过程使用 sigma-pi 神经网络来完成。

我们使用美国太空总署 Dryden 研究中心开发的学习方法 [30]。基线控制器是具有 PID 控制定律的动态反演类型控制器。神经网络 [15] 在飞机飞行过程中提供学习能力，神经网络采用 sigma-pi 类型，也就是说网络将输入与其关联权重的乘积相加。网络权重通过训练算法确定，而训练过程中需要下列信息：

1. 参考模型中被控制飞机的速率
2. PID 误差

3. 来自神经网络反馈的自适应控制速率

11.1.1　问题

对飞机的纵向动力学进行建模。

11.1.2　方法

为飞机的纵向动力学微分方程写出右侧函数。

11.1.3　步骤

表 11.1 总结了动力学模型中的常用符号。我们示例中的空气动力学模型非常简单，阻力与升力的方程式分别为

$$L = pSC_L \tag{11.1}$$

$$D = pSC_D \tag{11.2}$$

表 11.1　飞机动力学常用符号

符号	说明	单位
g	海平面位置的重力加速度	9.806m/s^2
h	海拔高度	m
k	诱导阻力系数	
m	质量	kg
p	动压	N/m^2
q	俯仰角速率	rad/s
u	x 轴速度	m/s
w	z 轴速度	m/s
C_L	升力系数	
C_D	阻力系数	
D	阻力	N
I_y	俯仰惯性矩	kg-m^2
L	升力	N
M	俯仰力矩（扭矩）	Nm
M_e	横舵俯仰力矩	Nm
r_e	升降舵力矩臂	m
S	机翼的浸湿面积	m^2
S_e	升降舵的浸湿面积	m^2
T	推力	N
X	作用于飞机结构的 x 轴方向的力	N
Z	作用于飞机结构的 z 轴方向的力	N

（续）

符号	说明	单位
α	迎角	rad
γ	航迹倾角	rad
ρ	空气密度	kg/m^3
θ	俯仰角	rad

其中 S 是浸湿面积，即计算空气动力的面积，p 是动压，即由于速度导致的飞机上的压力：

$$p=\frac{1}{2}\rho v^2 \tag{11.3}$$

其中 ρ 是大气密度，v 是速度。大气密度是高度的函数。在低速飞行中主要是机翼。很多书籍中使用 q 来表示动压，我们则使用 q 表示俯仰角速度（也是常用表示方法），因此我们使用 p 来表示动压以避免混淆。

升力系数 C_L 的方程式为：

$$C_L=C_{L_\alpha}\alpha \tag{11.4}$$

阻力系数 C_D 的方程式为：

$$C_D=C_{D_0}+kC_L^2 \tag{11.5}$$

阻力方程也被称为阻力极线。增加迎角会增加飞机升力，同时也会增加飞机阻力。系数 k 为：

$$k=\frac{1}{\pi\varepsilon_0\text{AR}} \tag{11.6}$$

其中 ε_0 是奥斯瓦尔德效率因子，取值通常在 0.75 和 0.85 之间。AR 是机翼长宽比，即机翼跨度与翼弦的比值。对于复杂的机翼形状，AR 值可以由下面的公式大致给出：

$$\text{AR}=\frac{b^2}{S} \tag{11.7}$$

其中 b 是跨度，S 是机翼面积。跨度是从翼尖到翼尖的测量值。滑翔机具有非常高的长宽比，而三角翼飞机的长宽比则较低。

气动系数是无量纲系数，当乘以飞机的浸湿面积和动压时，便得到了空气动力。飞行的动力学方程和微分方程分别为 [5]：

$$m(\dot{u}+qw)=X-mg\sin\theta+T\cos\varepsilon \tag{11.8}$$

$$m(\dot{w}-qu)=Z+mg\cos\theta-T\sin\varepsilon \tag{11.9}$$

$$I_y\dot{q}=M \tag{11.10}$$

$$\dot{\theta}=q \tag{11.11}$$

其中 m 是质量，u 是 x 轴速度，w 是 z 轴速度，q 是俯仰角速度，θ 是俯仰角，T 是发动机推力，ε 是推力向量与 x 轴的角度，I_y 是俯仰惯性矩，X 是 x 轴方向的力，Z 是 z 轴方向的力，M 是关于俯仰轴的扭矩。x 轴速度与 z 轴速度之间的耦合是由于将力学方程引入旋转坐标系而引起的。俯仰方程基于质心，是 u、w、q 和高度 h 的函数，其中高度方程为：

$$\dot{h} = u\sin\theta - w\cos\theta \tag{11.12}$$

迎角 α 是速度 u、w 之间的角度，方程式为：

$$\tan\alpha = \frac{w}{u} \tag{11.13}$$

航迹倾角 γ 是速度向量方向和水平方向之间的夹角，它与 θ 和 α 之间的关系如下：

$$\gamma = \theta - \alpha \tag{11.14}$$

该方程并未出现在动力学方程组中，但它对研究飞机飞行非常有用。作用于飞机结构上的力分别为：

$$X = L\sin\alpha - D\cos\alpha \tag{11.15}$$

$$Z = -L\cos\alpha - D\sin\alpha \tag{11.16}$$

由于压力中心和质心的偏移，这里假定偏移沿着 x 轴方向，因此便产生了力矩或扭矩

$$M = (c_p - c)Z \tag{11.17}$$

其中 c_p 是压力中心位置。来自于升降舵的力矩为：

$$M_e = qr_eS_e\sin(\delta) \tag{11.18}$$

S_e 是升降舵的浸湿面积，r_e 是从质心到升降舵的距离。动力学模型的示例代码在函数 RHSAircraft 中，而大气密度模型属于指数模型，作为子函数被包含在其中。如果没有给出输入，RHSAircraft 将返回默认的数据结构。

```
function [xDot, lift, drag, pD] = RHSAircraft( ~, x, d )

if( nargin < 1 )
  xDot = DataStructure;
  return
end

g     = 9.806; % Acceleration of gravity (m/s^2)

u     = x(1); % Forward velocity
w     = x(2); % Up velocity
q     = x(3); % Pitch angular rate
theta = x(4); % Pitch angle
h     = x(5); % Altitude

rho   = AtmDensity( h ); % Density in kg/m^3

alpha = atan(w/u);
cA    = cos(alpha);
sA    = sin(alpha);
```

```
v     = sqrt(u^2 + w^2);
pD    = 0.5*rho*v^2; % Dynamic pressure

cL    = d.cLAlpha*alpha;
cD    = d.cD0 + d.k*cL^2;

drag  = pD*d.s*cD;
lift  = pD*d.s*cL;

x     =  lift*sA - drag*cA;
z     = -lift*cA - drag*sA;
m     =  d.c*z + pD*d.sE*d.rE*sin(d.delta);

sT    = sin(theta);
cT    = cos(theta);

tEng  = d.thrust*d.throttle;
cE    = cos(d.epsilon);
sE    = sin(d.epsilon);

uDot  = (x + tEng*cE)/d.mass - q*w - g*sT + d.externalAccel(1);
wDot  = (z - tEng*sE)/d.mass + q*u + g*cT + d.externalAccel(2);
qDot  = m/d.inertia                       + d.externalAccel(3);
hDot  = u*sT - w*cT;

xDot  = [uDot;wDot;qDot;q;hDot];
```

我们使用 F-16 型号的飞机进行仿真实验。F-16 属于单引擎超音速多用途战斗机，在许多国家被采用。F-16 模型如图 11.2 所示。

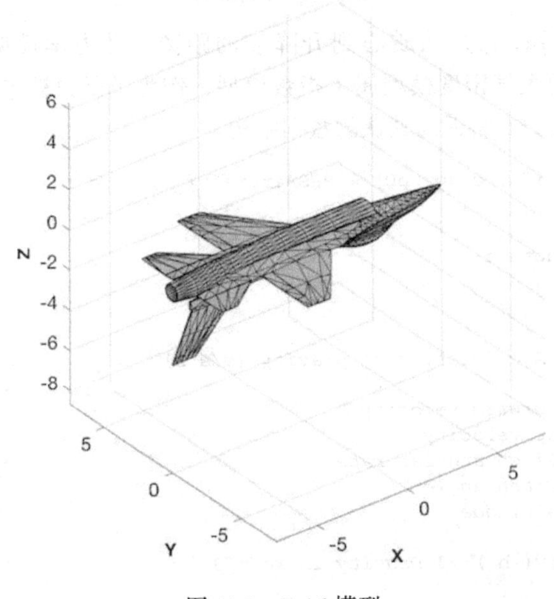

图 11.2　F-16 模型

通过采用该模型求出惯性矩阵，将质量分布在所有顶点中，并利用下列方程式计算惯性：

$$m_k = \frac{m}{N} \tag{11.19}$$

$$c = \sum_k m_k r_k \tag{11.20}$$

$$I = \sum_k m_k (r_k - c)^2 \tag{11.21}$$

其中 N 是节点数，r_k 是从（任意）原点到节点 k 的向量。

```
inr =

   1.0e+05 *

    0.3672    0.0002   -0.0604
    0.0002    1.4778    0.0000
   -0.0604    0.0000    1.7295
```

F-16 的模型参数在表 11.2 中给出。

表 11.2　F-16 参数

符号	字段名	取值	说明	单位
C_{L_α}	cLAlpha	6.28	升力系数	
C_{D_0}	cD0	0.0175	零升阻力系数	
k	k	0.1288	升力耦合系数	
ε	epsilon	0	基于 x 轴的推力角	rad
T	thrust	76.3×10^3	发动机推力	N
S	s	27.87	机翼面积	m^2
m	mass	12000	飞机质量	kg
I_y	inertia	1.7295×10^5	z 轴方向的惯性	$kg\text{-}m^2$
$c-c_p$	C	1	相对于压力中心的质心偏移	m
S_e	sE	3.5	升降舵面积	m^2
r_e	(rE)	4.0	升降舵力矩臂	m

这个模型存在诸多限制。首先，推力以 100% 的精度立即施加于模型之上，而且也不是航速或高度的函数。真实发动机总是需要一些时间才能达到所需的推力，而且推力程度会随航速与高度而变化。其次，模型中的升降舵也是立即响应。升降舵由发动机驱动，通常为液压驱动，有时则为纯电动，并且需要一定时间才能达到指定的角度。我们使用的空气动力学模型则非常简单。升力与阻力是航速与迎角的复杂函数，通常需要大量的参数进行建模。同时我们利用力矩臂为俯仰力矩建模，而扭矩则通常利用表格建模。我们的示例中不包括空气动力学阻尼模型，尽管它通常会出现在大多数完整的飞机空气动力学模型中。你可以通过创建下列所示函数来容易地添加这些功能：

```
C_L = CL(v,h,alpha,delta)
C_D = CD(v,h,alpha,delta)
C_M = CL(v,h,vdot,alpha,delta)
```

11.2 利用数值方法寻找平衡状态

11.2.1 问题

确定飞机的平衡状态，即所有力和扭矩平衡的方向。

11.2.2 方法

计算动力学模型的雅可比行列式。雅可比行列式是向量值函数的所有一阶偏导数的矩阵，即飞机的动力学特性。

11.2.3 步骤

通过函数 EquilibriumState，我们从平衡态开始每一次仿真。当给定飞行速度、高度和飞行路径角度时，使用 fminsearch 函数使下式最小化：

$$\dot{u}^2 + \dot{w}^2 \tag{11.22}$$

然后计算使得俯仰角加速度趋于 0 所需的升降舵角度。函数中包括一个在 10 公里处以平衡态飞行的内置演示。

```
function [x, thrust, delta, cost] = EquilibriumState( gamma, v, h, d
   )

%% Code
if( nargin < 1 )
  Demo;
  return
end

% [Forward velocity, vertical velocity, pitch rate pitch angle and
   altitude
x             = [v;0;0;0;h];
[~,~,drag]    = RHSAircraft( 0, x, d );
y0            = [0;drag];
cost(1)       = CostFun( y0, d, gamma, v, h );
y             = fminsearch( @CostFun, y0, [], d, gamma, v, h );
w             = y(1);
thrust        = y(2);
u             = sqrt(v^2-w^2);
alpha         = atan(w/u);
theta         = gamma + alpha;
cost(2)       = CostFun( y, d, gamma, v, h );
x             = [u;w;0;theta;h];
d.thrust      = thrust;
d.delta       = 0;
[xDot,~,~,p]  = RHSAircraft( 0, x, d );
```

代价函数 CostFun 如下所示：

```
function cost = CostFun ( y, d, gamma, v, h )
```

```
%% EquilibriumState>CostFun
% Cost function for fminsearch. The cost is the square of the
   velocity
% derivatives (the first two terms of xDot from RHSAircraft).
%
% See also RHSAircraft.
w         = y(1);
d.thrust        = y(2);
d.delta   = 0;
u         = sqrt(v^2-w^2);
alpha     = atan(w/u);
theta     = gamma + alpha;
x         = [u;w;0;theta;h];
xDot      = RHSAircraft( 0, x, d );
cost      = xDot(1:2)'*xDot(1:2);
```

值向量是第一个输入。我们的第一个猜测是推力等于阻力。通过 fminsearch 解决垂直速度和推力。fminsearch 搜索推力和垂直速度以找到平衡状态。

示例结果如下所示：

```
>> EquilibriumState
Velocity             250.00 m/s
Altitude           10000.00 m
Flight path angle      0.00 deg
Z speed               13.84 m/s
Thrust             11148.95 N
Angle of attack        3.17 deg
Elevator             -11.22 deg
Initial cost       9.62e+01
Final cost         1.17e-17
```

初始和最终代价函数的计算结果显示，函数 fminsearch 成功实现了最小化 w 和 u 两个方向上的加速度的目标。

11.3 飞机的数值仿真

11.3.1 问题

实现飞机仿真。

11.3.2 方法

创建脚本，在循环中调用动力学方程的右侧函数 RHSAircraft，并对结果绘制图形。

11.3.3 步骤

仿真脚本如下所示。它计算平衡状态，然后通过在循环中调用 RungeKutta 实现动力学仿真，最后使用 PlotSet 绘制结果图形。

```
%% Initialize
nSim     = 2000;    % Number of time steps
dT       = 0.1;      % Time step (sec)
dRHS     = RHSAircraft;  % Get the default data structure
h        = 10000;
gamma    = 0.0;
v        = 250;
nPulse   = 10;
[x,  dRHS.thrust, dRHS.delta, cost] = EquilibriumState( gamma, v, h,
   dRHS );
fprintf(1,'Finding Equilibrium: Starting Cost %12.4e Final Cost %12.4
   e\n',cost);

accel = [0.0;0.1;0.0];

%% Simulation
xPlot = zeros(length(x)+2,nSim);
for k = 1:nSim
  % Plot storage
  [~,L,D]      = RHSAircraft( 0, x, dRHS );
  xPlot(:,k)   = [x;L;D];
  % Propagate (numerically integrate) the state equations
  if( k > nPulse )
    dRHS.externalAccel = [0;0;0];
  else
    dRHS.externalAccel = accel;
  end
  x            = RungeKutta( @RHSAircraft, 0, x, dT, dRHS );
  if( x(5) <= 0 )
    break;
  end
end
```

飞机在仿真中有轻微爬升。

```
>> AircraftSimOpenLoop
Velocity              250.00 m/s
Altitude            10000.00 m
Flight path angle       0.57 deg
Z speed                13.83 m/s
Thrust              12321.13 N
Angle of attack         3.17 deg
Elevator               11.22 deg
Initial cost        9.62e+01
Final cost          5.66e-17
Finding Equilibrium: Starting Cost   9.6158e+01 Final Cost   5.6645e
   -17
```

仿真结果如图 11.3 所示，可以看到飞机的稳步攀升，还可以发现图中的两个振荡：与俯仰角速度相关的高频振荡和与飞机速度相关的低频振荡。

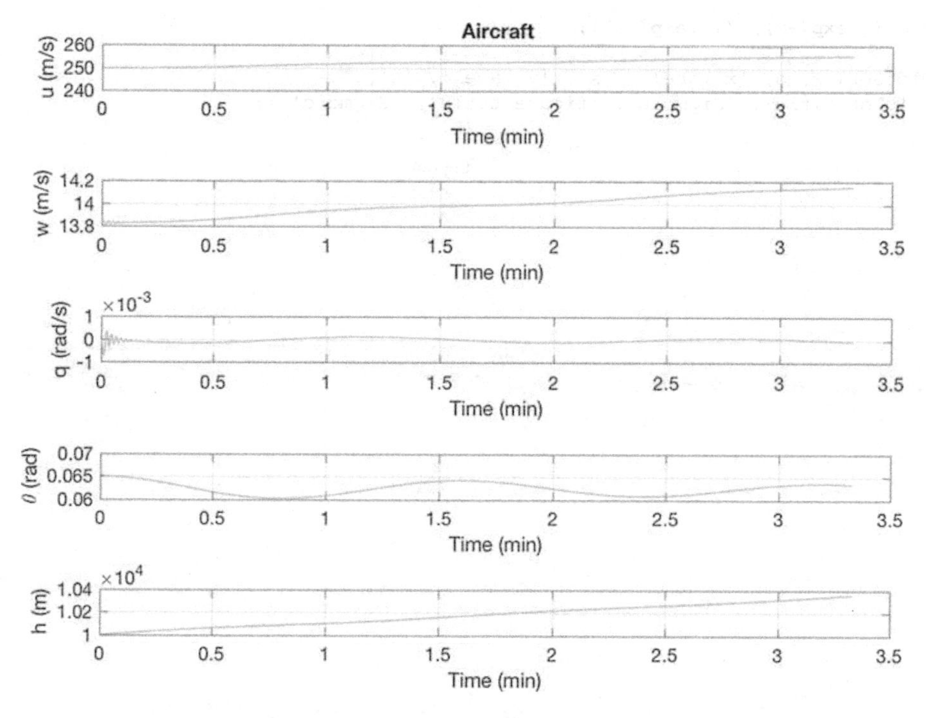

图 11.3　F-16 小角度上升中对脉冲的开环响应

11.4　激活函数

11.4.1　问题

为了实现一个神经网络以学习飞行控制系统，我们需要一个激活函数去缩放和限制测量范围。

11.4.2　方法

使用 S 形函数用作激活函数。

11.4.3　步骤

神经网络中使用如下形式的 S 型函数：

$$g(x)=\frac{1-\mathrm{e}^{-kx}}{1+\mathrm{e}^{-kx}} \tag{11.23}$$

下列脚本绘制了 $k=1$ 时的 S 形函数，结果如图 11.4 所示。

```
s = (1-exp(-x))./(1+exp(-x));

PlotSet( x, s, 'x label', 'x', 'y label', 's',...
  'plot title', 'Sigmoid', 'figure title', 'Sigmoid' );
```

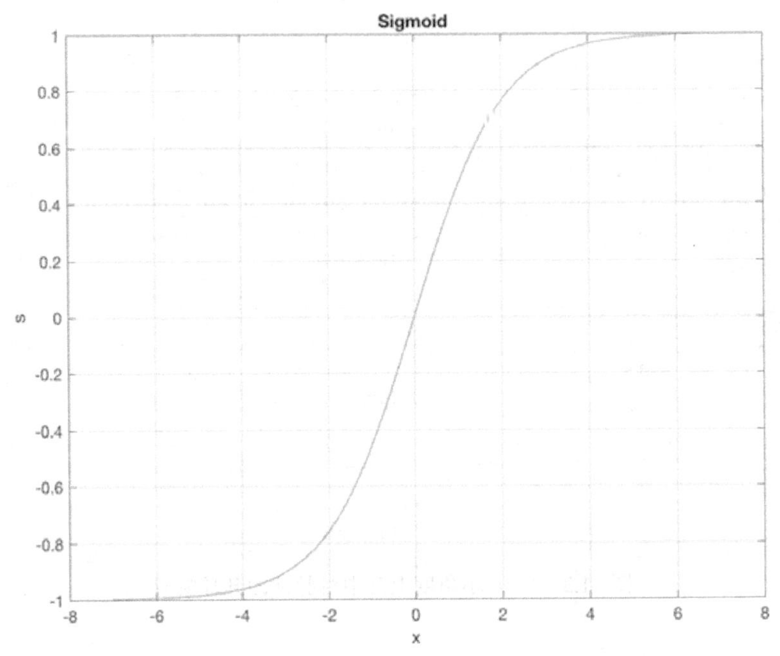

图 11.4 S 形函数，当 x 的绝对值非常大的时候，返回 ±1

11.5 学习控制的神经网络

11.5.1 问题

利用神经网络为飞机控制系统添加学习能力。

11.5.2 方法

利用 sigma-pi 神经网络。所谓 sigma-pi 神经网络采用对输入求积并对其结果求和的神经网络模型。

11.5.3 步骤

用于俯仰轴的自适应神经网络具有七个输入，网络输出是俯仰角加速度，用以增强来自动态反演控制器的控制信号。控制系统如图 11.5 所示。给出飞行员的输入时，最左侧的框产生参考模型。参考模型的输出是期望状态的向量，其与真实状态不同并且被馈送到

PID 控制器和神经网络。PID 的输出与神经网络的输出不同，被送入模型反转块，从而驱动飞机。

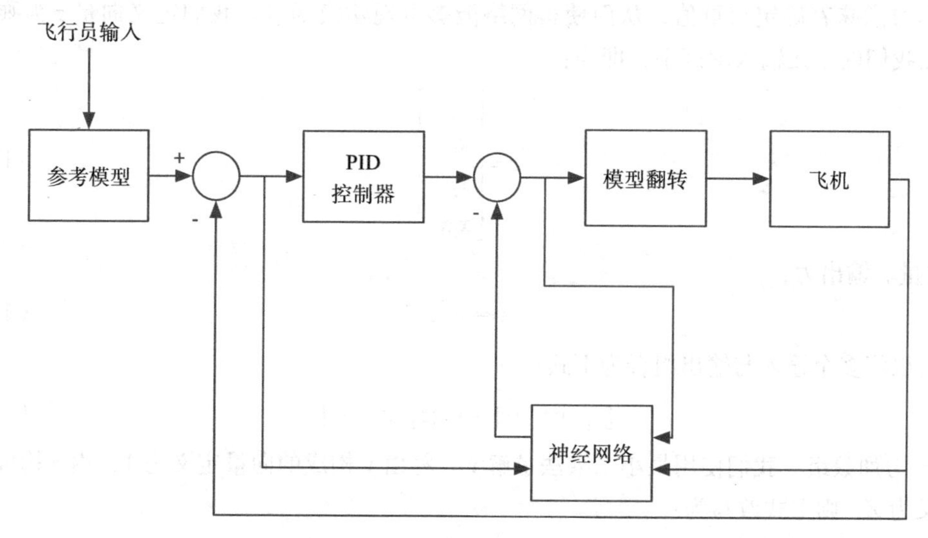

图 11.5　飞机控制系统。包含一个 PID 控制器，一个用于学习的神经网络

具有两个输入的 sigma-pi 神经网络的结构如图 11.6 所示。

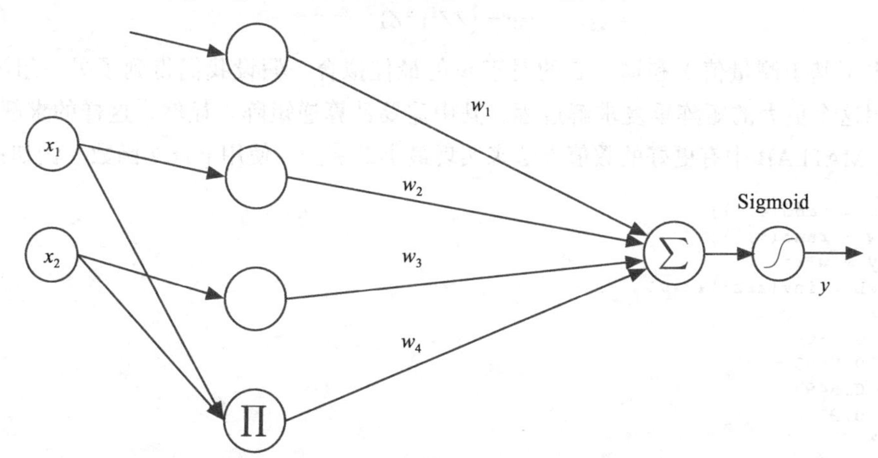

图 11.6　sigma-pi 神经网络，其中 Π 代表乘积，∑代表求和

神经网络的输出为：

$$y = w_1 c + w_2 x_1 + w_3 x_2 + w_4 x_1 x_2 \tag{11.24}$$

神经网络中的权重即代表非线性函数的实现方式。例如，如果我们想表示动压：

$$y = \frac{1}{2}\rho v^2 \tag{11.25}$$

则我们使 $x_1=\rho$，$x_2=v^2$，并使权重 $w_4=1/2$，其他权重设为 0 即可。假设我们并不知道方程式中的常数值为 1/2，我们希望神经网络能够通过测量值来确定各个权重的值。神经网络中的学习意味着确定权重值，从而使得网络能够重现建模函数。我们定义向量 z 为乘积结果，在我们的二元输入示例中，即为：

$$z=\begin{bmatrix} c \\ x_1 \\ x_2 \\ x_1x_2 \end{bmatrix} \tag{11.26}$$

c 是常量。输出为：

$$y=w^Tz \tag{11.27}$$

我们可以将多个输入与输出组合为下式：

$$[y_1 \quad y_2 \quad \cdots]=w^T[z_1 \quad z_2 \quad \cdots] \tag{11.28}$$

其中 z_k 为列数组。我们使用最小二乘法求解 w。将由 y 构成的向量定义为 Y，由 z 构成的矩阵定义为 Z，则上式改写为：

$$Y=Z^Tw \tag{11.29}$$

最小二乘解为：

$$w=(ZZ^T)^{-1}ZY^T \tag{11.30}$$

这就给出了基于测量值 Y 和输入 Z 的对于 w 的最佳拟合。假设我们得到了另一组测量值，然后使用这个更大的矩阵重复求解过程，其中需要计算逆矩阵。显然，这样的求解方法并不可行。MATLAB 中有更好的数值方法来实现最小二乘法，使用 pinv 函数。例如：

```
>> z = rand(4,4);
>> w = rand(4,1);
>> y = w'*z;
>> wL = inv(z*z')*z*y'
wL =
    0.8308
    0.5853
    0.5497
    0.9172
>> w
w =
    0.8308
    0.5853
    0.5497
    0.9172

>> pinv(z')*y'
ans =
    0.8308
    0.5853
    0.5497
    0.9172
```

可以看到，不同方法的计算结果完全相同！这是最初训练神经网络的好方法。基于输入 z，收集尽可能多的测量值，并计算权重。那么，你的神经网络就已经准备好了。

递归学习方法是利用 z 和 y 中的 n 个值来初始化递归学习模型。

$$p = (ZZ^T)^{-1} \tag{11.31}$$

$$w = pZY \tag{11.32}$$

递归学习算法为：

$$p = p - \frac{pzz^T p}{1 + z^T pz} \tag{11.33}$$

$$k = pz \tag{11.34}$$

$$w = w + k(y - z^T w) \tag{11.35}$$

下面的示例脚本 RecursiveLearning 展示了递归学习或训练过程。它以对四元素训练集的初始估计开始，然后利用新的数据进行递归学习。

```
wN  = w + 0.1*randn(4,1); % True weights are a little different
n   = 300;
zA  = randn(4,n); % Random inputs
y   = wN'*zA; % 100 new measurements

% Batch training
p   = inv(Z*Z'); % Initial value
w   = p*Z*Y; % Initial value

%% Recursive learning
dW = zeros(4,n);
for j = 1:n
  z       = zA(:,j);
  p       = p - p*(z*z')*p/(1+z'*p*z);
  w       = w + p*z*(y(j) - z'*w);
  dW(:,j) = w - wN; % Store for plotting
end
%% Plot the results
yL = cell(1,4);
for j = 1:4
  yL{j} = sprintf('\\Delta W_%d',j);
end

PlotSet(1:n,dW,'x label','Sample','y label',yL,...
        'plot title','Recursive Training',...
        'figure title','Recursive Training');
```

学习结果如图 11.7 所示，可以看到初始瞬态之后，学习过程立即收敛。因为使用随机值进行初始化，因此每次执行学习过程，我们都会得到不同的学习结果。

我们可以注意到，递归学习算法的结果与 4.1.3 节中介绍的常规卡尔曼滤波器方法相同。递归学习算法来源于批量最小二乘法，属于卡尔曼滤波器的替代方法。

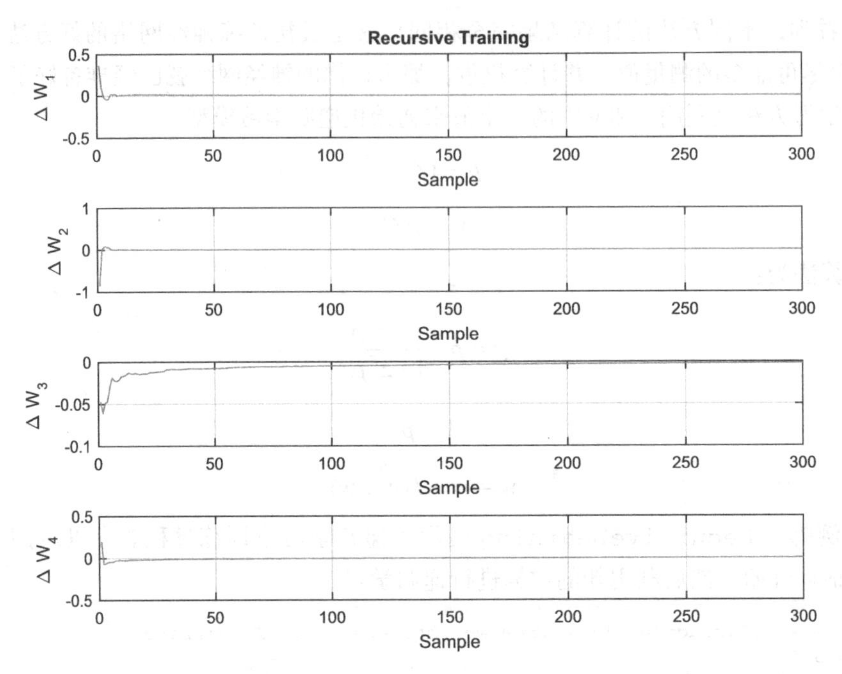

图 11.7　递归训练或学习。初始瞬态之后，权重迅速收敛

11.6　枚举数据集

11.6.1　问题

sigma-pi 神经网络的一个问题是可能的节点数量。出于设计目的，我们需要一个函数来枚举所有可能的输入组合。这是为了确定 sigma-pi 神经网络的复杂性的限制。

11.6.2　方法

编写一个组合函数计算集合数。

11.6.3　步骤

我们能够以手工编码的方式来构造输入集合，但是我们希望通过构造更加通用的函数代码以实现对所有输入集合的枚举。当我们有 n 个输入，每次取其中的 k 个时，组合数量为

$$\frac{n!}{(n-k)!k!} \tag{11.36}$$

枚举全部集合的代码在函数 Combinations 中。

```
function c = Combinations( r, k )

%% Demo
```

```
if( nargin < 1 )
  Combinations(1:4,3)
  return
end

%% Special cases
if( k == 1 )
  c = r';
  return
elseif( k == length(r) )
  c = r;
  return
end

%% Recursion
rJ      = r(2:end);
c   = [];
if( length(rJ) > 1 )
  for j = 2:length(r)-k+1
    rJ              = r(j:end);
    nC              = NumberOfCombinations(length(rJ),k-1);
    cJ              = zeros(nC,k);
    cJ(:,2:end)     = Combinations(rJ,k-1);
    cJ(:,1)         = r(j-1);
    if( ~isempty(c) )
      c = [c;cJ];
    else
      c = cJ;
    end
  end
else
  c = rJ;
end
c = [c;r(end-k+1:end)];
```

示例代码中首先处理了两种特殊的输入情形，然后通过对函数自身的递归调用来处理所有其他情形。下面是两个函数的使用示例：

```
>> Combinations(1:4,3)
ans =
     1     2     3
     1     2     4
     1     3     4
     2     3     4
>> Combinations(1:4,2)
ans =
     1     2
     1     3
     1     4
     2     3
     2     4
     3     4
```

当我们有 4 个输入时，如果枚举所有可能的组合，我们最终会得到 14 种！随着输入节点数目的增加，权重数量会更加快速地增长，对于 sigma-pi 神经网络来说，这意味着过多的输入节点会限制网络的实际应用。

11.7 编写 sigma-pi 神经网络函数

11.7.1 问题

需要一个面向通用问题的 sigma-pi 神经网络函数。

11.7.2 方法

重用 sigma-pi 函数

11.7.3 步骤

以下代码展示了如何实现 sigma-pi 神经网络。action 作为函数 SigmaPiNeuralNet 的第一个输入参数，用来选择函数将要实现的功能，包括：

1. 'initialize'：函数初始化
2. 'set constant'：设定常数项
3. 'batch learning'：执行批量学习
4. 'recursive learning'：执行递归学习
5. 'output'：产生没有经过训练的输出

通常我们按照上述顺序依次执行函数的各个功能。如果默认值 1 符合用户需求，则不需要设置该参数项。

函数功能通过在 switch 语句中调用的各个子函数来实现。

下面的演示代码中展示了如何使用上述函数对动压进行建模的示例。输入是高度与速度的平方，神经网络将尝试将下面的方程式

$$y = w_1c + w_2h + w_3v^2 + w_4hv^2 \tag{11.37}$$

拟合为

$$y = 0.6125\mathrm{e}^{-0.0817h^{1.15}}v^2 \tag{11.38}$$

首先我们得到默认数据结构，用空的 x 初始化过滤器，然后使用批量学习得到初始权重。x 的列数应至少为输入节点数目的两倍。至此我们得到了起始 p 矩阵和权重的初始估计，然后执行递归学习。重要的是字段 kSigmoid 要足够小，使得有效输入位于 S 形函数的线性区域。请注意，这个字段可以是一个数组，从而针对不同的输入使用不同的缩放范围。

```
function Demo
% Demonstrate a sigma-pi neural net for dynamic pressure
x        = zeros(2,1);

d        = SigmaPiNeuralNet;
[~, d]   = SigmaPiNeuralNet( 'initialize', x, d );

h        = linspace(10,10000);
v        = linspace(10,400);
```

```
v2       = v.^2;
q        = 0.5*AtmDensity(h).*v2;

n        = 5;
x        = [h(1:n);v2(1:n)];
d.y      = q(1:n)';
[y, d]   = SigmaPiNeuralNet( 'batch learning', x, d );

fprintf(1,'Batch Results\n#          Truth    Neural Net\n');
for k = 1:length(y)
  fprintf(1,'%d: %12.2f %12.2f\n',k,q(k),y(k));
end

n = length(h);
y = zeros(1,n);
x = [h;v2];
for k = 1:n
  d.y = q(k);
  [y(k), d]   = SigmaPiNeuralNet( 'recursive learning', x(:,k), d );
end
```

位于低海拔的批量学习结果如下所示，你可以看到真正的模型和神经网络的输出非常接近：

```
>> SigmaPiNeuralNet
Batch Results
#          Truth    Neural Net
1:         61.22         61.17
2:        118.24        118.42
3:        193.12        192.88
4:        285.38        285.52
5:        394.51        394.48
```

递归学习结果如图 11.8 所示，可以看到在各种高度上的学习结果都相当不错。那么，在飞机飞行过程中我们仅仅使用“更新”操作即可。

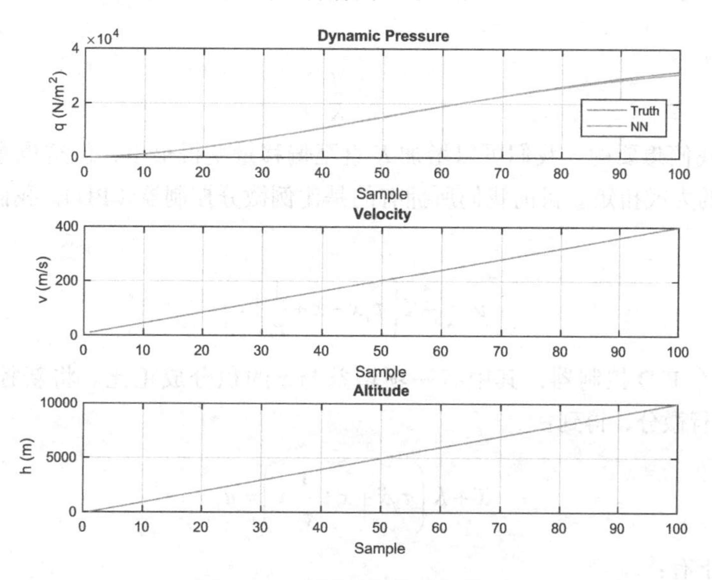

图 11.8　动压示例的递归学习

11.8 实现 PID 控制器

11.8.1 问题

我们需要 PID 控制器来控制飞机。

11.8.2 方法

编写一个 PID 控制器函数，输入为俯仰角误差。

11.8.3 步骤

假设我们有一个由恒定输入驱动的双重积分器

$$\ddot{x} = u \tag{11.39}$$

其中 $u = u_d + u_c$。积分结果为

$$x = \frac{1}{2}ut^2 + x(0) + \dot{x}(0)t \tag{11.40}$$

最简单的控制方式是添加反馈控制器

$$u_c = -K(\tau_d \dot{x} + x) \tag{11.41}$$

其中 K 是正向增益，τ 是阻尼时间常数。动力学方程为

$$\ddot{x} + K(\tau_d \dot{x} + x) = u_d \tag{11.42}$$

阻尼项将导致瞬态逐渐消失。当这种情况发生时，x 的二阶导数和一阶导数为 0，我们最终得到一个偏移

$$x = \frac{u}{K} \tag{11.43}$$

这通常并不是我们想要的。我们可以增加 K 直至偏移量变得很小，但这也意味着激励器将需要产生更大的力或扭矩。目前我们所拥有的是比例微分控制器（PD），我们在控制器中再添加一项：

$$u_c = -K\left(\tau_d \dot{x} + x + \frac{1}{\tau_i}\int x\right) \tag{11.44}$$

则我们得到一个 PID 控制器，其中有一项增益与 x 的积分成正比。将新控制器添加至式（11.44），并进行微分，得到：

$$\dddot{x} + K\left(\tau_d \ddot{x} + \dot{x} + \frac{1}{\tau_i}x\right) = \dot{u}_d \tag{11.45}$$

则在稳定状态下有：

$$x=\frac{\tau_i}{K}\dot{u}_d \tag{11.46}$$

如果 u 为常数，则偏移为 0。令 s 为微分操作符：

$$s=\frac{\mathrm{d}}{\mathrm{d}t} \tag{11.47}$$

则

$$s^3x(s)+K\left(\tau_d s^2 x(s)+sx(s)+\frac{1}{\tau_i}x(s)\right)=su_d(s) \tag{11.48}$$

注意：

$$\frac{u_c(s)}{x(s)}=K\left(1+\tau_d s+\frac{1}{\tau_i s}\right) \tag{11.49}$$

其中 τ_d 是速率时间常数，即系统需要多长时间开始衰减，而 τ_i 是系统整合稳定扰动的速度。其中 $s=j\omega$，$j=\sqrt{-1}$，闭环传递函数为：

$$\frac{x(s)}{u_d(s)}=\frac{s}{s^3+K\tau_d s^2+Ks+K/\tau_i} \tag{11.50}$$

我们期望的闭环传递函数为：

$$\frac{x(s)}{u_d(s)}=\frac{s}{(s+\gamma)(s^2+2\zeta\sigma s+\sigma^2)} \tag{11.51}$$

或者

$$\frac{x(s)}{u_d(s)}=\frac{s}{s^3+(\gamma+2\zeta\sigma)s^2+\sigma(\sigma+2\zeta\gamma)s+\gamma\sigma^2} \tag{11.52}$$

参数包括：

$$K=\sigma(\sigma+2\zeta\gamma) \tag{11.53}$$

$$\tau_i=\frac{\sigma+2\zeta\gamma}{\gamma\sigma} \tag{11.54}$$

$$\tau_d=\frac{\gamma+2\zeta\sigma}{\sigma(\sigma+2\zeta\gamma)} \tag{11.55}$$

这是 PID 控制器的设计。然而，我们却不能将其写成状态空间的形式：

$$\dot{x}=Ax+Au \tag{11.56}$$

$$y=Cx+Du \tag{11.57}$$

因为它有一个微分项。我们需要给速率项添加一个滤波器，使其看起来形如：

$$\frac{s}{\tau_r s+1} \tag{11.58}$$

而不仅仅是 s。这里我们不再推导其中的常数项，而是将其留作读者的一个练习。PID 控制器的函数代码 PID 如下所示。

```
function [a, b, c, d] = PID(  zeta, omega, tauInt, omegaR, tSamp )

% Demo
if( nargin < 1 )
  Demo;
  return
end

% Input processing
if( nargin < 4 )
  omegaR = [];
end

% Default roll-off
if( isempty(omegaR) )
  omegaR = 5*omega;
end

% Compute the PID gains
omegaI  = 2*pi/tauInt;

c2  = omegaI*omegaR;
c1  = omegaI+omegaR;
b1  = 2*zeta*omega;
b2  = omega^2;
g   = c1 + b1;
kI  = c2*b2/g;
kP  = (c1*b2 + b1.*c2  - kI)/g;
kR  = (c1*b1 + c2 + b2 - kP)/g;

% Compute the state space model
a   =  [0 0;0 -g];
b   =  [1;g];
c   =  [kI -kR*g];
d   =  kP + kR*g;

% Convert to discrete time
if( nargin > 4 )
  [a,b] = CToDZOH(a,b,tSamp);
end
```

积分器的效果评估如图 11.9 所示，演示代码位于 PID 示例中，如下所示。我们不使用数值积分求解微分方程，而是将它们转换为采样时间形式，并沿着时间步长进行传播。这种方法非常适用于线性方程。双积分方程形如：

$$x_{k+1} = ax_k + bu_k \tag{11.59}$$

$$y = cx_k + du_k \tag{11.60}$$

这种形式与 PID 控制器相同。

```
% The double integrator plant
dT              = 0.1; % s
aP              = [0 1;0 0];
bP              = [0;1];
[aP, bP]        = CToDZOH( aP, bP, dT );

% Design the controller
[a, b, c, d]    = PID(  1, 0.1, 100, 0.5, dT );

% Run the simulation
n    = 2000;
p    = zeros(2,n);
x    = [0;0];
xC   = [0;0];

for k = 1:n
  % PID Controller
  y        = x(1);
  xC       = a*xC + b*y;
  uC       = c*xC + d*y;
  p(:,k)   = [y;uC];
  x        = aP*x + bP*(1-uC); % Unit step response
end
```

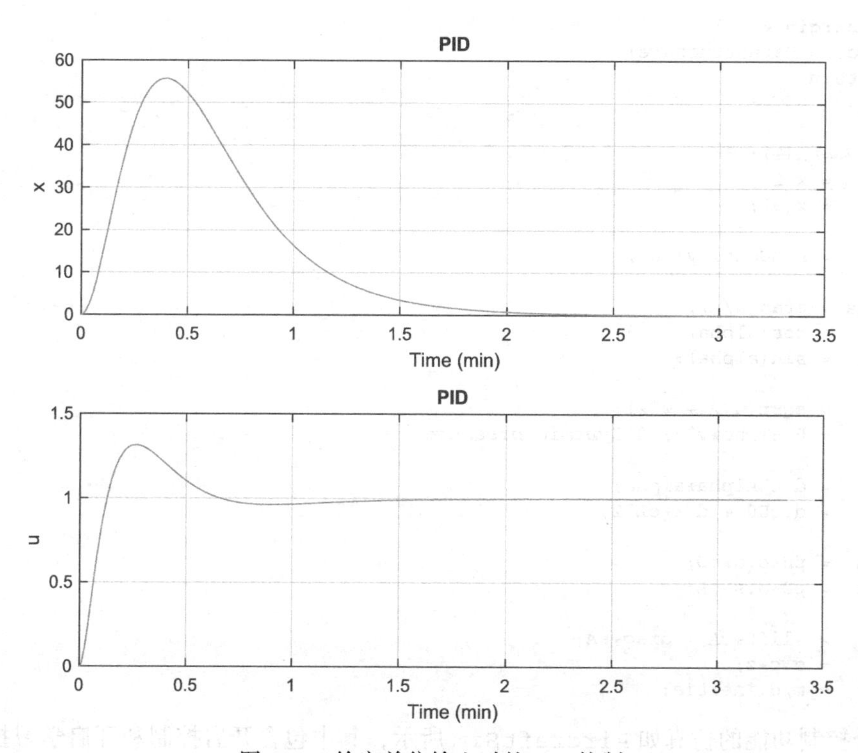

图 11.9　给定单位输入时的 PID 控制

大约需要 2 分钟的时间使 x 的值趋于 0，非常接近我们为积分器指定的 100 秒时间。

11.9 飞机俯仰角 PID 控制

11.9.1 问题

利用 PID 控制实现对飞机俯仰角的控制。

11.9.2 方法

利用 PID 控制器和俯仰动态反演补偿方法实现控制器脚本。

11.9.3 步骤

PID 控制器通过改变升降舵角度以产生俯仰加速度来使飞机旋转。另外，当飞机改变其俯仰方位时，需要额外的升降舵动作来补偿由于升力和阻力导致的加速度变化。我们利用俯仰动态反演功能来实现这样的控制，该功能将返回在应用俯仰控制时必须补偿的俯仰加速度。

```
function qDot = PitchDynamicInversion( x, d )

if( nargin < 1 )
  qDot = DataStructure;
  return
end

u     = x(1);
w     = x(2);
h     = x(5);

rho   = AtmDensity( h );

alpha = atan(w/u);
cA    = cos(alpha);
sA    = sin(alpha);

v     = sqrt(u^2 + w^2);
pD    = 0.5*rho*v^2; % Dynamic pressure

cL    = d.cLAlpha*alpha;
cD    = d.cD0 + d.k*cL^2;

drag  = pD*d.s*cD;
lift  = pD*d.s*cL;

z     = -lift*cA - drag*sA;
m     = d.c*z;
qDot  = m/d.inertia;
```

结合控制功能的仿真如 `AircraftSim` 所示，其中包含开启控制和开启学习控制的标记选项。我们使用 PID 控制来实现 0.2 弧度的俯仰角，仿真结果分别如图 11.10、图 11.11 和图 11.12 所示。

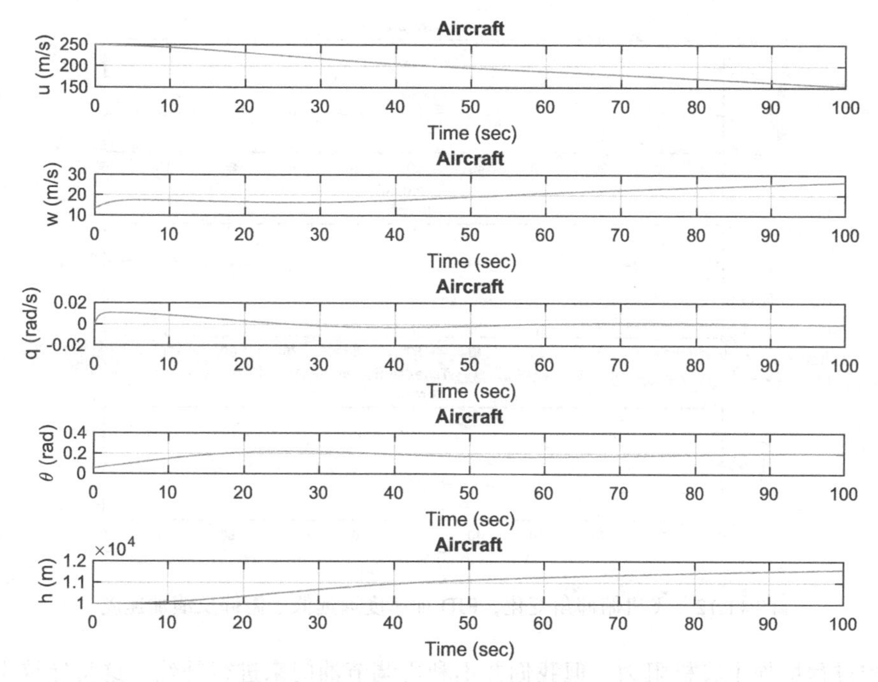

图 11.10　飞机俯仰角变化，飞机由于俯仰动力学而产生振荡

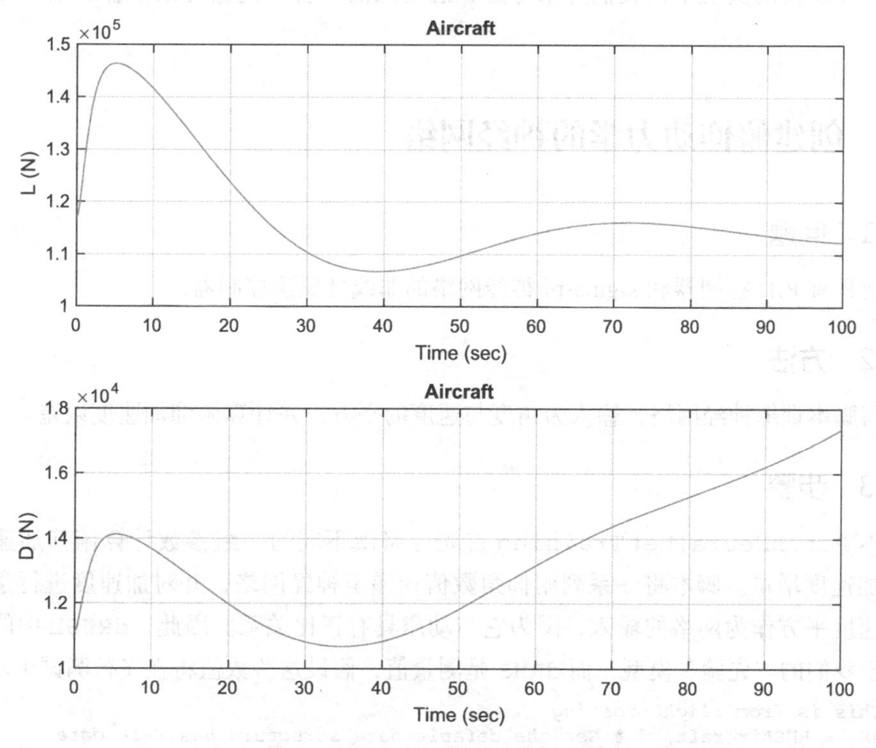

图 11.11　飞机俯仰角变化，请注意升力与阻力随角度的变化

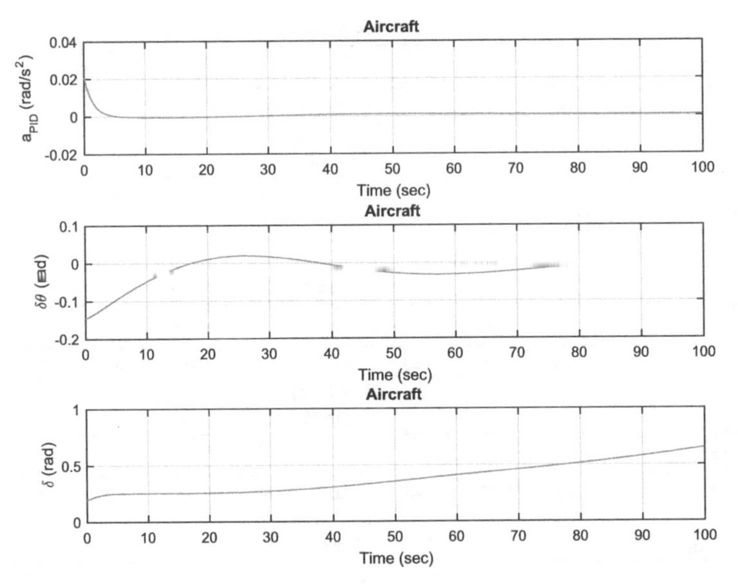

图 11.12　飞机俯仰角变化，PID 加速度远远低于俯仰反演加速度

操控过程增加了飞机阻力，但我们并不利用调节油门来进行补偿，这将导致飞机空速下降。在控制器的实现中，我们并未考虑状态之间的耦合，但这可以很容易地添加进控制器中。

11.10　创建俯仰动力学的神经网络

11.10.1　问题

实现具有 PID 控制器和 sigma-pi 神经网络的非线性反演控制器。

11.10.2　方法

编写脚本训练神经网络，输入为角度与速度的平方，并计算俯仰加速度误差。

11.10.3　步骤

脚本 `PitchNeuralNetTraining` 首先为略微不同的一组参数计算俯仰加速度，然后处理加速度增量。脚本将一系列俯仰角数值传递至神经网络，并对加速度进行学习。我们使用速度平方作为网络的输入，因为它与动压具有正比关系。因此，`dRHSL` 中的基本加速度用于我们的“先验”模型，而 `dRHS` 是测量值，假设这些数值将在飞行测试中获得。

```
% This is from flight testing
dRHS   = RHSAircraft;    % Get the default data structure has F-16 data
h   = 10000;
```

```
gamma         = 0.0;
v             = 250;

% Get the equilibrium state
[x,  dRHS.thrust, deltaEq, cost] = EquilibriumState( gamma, v, h,
  dRHS );

% Angle of attack
alpha         = atan(x(2)/x(1));
cA            = cos(alpha);
sA            = sin(alpha);

% Create the assumed properties
dRHSL         = dRHS;
dRHSL.cD0     = 2.2*dRHS.cD0;
dRHSL.k       = 1.0*dRHSL.k;

% 2 inputs
xNN      = zeros(2,1);
d        = SigmaPiNeuralNet;
[~, d]   = SigmaPiNeuralNet( 'initialize', xNN, d );

theta    = linspace(0,pi/8);
v        = linspace(300,200);
n        = length(theta);
aT       = zeros(1,n);
aM       = zeros(1,n);

for k    = 1:n
  x(4)   = theta(k);
  x(1)   = cA*v(k);
  x(2)   = sA*v(k);
  aT(k)  = PitchDynamicInversion( x, dRHSL );
  aM(k)  = PitchDynamicInversion( x, dRHS  );
end

% The delta pitch acceleration
dA          = aM - aT;

% Inputs to the neural net
v2          = v.^2;
xNN         = [theta;v2];

% Outputs for training
d.y         = dA';
[aNN, d]    = SigmaPiNeuralNet( 'batch learning', xNN, d );
% Save the data for the aircraft simulation
thisPath = fileparts(mfilename('fullpath'));
save( fullfile(thisPath,'DRHSL'),'dRHSL' );
save( fullfile(thisPath,'DNN'), 'd'  );

for j = 1:size(xNN,2)
  aNN(j,:) = SigmaPiNeuralNet( 'output', xNN(:,j), d );
end

% Plot the results
```

该脚本首先使用 EquilibriumState 找到均衡状态。然后使用 SigmaPiNeuralNet

建立 sigma-pi 神经网络。PitchDynamicInversion 被调用两次，一次是获得模型飞机加速度 aM（我们希望的飞机的行为方式），另一次是获得真正的加速度 aT。增量加速度 dA 用于训练神经网络。神经网络产生一个 aNN，生成的权重保存在 .mat 文件中，以便在 AircraftSim 中使用。仿真中使用 dRHS，但是俯仰加速度模型中将使用 dRHSL。后者保存在另一个 .mat 文件中。

```
>> PitchNeuralNetTraining
Velocity                250.00 m/s
Altitude              10000.00 m
Flight path angle         0.00 deg
Z speed                  13.84 m/s
Thrust                11148.95 N
Angle of attack           3.17 deg
Elevator                 11.22 deg
Initial cost          9.62e+01
Final cost            1.17e-17
```

如图 11.13 所示，神经网络非常好地再现了模型。示例脚本还输出了 DNN.mat 文件，其中包含已经完成训练的神经网络数据。

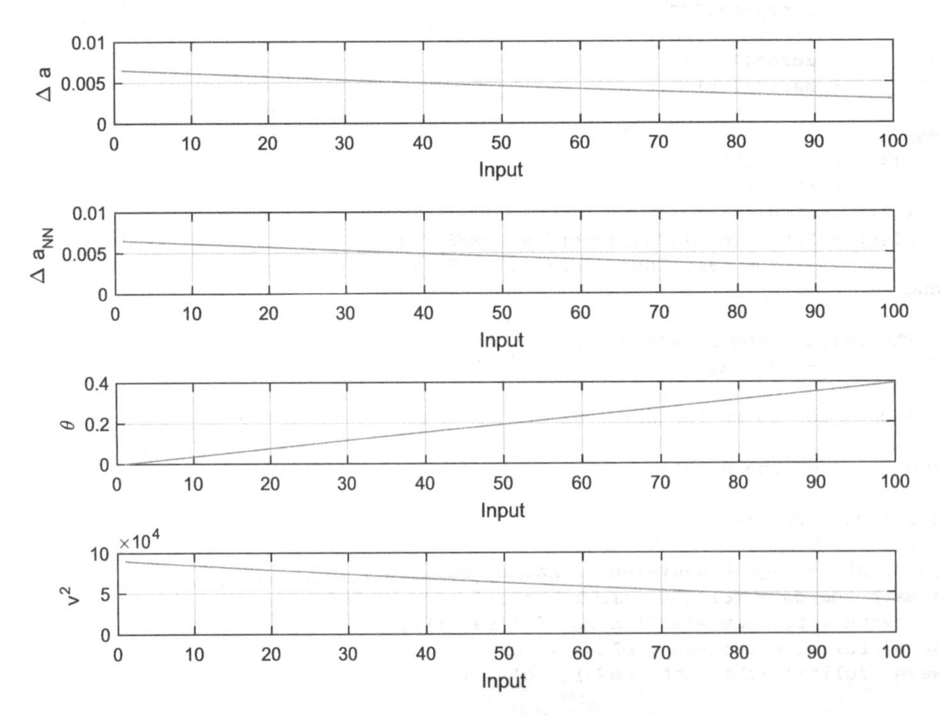

图 11.13　拟合增量加速度的神经网络

11.11 非线性仿真中的控制器演示

11.11.1 问题

演示学习控制系统来控制飞机的纵向动力学。

11.11.2 方法

激活仿真脚本 AircraftSimOpenLoop 中的控制功能。

11.11.3 步骤

在神经网络完成训练之后，我们将 addLearning 设置为 true。首先读取权重数据。我们使用 PID 学习控制以实现 0.2 弧度的俯仰角，结果分别如图 11.14、图 11.15 和图 11.16 所示，每个图中的左列为没有学习控制的仿真结果，右列则为包含学习控制的结果。

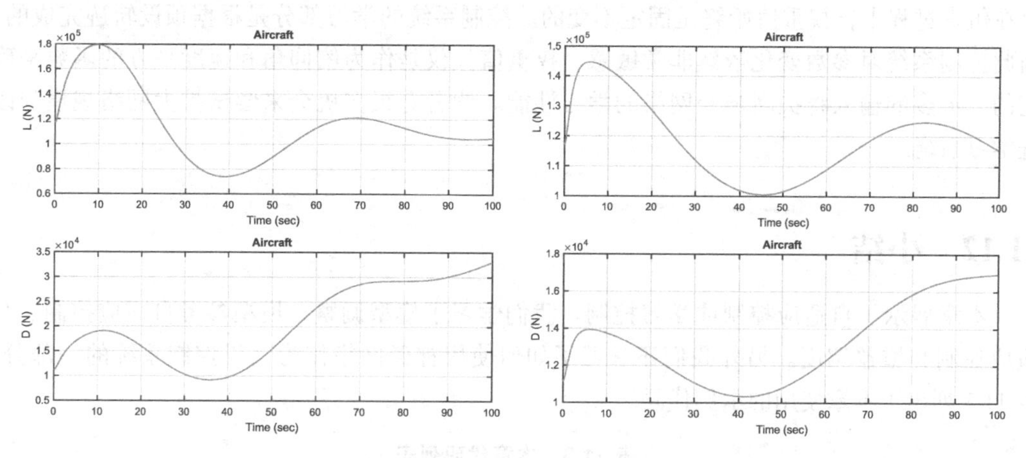

图 11.14 飞机俯仰角变化，与之对应的升力和阻力的变化

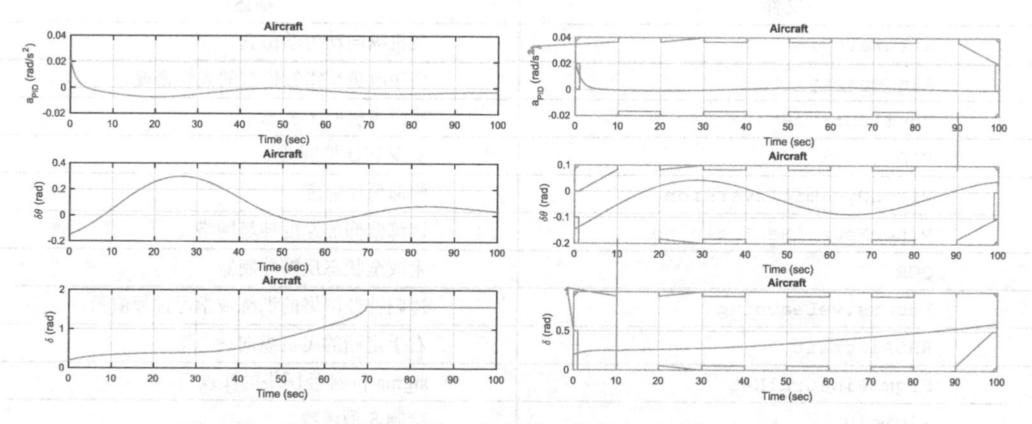

图 11.15 飞机俯仰角变化，没有学习控制时，升降舵达到了饱和

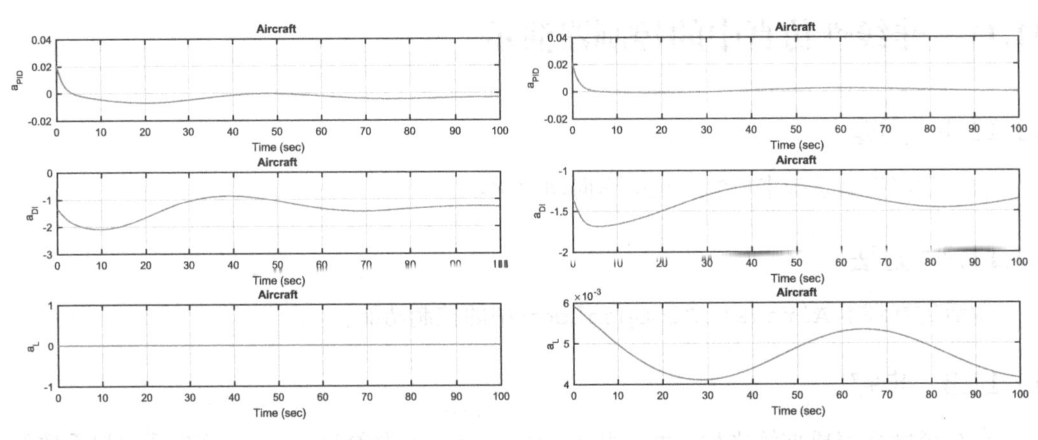

图 11.16　飞机俯仰角变化，PID 加速度远远低于俯仰反演加速度

学习控制有助于提高控制器的性能。然而，由于学习过程发生在激活控制器之前，所以在仿真过程中，权重值始终是固定不变的。控制系统的学习部分是根据预设轨迹完成的，因此控制系统对参数变化依然非常敏感。权重值仅仅是作为俯仰角和速度平方的函数来确定的，更多的输入将提高神经网络的学习性能。读者有很多机会来尝试扩大网络规模与改进学习系统。

11.12　小结

本章展示了自适应控制或学习控制。我们学习了模型调整、模型参考自适应控制、自适应控制和增益调度。另外我们还学习了如何使用神经网络作为飞机控制系统的一部分。表 11.3 列出了本章使用的示例代码。

表 11.3　本章代码列表

文件	描述
`AircraftSim`	飞机纵向动力学仿真
`AtmDensity`	使用改进型指数模型的大气密度
`EquilibriumState`	找出飞机的平衡态
`PID`	实现 PID 控制器
`PitchDynamicInversion`	俯仰角加速度
`PitchNeuralNetTraining`	训练俯仰加速度神经网络
`QCR`	生成全状态反馈控制器
`RecursiveLearning`	递归神经网络的训练或学习过程演示
`RHSAircraft`	右手定则的飞机纵向动力学
`SigmaPiNeuralNet`	sigma-pi 神经网络的实现
`Sigmoid`	绘制 S 型函数

第 12 章 Chapter 12

多重假设检验

12.1 概览

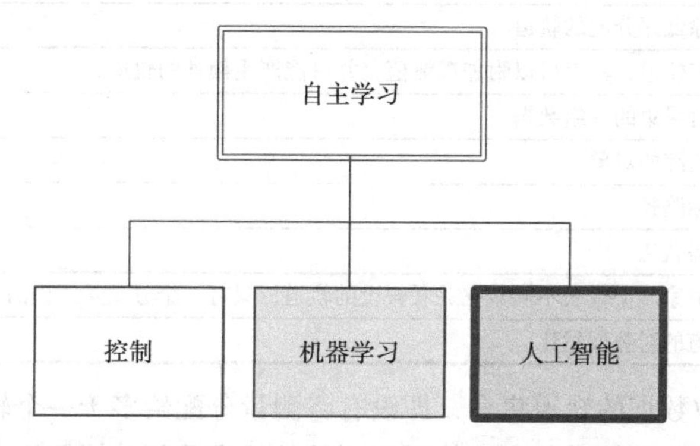

追踪是在对象位置随时间变化时，确定其他对象位置的过程。比如空中交通管制雷达系统用于追踪飞机，飞行中的飞机必须追踪所有附近的物体，以避免碰撞并确定它们是否造成威胁。具有雷达巡航控制的汽车使用它们的雷达追踪前方的汽车，以便汽车可以保持安全的间距并避免碰撞。

当开车时，你可以通过识别附近的车辆并确定下一步要做什么来保持对状况的判断。大脑处理眼睛的数据，以识别汽车。因为一般来说，你周围的车辆看起来都有所不同，但是可以通过外观来追踪物体。当然，在晚上只有尾灯的情况下，过程会变得更加困难。你可以经常猜出每辆车将要做什么，但如果有时候你猜错了，这可能会导致碰撞。

雷达系统只是看到了斑点。相机应该能够做你的眼睛和大脑所做的事情，但这需要大量的运算处理。如上所述，在晚上很难可靠地识别汽车。由于斑点是通过雷达测量的，因为它们的位置和速度不同，我们希望收集所有斑点，并将它们附加到特定的汽车轨道上。通过这种方式，我们可以可靠地预测接下来的位置。这引导出了本章的主题，面向轨道的多假设检验（MHT）。

面向轨道的 MHT 是一种强大的技术，用于在物体数量未知或变化时为对象轨道分配测量值，这对于准确追踪多个对象是绝对必要的。MHT 术语在表 12.1 中定义。

表 12.1 多重假设检验术语

术语	定义
杂项	追踪系统不感兴趣的瞬时目标
簇	通过共同观测值链接在一起的轨道集合
误差椭球	估计位置周围的椭球体体积
族	一组具有共同根节点的轨道。每个家族中至多只有一个轨道可以包含在一个假设中，一个家族至多可以代表一个目标
门控	现有轨道位置周围的区域。门控内的测量与轨道相关
假设	一组不共享任何观测值的轨道
N- 扫描剪枝	使用最近 *N* 次扫描数据得出的轨迹评分对轨道进行剪枝。计数从根节点开始。当轨道被剪枝时，需要建立一个新的根节点
观测值	表示目标存在的一个测量值。观测值可能来自于目标或者干扰信号
剪枝	删除低评分值的轨道
根节点	既定轨道，其上可以附加观测值，并可能产生额外的轨道
扫描	同时采集的一组数据
目标	被追踪的对象
轨迹	目标路径
轨道	传播轨道
轨道分支	轨道家族中代表不同数据关联假设的轨道，只有一个分支是正确的
轨道评分	轨道的对数似然比

假设是具有一致数据的轨道集合，即没有将测量分配给多于一个轨道的情况。在每次接收数据扫描之后，面向轨道的方法使用新更新的轨道重新计算假设。不同于对前面假设的维护和继续扩展，面对新的扫描假设，面向轨道的方法丢弃了在第 k–1 次扫上描形成的假设。使用新的观察结果，经过修剪的轨道将传播到下一个扫描 k，在那里形成新的轨道，并变换成假设。除了必须基于低概率删除一些轨道之外，没有信息丢失，因为维护的轨道分数包含所有相关的统计数据。

本章中的软件使用强大的轨道剪枝算法，可以一步完成剪枝。由于其速度快，以及不需要特殊的剪枝方法，从而产生更稳健和可靠的结果。因此轨道管理软件非常简单。

MHT 模块需要 GNU 线性编程套件（GLPK;http://www.gnu.org/software/glpk/），特别是 MATLAB mex 包装器 GLPKMEX（http://glpkmex.sourceforge.net）。两者都是在 GNU 许可

下分发的。GLPK 库和 GLPKMEX 程序都依赖于操作系统，必须从计算机上的源代码进行编译。安装 GLPK 后，必须从 GLPKMEX 源代码的 MATLAB 封装中生成 mex。

从 MATLAB 执行以创建 mex 的命令应如下所示：

```
mex -v -I/usr/local/include glpkcc.cpp /usr/local/lib/libglpk.a
```

其中 -v 指定详细打印输出，你应将 /usr/local 替换为你的操作系统相关的路径，以安装 GLPK。生成的 mex 文件（Mac 下）是：

```
glpkcc.mexmaci64
```

MHT 在 GLPK 4.47 版和 GLPKMEX 2.11 版之下经过了充分的测试。

12.2 理论

12.2.1 介绍

图 12.1 显示了一般的追踪问题，图中包括两次扫描的数据。当第一次扫描完成时，有两个轨道。轨道中的不确定性，在图中以椭圆形表示，基于之前的全部信息得出。在扫描 k–1 中，我们观察到三个测量值。1 和 3 分别位于两个轨道各自的不确定性椭圆内，而测量值 2 位于两个椭圆的重叠区域，它可以是任一轨道的测量值，也有可能属于测量干扰。在扫描 k 中，我们则得到了 4 个测量值。只有测量值 4 位于一个不确定性椭圆之中。测量值 3 可能会被认为属于测量干扰，但事实上它来自与中间轨道不同的第三辆车的新轨道。测量值 1 位于左侧椭圆形之外，但实际上它是对左侧轨道的一次良好测量结果，而且（如果解析准确的话）表明模型是存在误差的。测量值 4 是对中间轨道的良好测量，而且表明模型是有效的。该图展示了追踪系统应该如何工作，如果没有轨道将难以对测量值做出解释。每一次测量可能是有效的，或者属于测量干扰，甚至意味着新的轨道。一次测量可以是：

1. 有效的测量
2. 虚假的干扰
3. 新轨道

“虚假”表示测量与任何追踪对象无关，也不是新轨道。如果不通过 MHT 流程检验，我们无法确定任何测量的性质。

我们将接触定义为信噪比高于某一阈值的观测值。然后观测值便形成了一次测量值。低信噪比的观测值在光学和雷达系统中都有可能发生。阈值减少了需要与轨道相关联的观测值数量，但也有可能丢失有效数据。一种替代方法是将所有观测值视为有效接触，同时相应地调整测量误差。

有效的测量值必须分配至某一轨道。理想的追踪系统能够准确地对每个测量值进行分类，然后将它们分配至正确的轨道。系统还必须能够识别新的轨道，并且删除不再存在的轨道。追踪系统可能不得不处理数百个物体（可能是在碰撞后或由于道路上的碎屑）。

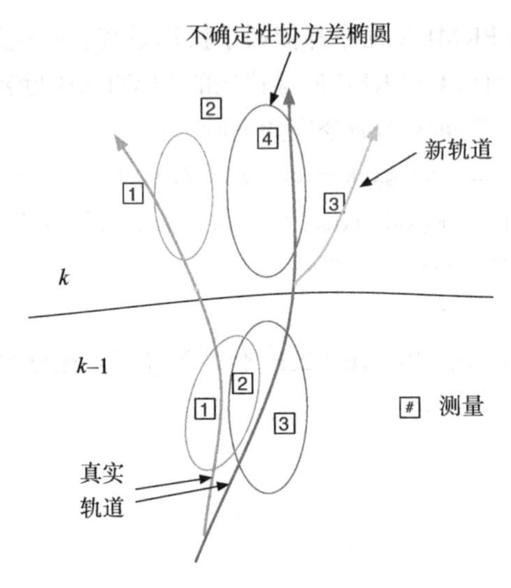

图 12.1 追踪问题

如果对象或多或少地朝同一方向移动，则复杂系统应该能够将多个对象看作组或簇。这减少了系统必须处理的状态数。如果系统成组处理，则它必须能够处理从组中生成的组。

如果我们可以确保只追踪一辆汽车，则所有的数据都可以纳入到状态估计中。一个替代方案是仅仅考虑协方差椭圆形中的数据，而将其余的数据都视为异常值。如果采用后一种策略，请记住数据在未来测量中也是“异常值”的情形是合理的。在这种情形下，滤波器可能会对历史数据进行回溯并将不同的异常值整合至解决方案中。当模型无效时，这种情形会很容易发生，例如，如果一辆已经在持续匀速行驶的汽车突然开始机动行为，而滤波器模型并不允许车辆的机动操作。

多模滤波器有助于解决错误的模型问题，并且应该在车辆改变模式时使用。但是，它没有告诉我们有多少车辆在被追踪。对于多个模型，每个模型都有自己的误差椭球，并且测量值比另一个更好，假设其中一个模型是当前模式下被追踪车辆的合理模型。

12.2.2 例子

参考图 12.1，在第一次扫描中，我们有三个测量值。1 和 3 与现有轨道相关联并用于更新这些轨道。2 可以与任何一个相关联。它可能是一个虚假的测量，也可能是一个新的轨道，因此该算法形成一个新的假设。在第二次描中，测量 4 与中间轨道相关联。1、2 和 3 不在任一轨道的误差椭球内。该图显示了真实的轨迹，我们可以看到 1 与左侧轨道相关联。1 和 2 点都位于左侧轨道的误差椭球之外。第二次扫描中的测量 2 可能与第一次扫描中的测量 2 一致，并且可能导致新的轨道。第二次扫描中的测量 3 是一个新的轨道，但在我们有更多的数据扫描之前，我们可能没有足够的信息来创建该轨道。

12.2.3　算法

在经典的多目标追踪问题[24]中，通常将问题分为两个步骤：关联与估计。步骤一将有效的观测值与目标相关联，步骤二对每个目标的状态进行估计。当存在多种合理方式将有效接触与目标相关联时，会使情形变得更加复杂。MHT 方法形成替代假设来解释观测来源，每个假设将观测值关联至目标或虚假警报。

有两种 MHT 实现方法[3]。第一种方法[21]在一个结构体中运行，在接收观测数据的同时，假设也被不断地维护与更新。第二种方法为轨道导向的 MHT 实现方法，轨道在形成假设之前进行初始化、更新和评分。评分过程包括对真实轨道与虚警轨道集合的似然率比较。因此，在完成轨道假设形成的阶段之前，通常不能将轨道删除。抛弃旧的假设并且每次都从头开始是一件好事，因为这种方法可以保持重要的追踪数据，同时防止不切实际的大量假设爆炸式增长。

轨道导向方法在接收每次扫描数据之后，将使用经过更新的新轨道来重新计算假设。轨道导向方法不是按照扫描数据逐次对假设进行维护和扩展，而是放弃在扫描 k–1 上形成的假设。剪枝后保留的轨道会被传递至下一次扫描 k。在扫描 k 中，新的观测值形成新的轨道，并将其重新形成假设。除了有必要基于低概率或 N- 扫描剪枝算法删除某些轨道之外，由于维护的轨道评分中包含所有相关的统计数据，所以并不会丢失任何信息。

使用对数似然比进行轨道评分，LR 是似然率，LLR 是 log 似然率，L 为似然度：

$$L(K)=\log[\mathrm{LR}(K)]=\sum_{k=1}^{K}[\mathrm{LLR}_K(k)+\mathrm{LLR}_S(k)]+\log[L_0] \qquad (12.1)$$

其中下标 K 表示基于动力学，下标 S 表示基于信号（测量），假设这两者是统计独立的。

$$L_0=\frac{P_0(H_1)}{P_0(H_0)} \qquad (12.2)$$

其中 H_1 和 H_0 分别是真实目标和虚假警报假设，log 是自然对数。动力学数据的似然比为，数据是真实目标结果的概率除以数据来自于虚假警报的概率：

$$\mathrm{LR}_K=\frac{p(D_K\,|\,H_1)}{p(D_k\,|\,H_0)}=\frac{\mathrm{e}^{-d^2/2}\,/\,(2\pi)^{M/2}\sqrt{|S|}}{1/V_C} \qquad (12.3)$$

其中：

1. M 是测量维度
2. V_C 是测量容积
3. $S=HPT_T+R$ 是测量残差协方差矩阵
4. $d^2=y^TS^{-1}y$ 是测量的归一化统计距离

统计距离由残差 y 和协方差矩阵 S 定义，是测量和估计量之间的差距，其分子满足多元高斯分布。

12.2.4 测量分配和追踪

以下是关于测量值的一些规则：

1. 每次测量都会创建一个新轨道。

2. 在每个门控范围内的测量值都会对现有轨道进行更新。如果一个门控范围内有多个测量值，则现有轨道根据新测量值进行复制。

3. 如果现有轨道使用“丢失的”测量值进行更新，则会创建一个新的轨道。

图 12.2 给出了一个例子。该例包括两个轨道和三个测量值。所有三个测量值都在轨道 1 的门控范围内，但是有一个测量值也同时位于轨道 2 的门控范围。每个测量值都会产生一个新的轨道。三个测量值基于轨道 1 产生三个新的轨道，其中一个测量值还基于轨道 2 产生另外一个新轨道。

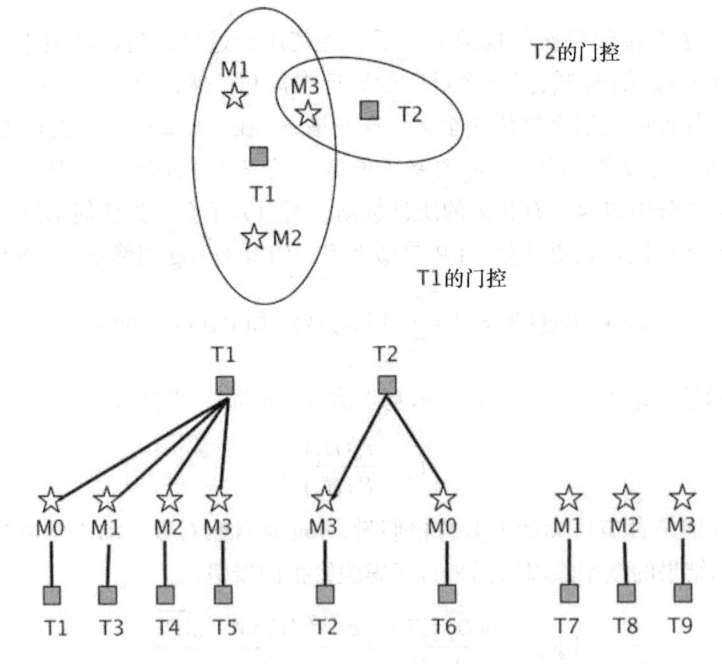

图 12.2 测量值和门控范围，其中 M0 是缺失的测量值。一个缺失的测量代表应该存在却没有实施的测量

通常，每次扫描可能创建或更新三种类型的轨道：

1. 如果新的测量值对应于旧轨道，使用新测量更新现有轨道。

2. 如果在某次扫描中没有对现有轨道进行测量，则现有轨道不进行更新。

3. 如果测量对应于新对象，则为每个测量生成全新的轨道。

基于没有轨道测量值时的规则，每个已有的轨道也都将产生一个新的轨道。因此，在这种情形下，三个测量值和两个轨道共产生了九个新的轨道。轨道 T7~T9 仅仅基于测量值而产生，它们可能不具有足够的信息以构建状态向量；否则的话，每个测量值都会产生无数个轨道，而不仅仅是一个新轨道。如果有雷达测量，我们会得到方位角、高程、距离和距离变化率，这些信息就可以给出所有的位置状态和一个速度状态。

12.2.5 假设形成

在 MHT 中，有效的假设是任何兼容的轨道集。为了使两个或多个轨道兼容，它们不能描述相同的对象，并且它们不能在任何扫描中共享相同的测量。假设形成中的任务是找到一个或多个轨道组合：（1）是兼容的；（2）最大化某些性能函数。

在讨论假设形成方法之前，首先考虑轨道形成以及轨道如何与唯一对象相关联是有用的。新轨道可以通过以下两种方式之一形成：

1. 新轨道基于一些现有轨道，增加了新的测量。
2. 新轨道不基于任何现有的轨道，完全来自于一个新的测量。

回想一下，每个轨道是由多个扫描中的测量值序列形成的。除了原生的测量值历史，每个轨道还包含由卡尔曼滤波器计算得到的状态和协方差数据的历史记录。当新的测量值添加至现有轨道时，我们将产生一条包含所有原始轨道测量值的新轨道，以及这个新的测量值。因此，新轨道与原始轨道的描述对象相同。

新的测量值也可用于生成独立于过去测量值的全新轨道。当这样做时，我们可以说，该测量值没有描述任何已经被追踪的目标，因此它必须对应于一个新的或不同的目标。

因此，我们给每个轨道分配一个目标 ID 来区分它所描述的目标。在轨道树示意图的表示方法中，同一轨道树内的所有轨道具有相同的目标 ID。例如，如果在某些时候有 10 个独立的轨道树，这意味着在 MHT 系统中追踪了 10 个单独的目标。当形成有效假设时，我们可能会发现只有少数目标具有兼容的轨道。

形成假设的步骤被形式化为混合整线性规划（MILP）问题并使用 GLPK 工具包来解决。每个轨道都具有一个累积分，包括从每个测量值获得的分量评分。构建 MILP 问题的形式化表达，以选择一组获得最高评分的轨道，使得

1. 没有两个轨道具有相同的目标 ID
2. 任何扫描中都没有两条轨道具有相同的测量指标值

此外，我们在形式化中增加了一个选项以解决多假设问题，而不仅仅是单假设问题。算法按照得分的降序排列返回“*M* 个最佳”的假设，使得轨道能够从某些替代假设中保留下来，这些替代假设可能在评分上非常接近最佳假设。

12.2.6 轨道剪枝

N- 扫描轨道剪枝算法的实现是在每次计算步骤中使用最近的 *n* 次扫描的数据。在剪枝算法中，我们保留以下轨道：

- 具有“*N*”个最高评分的轨道

- 包含在“M个最佳”假设中的轨道
- 同时具有在“M个最佳”假设中的（1）目标 ID 和（2）前“P”次扫描中测量值的轨道

我们利用形成假设步骤的结果来指导轨道剪枝。可以调整参数 N、M、P 以提高性能。剪枝的目的是尽可能减少轨道数量，而同时也不会删除那些属于真实假设的轨道。

上面列出的第二项是为了保留“M个最佳”假设中包含的所有轨道，这些都是通过轨道树的完整路径。第三项与此类似，但是限制更少。考虑“M个最佳”假设中的一个轨道，我们将保留完整的轨道。此外，我们将保留根节点源自该轨道扫描“P”的所有轨道。

图 12.3 展示了轨道树中可能会被保留下来的轨道示例。图示中包括 5 次扫描中的 17 个不同轨道。深色粗线轨道代表了从假设形成步骤得出的“M个最佳”假设集合中的一个轨道，该轨道将被保留。浅色粗线轨道全部来源于深色粗线轨道在扫描 2 中的节点。如果我们设置 $P = 2$，这些轨道将被保留。下面的代码示例显示了如何进行轨道剪枝。

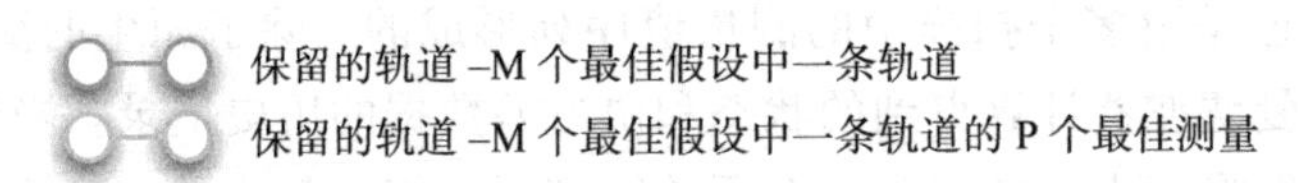

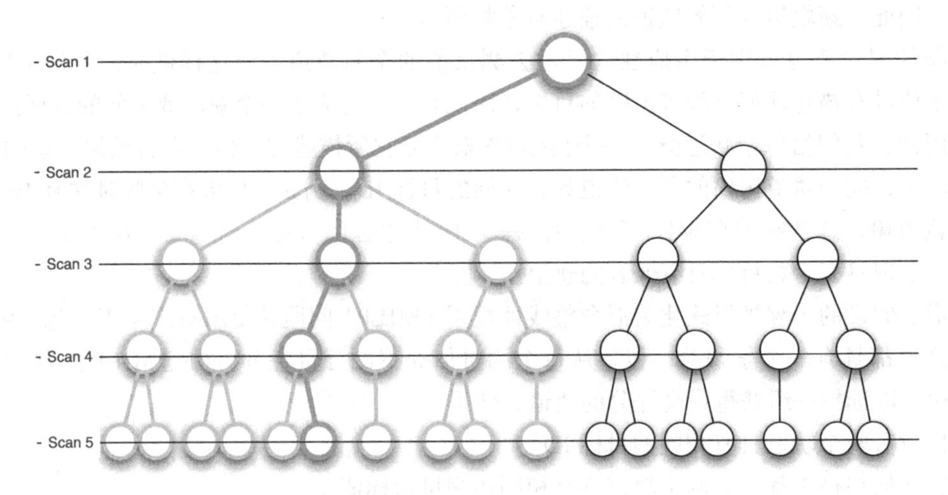

图 12.3 轨道剪枝示例。该示例展示了多次扫描（同时测量）和它们是如何被用来剪除哪些不能满足数据要求的轨道的

12.3 追踪台球的卡尔曼滤波器

12.3.1 问题

估计多个台球的运动轨迹。在台球示例中，假设有多个球同时移动。假设我们在桌子

上方放置了一台摄像机，我们有软件可以测量每个视频帧中每个球的位置。但是，该软件无法确定任何球的身份。这就是 MHT 的用武之地。我们使用 MHT 为移动的球开发一套轨道追踪算法。

12.3.2　方法

创建一个线性卡尔曼滤波器。

12.3.3　步骤

MHT 系统的核心估计算法是卡尔曼滤波器。卡尔曼滤波器包括动态仿真和结合测量的算法。对于本章中的示例，我们使用固定增益卡尔曼滤波器。该模型为：

$$x_{k+1} = ax_k + bu_k \tag{12.4}$$

$$y_k = cx_k \tag{12.5}$$

x_k 是状态，是一个包括位置和速度的列向量，y_k 是测量向量，u_k 是输入台球的——加速度，c 将状态与测量结果关联起来。如果唯一的测量是位置，那么：

$$c = [1 \quad 0] \tag{12.6}$$

这是一个离散时间方程。由于第二列为零，因此表示仅测量位置，假设我们没有输入加速度信息，还假设时间步长是 τ。然后我们的方程变为：

$$\begin{bmatrix} s \\ v \end{bmatrix}_{k+1} = \begin{bmatrix} 1 & \tau \\ 0 & 1 \end{bmatrix} \begin{bmatrix} s \\ v \end{bmatrix}_k \tag{12.7}$$

$$y_k = [1 \quad 0] \begin{bmatrix} s \\ v \end{bmatrix}_k \tag{12.8}$$

其中 s 是位置，v 是速度，$y_k = s$。这表示新位置是旧位置加上速度乘以时间，而我们的衡量标准只是位置。如果没有外部加速度，则速度是恒定的。如果我们不能直接测量模型中的加速度，滤波器将根据位置变化估算速度。

在这种情况下，轨道是 s 的序列。MHT 将测量值 y 分配给轨道。如果我们知道只有一个物体并且传感器正在准确地测量轨道，并且没有任何错误测量或丢失测量的可能性，我们可以直接调用卡尔曼滤波器来估计。

`KFBilliardsDemo` 脚本负责仿真台球。它包括两个表示动态的函数。第一个是 `RHSBilliards`，它是台球动力学的右手侧参数，刚刚在上面给出，还能够计算外部加速度下的位置和速度。`BilliardCollision` 函数在球击中保险杠时应用动量守恒原理。本例中，球不能与其他球碰撞。脚本的第一部分是为所有球生成测量向量，脚本的第二部分为每个球初始化一个卡尔曼滤波器。此脚本可为每个轨道完美分配测量值。函数 `KFPredict` 是预测步骤，即球运动的仿真。它使用上述线性模型。`KFUpdate` 包含测量结果的更新。球的初始位置和速度向量都是随机的。该脚本修复了随机数生成器的种子，使每次运行结果都相同，这对调试很方便。如果注释掉此代码，则每次运行都会有所不同。

现在，我们先初始化球的位置。

```
% The number of balls and the random initial position and velocity
d       = struct('nBalls',3,'xLim',[-1 1], 'yLim', [-1 1]);
sigP    = 0.4; % 1 sigma noise for the position
sigV    = 1; % 1 sigma noise for the velocity
sigMeas = 0.00000001; % 1 sigma noise for the measurement

% Set the initial state for  2 sets of position and velocity
x  = zeros(4*d.nBalls,1);
rN = rand(4*d.nBalls,1);

for k = 1:d.nBalls
  j         = 4*k-3;
  x(j  ,1) = sigP*(rN(j  ) - 0.5);
  x(j+1,1) = sigV*(rN(j+1) - 0.5);
  x(j+2,1) = sigP*(rN(j+2) - 0.5);
  x(j+3,1) = sigV*(rN(j+3) - 0.5);
end
```

接着，我们开始仿真。球总是沿着直线移动，除非它们碰到保险杠。

```
% Sensor measurements
nM  = 2*d.nBalls;
y   = zeros(nM,n);
iY  = zeros(nM,1);

for k = 1:d.nBalls
  j = 2*k-1;
  iY(j  )  = 4*k-3;
  iY(j+1)  = 4*k-1;
end

for k = 1:n
  % Collisions
  x = BilliardCollision( x, d );

  % Plotting
  xP(:,k)       = x;

  % Integrate using a 4th Order Runge-Kutta integrator
  x = RungeKutta(@RHSBilliards, 0, x, dT, d );

  % Measurements with Gaussian random noise
  y(:,k) = x(iY) + sigMeas*randn(nM,1);

end
```

然后我们通过卡尔曼滤波器处理测量结果。KFPredict 预测球的下一个位置，KFUpdate 更新测量结果。预测步骤不知道碰撞的存在。

```
%% Implement the Kalman Filter

% Covariances
```

```
r0       = sigMeas^2*[1;1];       % Measurement covariance
q0       = [1;60;1;60];      % The baseline plant covariance diagonal
p0       = [0.1;1;0.1;1];         % Initial state covariance matrix
   diagonal

% Plant model
a        = [1 dT;0 1];
b        = [dT^2/2;dT];
zA       = zeros(2,2);
zB       = zeros(2,1);

% Create the Kalman Filter data structures. a is for two balls.
for k = 1:d.nBalls
  kf(k) = KFInitialize( 'kf', 'm', x0(4*k-3:4*k), 'x', x0(4*k-3:4*k)
     ,...
                         'a', [a zA;zA a], 'b', [b zB;zB b],'u'
                            ,[0;0],...
                         'h', [1 0 0 0;0 0 1 0], 'p', diag(p0), ...
                         'q', diag(q0),'r', diag(r0) );
end

% Size arrays for plotting
pUKF = zeros(4*d.nBalls,n);
xUKF = zeros(4*d.nBalls,n);
t    = 0;
for k = 1:n
  % Run the filters
  for j = 1:d.nBalls

    % Store for plotting
    i           = 4*j-3:4*j;
    pUKF(i,k)   = diag(kf(j).p);
    xUKF(i,k)   = kf(j).m;

    % State update
    kf(j).t    = t;
    kf(j)      = KFPredict( kf(j) );

    % Incorporate the measurements
    i          = 2*j-1:2*j;
    kf(j).y    = y(i,k);
    kf(j)      = KFUpdate( kf(j) );
  end

  t = t + dT;

end
```

卡尔曼滤波器演示的结果如图 12.4 ~ 12.6 所示。绘制了所有球的协方差和状态，但我们只在这里显示其中一个。协方差始终遵循相同的趋势，当滤波器累积测量值时，它基于模型协方差（假设的模型准确度）与测量协方差之间的比率来调整协方差矩阵。本质上协方差与实际测量无关。卡尔曼滤波器误差如图 12.6 所示，当球撞到保险杠时它们很大，因为模型不包括与保险杠的碰撞。然后迅速减少，因为我们的测量噪声很小。

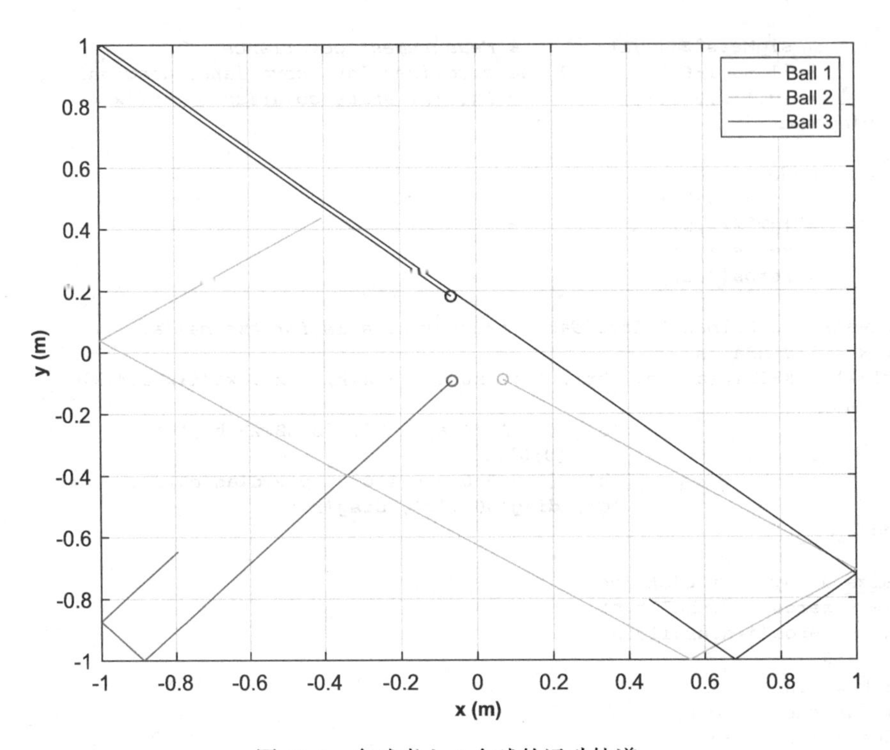

图 12.4 台球桌上 4 个球的运动轨道

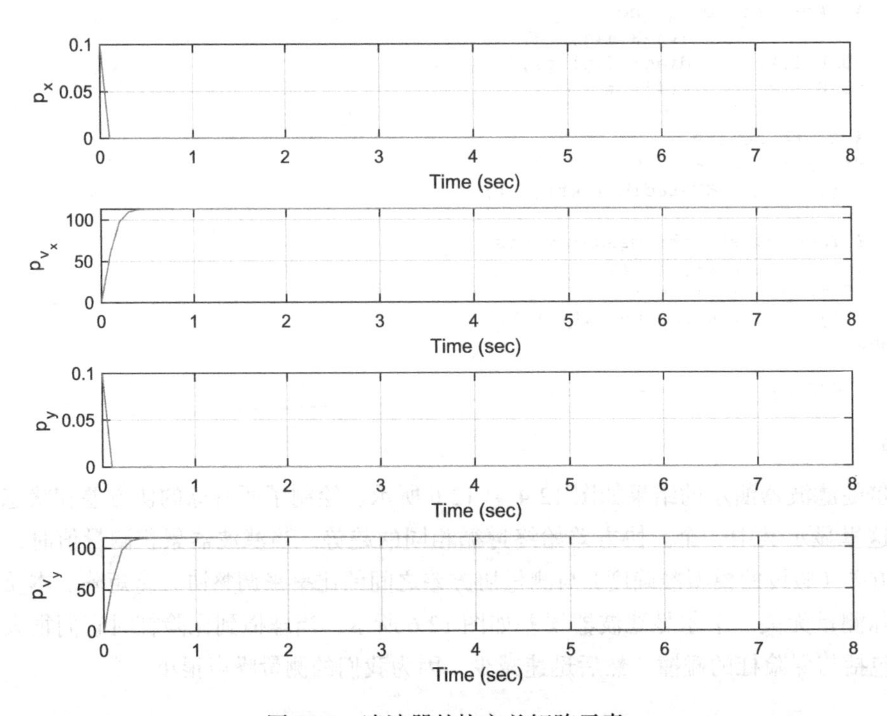

图 12.5 滤波器的协方差矩阵元素

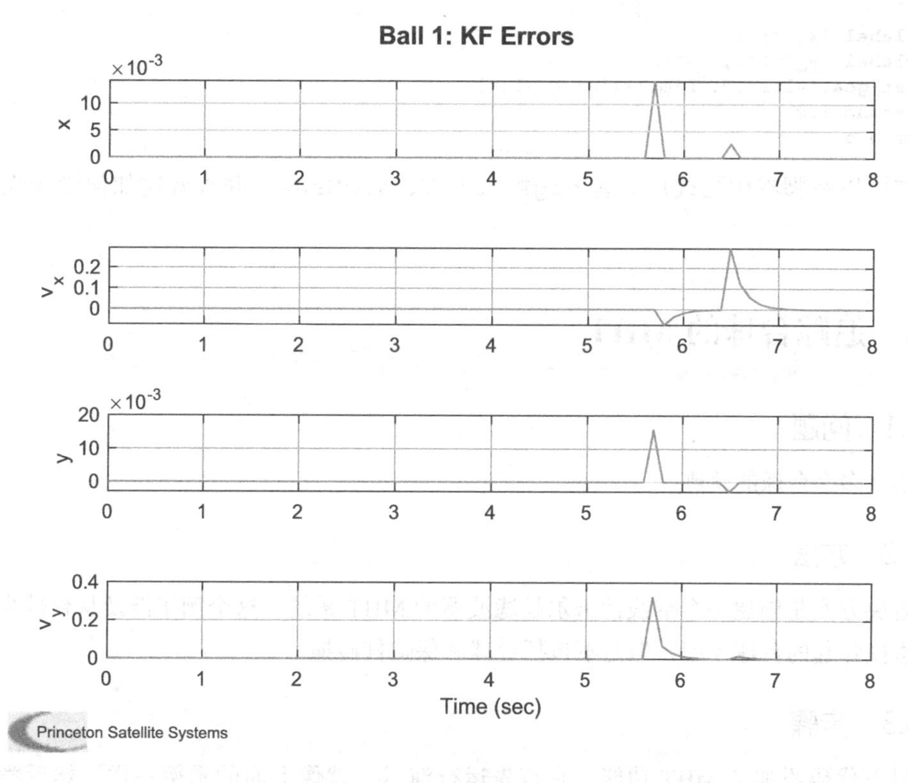

图 12.6　滤波器的误差

以下代码摘自上面的演示，是专门的绘图代码，用于显示桌面上的台球。它为每个球都调用 plot 函数。颜色取自阵列 c，为蓝色、绿色、红色、青色、品红色、黄色和黑色。一旦计算出 xP 和 yP（即球的 x 和 y 位置），就可以从命令行运行它。代码使用图例（legend）句柄将球与图中的轨道相关联。它手动设置坐标范围（gca 用来获取当前坐标轴的句柄）。

```
% Plot the simulation results
NewFigure( 'Billiard␣Balls' )
c  = 'bgrcmyk';
kX = 1;
kY = 3;
s  = cell(1,d.nBalls);
l = [];
for k = 1:d.nBalls
  plot(xP(kX,1),xP(kY,1),['o',c(k)])
  hold on
  l(k)   = plot(xP(kX,:),xP(kY,:),c(k));
  kX     = kX + 4;
  kY     = kY + 4;
  s{k}   = sprintf('Ball␣%d',k);
end
```

```
xlabel('x␣(m)');
ylabel('y␣(m)');
set(gca,'ylim',d.yLim,'xlim',d.xLim);
legend(l,s)
grid on
```

你可以在脚本中更改协方差 sigP、sigV、sigMeas，并查看这如何影响误差和协方差。

12.4 追踪台球的 MHT

12.4.1 问题

估计多个台球的轨迹。

12.4.2 方法

解决方案是创建一个带线性卡尔曼滤波器的 MHT 系统。这个例子涉及从台球桌的保险杠上碰撞弹起的台球模型，但是不包括台球和保险杠碰撞。

12.4.3 步骤

以下代码添加了 MHT 功能。它首先运行演示，就像上面的示例一样，然后尝试将测量值分类到轨道中，系统只包含两个球。运行演示时，将看到如图 12.7 所示的图形用户界面（GUI）和如图 12.8 所示的一棵随着仿真的进行而变化的树。我们仅在下列代码中包含了 MHT 代码。

```
% Create the track data data structure
mhtData = MHTInitialize('probability␣false␣alarm', 0.001,...
                        'probability␣of␣signal␣if␣target␣present',
                           0.999,...
                        'probability␣of␣signal␣if␣target␣absent',
                           0.001,...
                        'probability␣of␣detection', 1, ...
                        'measurement␣volume', 1.0, ...
                        'number␣of␣scans', 3, ...
                        'gate', 0.2,...
                        'm␣best', 2,...
                        'number␣of␣tracks', 1,...
                        'scan␣to␣track␣function',
                           @ScanToTrackBilliards,...
                        'scan␣to␣track␣data',struct('r',diag(r0),'p',
                           diag(p0)),...
                        'distance␣function',@MHTDistance,...
                        'hypothesis␣scan␣last', 0,...
                        'filter␣data',kf(1),...
                        'prune␣tracks', 1,...
                        'remove␣duplicate␣tracks␣across␣all␣trees'
                           ,1,...
```

```
                                'average␣score␣history␣weight',0.01,...
                                'filter␣type','kf');

% Create the tracks
for k = 1:d.nBalls
        trk(k) = MHTInitializeTrk( kf(k) );
end
% Size arrays
b = MHTTrkToB( trk );

%% Initialize MHT GUI
MHTGUI;
MLog('init')
MLog('name','Billiards␣Demo')
TOMHTTreeAnimation( 'initialize', trk );
TOMHTTreeAnimation( 'update', trk );

t = 0;

for k = 1:n

  % Get the measurements - zScan.data
  z = reshape( y(:,k), 2, d.nBalls );
  zScan = AddScan( z(:,1) );
  for j = 2:size(z,2)
    zScan = AddScan( z(:,j),[],zScan);
  end

  % Manage the tracks and generate hypotheses
  [b, trk, sol, hyp] = MHTTrackMgmt( b, trk, zScan, mhtData, k, t );

  % Update MHTGUI display
  if( ~isempty(zScan) && graphicsOn )
    if (treeAnimationOn)
      TOMHTTreeAnimation( 'update', trk );
    end
    MHTGUI(trk,sol,'hide');
    drawnow
  end

  t = t + dT;
end

% Show the final GUI
if (~treeAnimationOn)
  TOMHTTreeAnimation( 'update', trk );
end
if (~graphicsOn)
  MHTGUI(trk,sol,'hide');
end
MHTGUI;
```

MHTInitialize 中的参数对如表 12.2 所示。

图 12.7 显示了 MHT GUI。这显示了仿真结束时的 GUI 截图。其中的表显示了 x 轴上的扫描和 y 轴上的轨道（垂直）的关系。每条轨道都被标上如 xxx.yyy 的标号，此处 xxx 代表轨道号，yyy 代表标签号。每个轨道都被分配了一个新的标签号。例如，95.542 是轨道

95，标签 542 表示它是生成的第 542 号轨道。表中的数字显示与轨道和扫描相关的测量值。TRK3.21 和 TRK3.57 是重复的。在两种情况下，每次扫描的一次测量与 TRK 相关联。因为它们是相同的，所以分数也是相等的。我们只能为我们的假设选择其中一个。TRK95.542 没有从扫描 77 中获得测量值，但是对于其他扫描，它得到测量值 2。扫描 77 ~ 80 是活跃的。扫描是一组四个位置的测量值。摘要显示有七个活动轨道，但我们知道（尽管软件不一定知道）只有四个球在起作用。扫描次数指的是当前用于确定有效轨道的扫描次数。这里存在两个有效的假设。

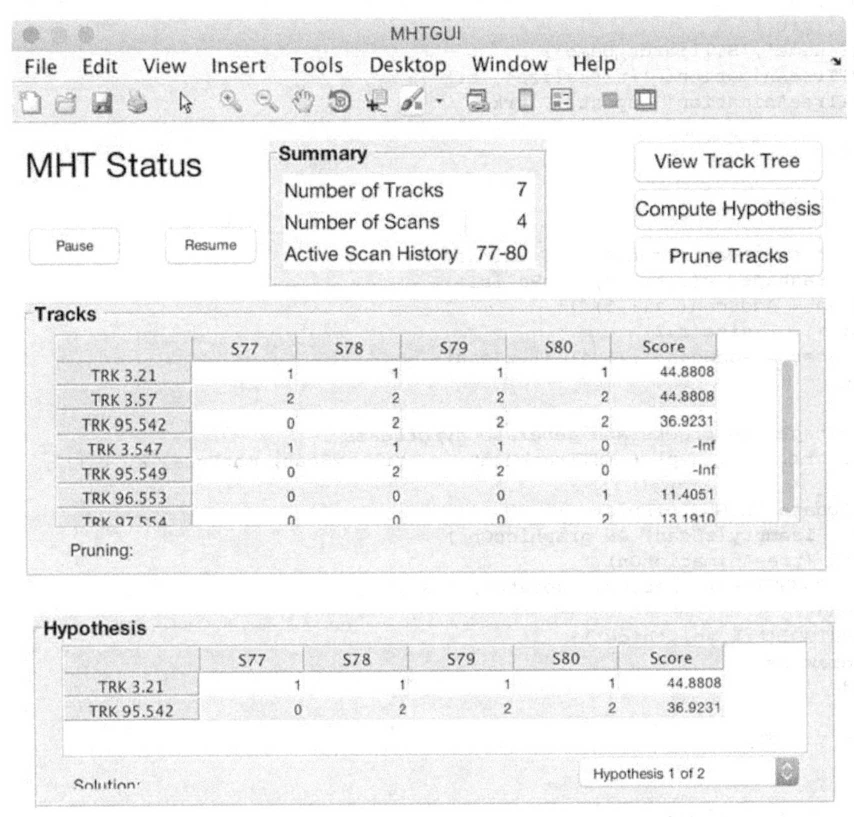

图 12.7 多重假设检验（MHT）GUI。

表 12.2 多重假设检验参数

关键字	定义
`'probability false alarm'`	某个测量为虚假的概率
`'probability of signal if target present'`	如果目标出现，收到信号的概率
`'probability of signal if target absent'`	如果目标缺失，收到信号的概率
`'probability of detection'`	检测到目标的概率
`'measurement volume'`	缩放似然率

（续）

关键字	定义
'number of scans'	在假设公式中扫描的数量
'gate'	门控的大小
'm best'	考虑的假设数目
'number of tracks'	轨道数
'scan to track function'	指向追踪函数的指针
'scan to track data'	追踪函数的数据
'distance function'	MHT 距离函数的指针
'hypothesis scan last'	假设中最近被使用的扫描
'prune tracks'	如果为真，轨道剪枝
'filter type'	卡尔曼滤波器类型
'filter data'	卡尔曼滤波器的数据
'remove duplicate tracks across all trees'	如果为真，移除所有重复的轨道
'average score history weight'	平均轨道评分的权重
'create track'	如果为真，创建轨道而非使用现有轨道

图 12.8 显示了决策树。可以看到，使用扫描 80，可以创建两个新轨道。这意味着 MHT 认为可能有多达四个轨道。但是，此时只有两个轨道 3 和 95 具有与之相关的多个测量值。

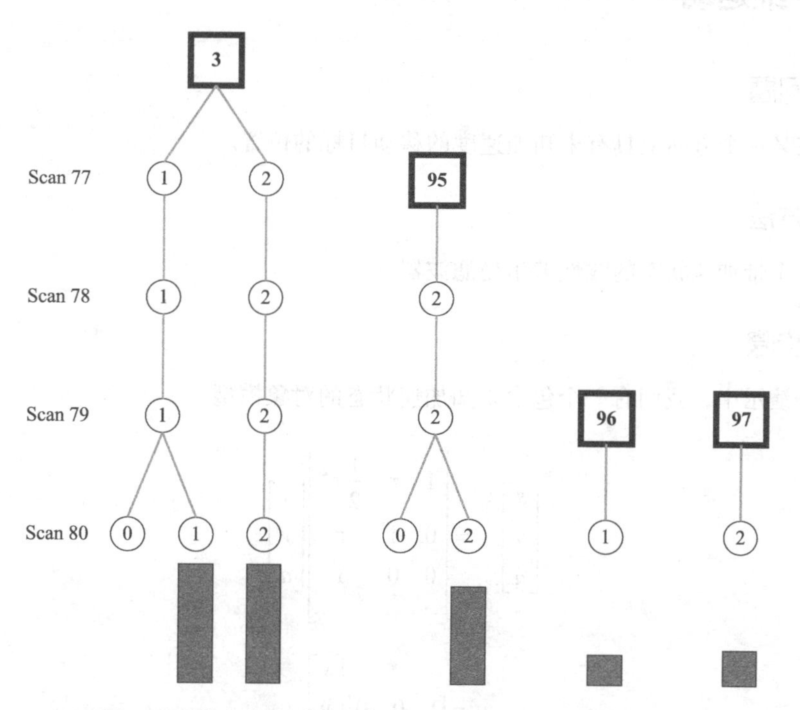

图 12.8　MHT 树。下面的条给出赋值和每个轨道的分数，条越长，分数越高。在黑框里的数字是轨道号

图 12.9 显示了信息窗口。这显示了 MHT 算法的思路。它给出了每次扫描所做出的决定。该演示显示 MHT 算法正确地将测量与轨道相关联。

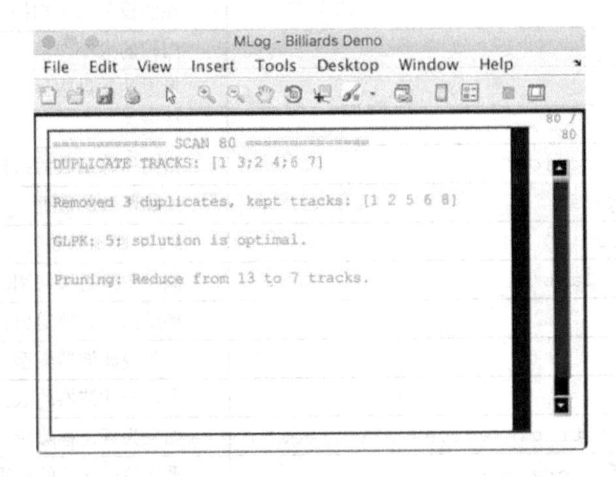

图 12.9 MHT 信息窗口。它会告诉你 MHT 算法是如何思考的

12.5 一维运动

12.5.1 问题

估计在某一个方向上具有未知加速度的移动目标的位置。

12.5.2 方法

创建一个带加速状态的线性卡尔曼滤波器。

12.5.3 步骤

在这个演示中，我们有一个包含未知加速状态的对象模型。

$$\begin{bmatrix} s \\ v \\ a \end{bmatrix}_{k+1} = \begin{bmatrix} 1 & \tau & \frac{1}{2}\tau^2 \\ 0 & 1 & \tau \\ 0 & 0 & 1 \end{bmatrix} \begin{bmatrix} s \\ v \\ a \end{bmatrix}_k \tag{12.9}$$

$$y_k = \begin{bmatrix} 1 & 0 & 0 \end{bmatrix} \begin{bmatrix} s \\ v \\ a \end{bmatrix}_k \tag{12.10}$$

其中 s 是位置，v 是速度，a 是加速度。$y_k = s$。τ 是时间步长。加速状态的输入是加速度的时间变化率。

函数 DoubleIntegratorWithAccel 能构造出如上所述的矩阵，$\tau = 0.5\text{s}$：

```
>> [a, b]  = DoubleIntegratorWithAccel( 0.5 )

a =
    1.0000    0.5000    0.1250
         0    1.0000    0.5000
         0         0    1.0000

b =
     0
     0
     1
```

我们将仿真一个系统，呆在前面的对象没有加速度，后面的对象以一定的加速度超过前面的对象。我们想看看 MHT 是否能够处理轨迹问题，这种超车情况在自动驾驶过程中会一直发生。

以下代码实现了两辆车的卡尔曼滤波器。首先运行仿真以生成测量值，接下来运行卡尔曼滤波器。请注意，滤波器更新后会更新绘图数组。这个过程将和仿真过程保持同步。

```
%% Run the Kalman Filter
% The covariances
r        = r(1,1);
q        = diag([0.5*aRand*dT^2;aRand*dT;aRand].^2 + q0);

% Create the Kalman Filter data structures
d1     = KFInitialize( 'kf', 'm', [0;0;0],  'x', [0;0;0], 'a', a, 'b',
    b, 'u',0,...
                        'h', h(1,1:3), 'p', diag(p0), 'q', q, 'r', r );
d2     = d1;
d1.m     = x(1:3,1) + sqrt(p0).*rand(3,1);
d2.m     = x(4:6,1) + sqrt(p0).*rand(3,1);
xE     = zeros(6,n);

for k = 1:n
  d1       = KFPredict( d1 );
  d1.y     = z(1,k);
  d1       = KFUpdate( d1 );

  d2       = KFPredict( d2 );
  d2.y     = z(2,k);
  d2       = KFUpdate( d2 );

  xE(:,k) = [d1.m;d2.m];
end
```

我们使用带有参数 'plotset' 的 PlotSet 对输入进行分组，使用参数 'legend' 将图例放在每个图上。'plotset' 接收 $1 \times n$ 的元胞数组，'legend' 接收元胞数组的元胞数组作为输入。我们不需要对运动方程进行数值积分，因为状态方程已经完成了这项工作。你始终可以以这种方式传播线性模型。我们使用 aRand 设置模型的噪声矩阵，但实际上并不输入任何随机加速度。上述的模型是完美的，而在实际系统中却并非如此，因此模型中需要加入不确定性。

图 12.10 显示了状态和误差。滤波器可以很好地追踪两个对象的所有三种状态。加速度和速度估计值在 10s 左右收敛。尽管只有位置 s 的测量，但它在估算固定扰动加速度方面做得很好。

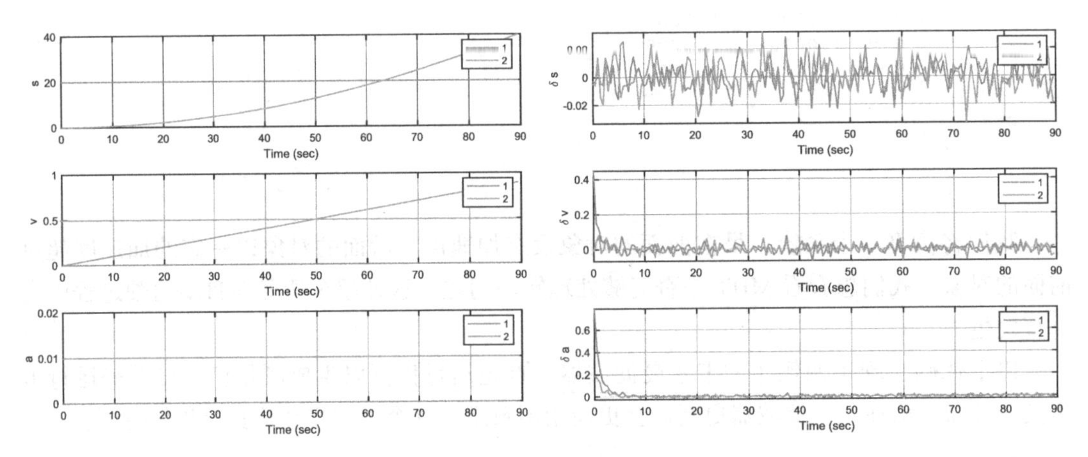

图 12.10 目标状态和滤波器误差

12.6 轨道关联的一维运动

下一个问题是如何将测量与轨道相关联。

12.6.1 问题

估计一个对象在一个方向上移动的位置，并将其与轨道相关联。

12.6.2 方法

创建一个带卡尔曼滤波作为状态估计器的 MHT 系统。

12.6.3 步骤

MHT 代码如下所示。我们将 MHT 软件附加到前面的脚本中。卡尔曼滤波器嵌入在 MHT 软件中。我们首先运行仿真并收集测量值，然后在 MHT 代码中处理它们。

```
% Initialize the MHT parameters
[mhtData, trk] = MHTInitialize( 'probability␣false␣alarm', 0.001,...
                                'probability␣of␣signal␣if␣target␣
                                   present', 0.999,...
                                'probability␣of␣signal␣if␣target␣
                                   absent', 0.001,...
```

```
                'probability␣of␣detection', 1, ...
                'measurement␣volume', 1.0, ...
                'number␣of␣scans', 3, ...
                'gate', 0.2,...
                'm␣best', 2,...
                'number␣of␣tracks', 1,...
                'scan␣to␣track␣function',
                   @ScanToTrack1D,...
                'scan␣to␣track␣data',struct('v',0)
                   ,...
                'distance␣function',@MHTDistance,...
                'hypothesis␣scan␣last', 0,...
                'prune␣tracks', true,...
                'filter␣type','kf',...
                'filter␣data', f,...
                'remove␣duplicate␣tracks␣across␣all␣
                   trees',true,...
                'average␣score␣history␣weight'
                   ,0.01,...
                'create␣track', '');

% Size arrays
m              = zeros(3,n);
p              = zeros(3,n);
scan           = cell(1,n);
b              = MHTTrkToB( trk );

TOMHTTreeAnimation( 'initialize', trk );
TOMHTTreeAnimation( 'update', trk );
% Initialize the MHT GUI
MHTGUI;
MLog('init')
MLog('name','MHT␣1D␣Demo')

t = 0;

for k = 1:n

  % Get the measurements
  zScan = AddScan( z(1,k) );
  zScan = AddScan( z(2,k), [], zScan );

  % Manage the tracks
  [b, trk, sol, hyp] = MHTTrackMgmt( b, trk, zScan, mhtData, k, t );

  % Update MHTGUI display
  MHTGUI(trk,sol,'update');

  % A guess for the initial velocity of any new track
  for j = 1:length(trk)
      mhtData.fScanToTrackData.v = mhtData.fScanToTrackData.v + trk(j
         ).m(1);
  end
  mhtData.fScanToTrackData.v = mhtData.fScanToTrackData.v/length(trk)
     ;

  % Animate the tree
```

```
    TOMHTTreeAnimation( 'update', trk );
    drawnow;
    t = t + dT;
end
```

图 12.11 显示了状态和误差。MHT 假设的轨道和数据拟合得很好

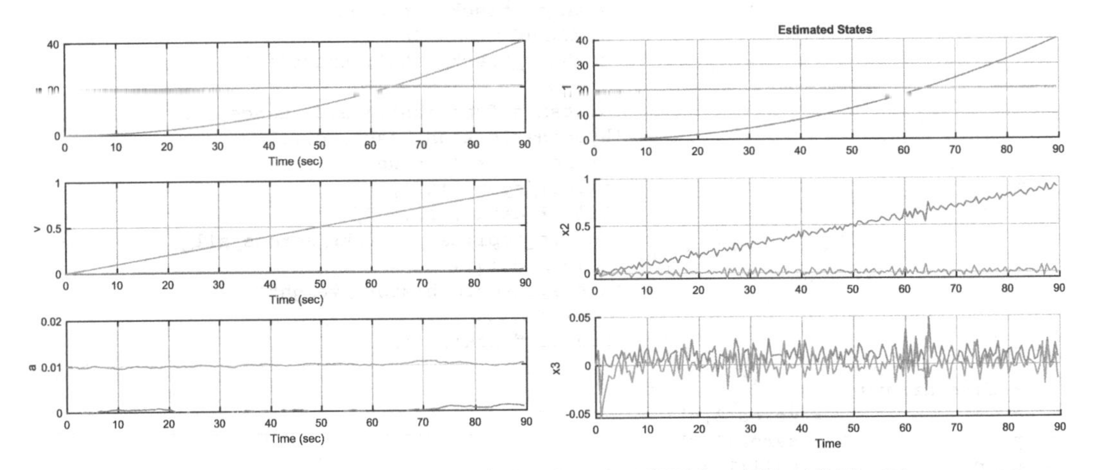

图 12.11　MHT 目标状态和估计状态。在两类图中，颜色互换了一下

图 12.12 显示了 MHT GUI 和决策树。轨道 1 仅包含来自对象 2 的测量值。轨道 2 仅包含来自对象 1 的测量值。354 和 360 是虚假轨道。354 对扫描 177 的测量值为 1，但对随后的扫描没有贡献。在扫描 180 上创建了 360 并且仅具有一个测量值。结果表明，MHT 软件已成功整理出测量结果并正确分配。仿真结束的时候，4 个扫描还处于活动状态。

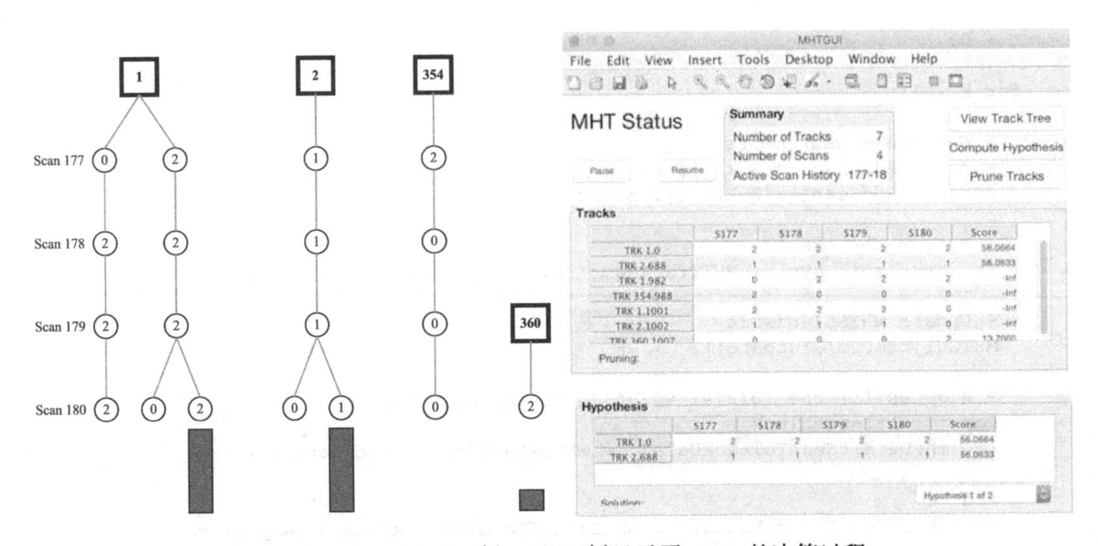

图 12.12　GUI 和 MHT 树。MHT 树显示了 MHT 的决策过程

12.7 小结

本章演示了多重假设检验的基本原理。表 12.3 列出了配套代码中包含的函数和脚本。

表 12.3 本章代码列表

文件	描述
AddScan	添加一个扫描到数据之中
CheckForDuplicateTracks	在记录的轨道中搜索重复的轨道
MHTDistanceUKF	计算 MHT 距离
MHTGUI.fig	MHT 软件的图形用户界面，图形部分
MHTGUI	MHT 软件的图形用户界面，代码部分
MHTHypothesisDisplay	在 GUI 中显示假设
MHTInitialize	初始化 MHT 算法
MHTInitializeTrk	初始化一个轨道
MHTLLRUpdate	更新 log 似然率
MHTMatrixSortRows	在 MHT 之中排序行
MHTMatrixTreeConvert	把 MHT 数据转化为 / 转化自树格式
MHTTrackMerging	合并 MHT 轨道
MHTTrackMgmt	管理 MHT 轨道
MHTTrackScore	计算轨道的总体得分
MHTTrackScoreKinematic	计算得分的运动学部分
MHTTrackScoreSignal	计算得分的信号部分
MHTTreeDiagram	绘制 MHT 树对话框
MHTTrkToB	把轨道转化为 B 矩阵
PlotTracks	绘制目标轨道
Residual	计算残差
TOMHTTreeAnimation	面向轨道的 MHT 树动画
TOMHTAssignment	把一个扫描赋值给轨道
TOMHTPruneTracks	对轨道剪枝

Chapter 13 第13章

基于多重假设检验的自动驾驶

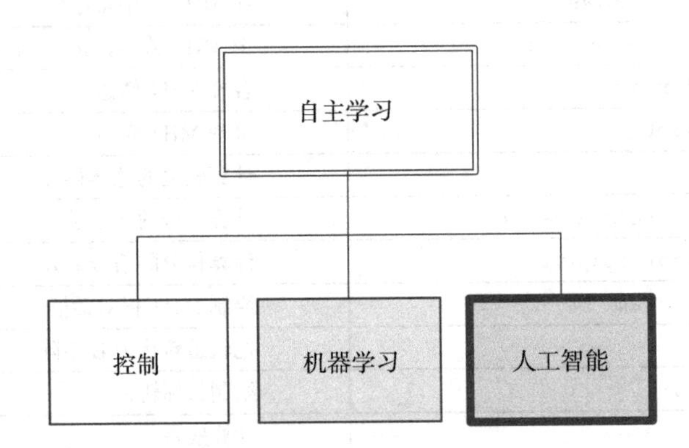

在本章中，我们将把上一章中的多重假设检验（MHT）技术应用于有趣的自动驾驶问题之中。现在将问题考虑对象集中到一辆以可变速度沿高速公路行驶的汽车，我们称之为主车，它载有一个用于测量方位、距离和距离变化率的雷达。许多其他车辆会超越这辆汽车，其中一些会从后面变换车道并超越至主车前。多假设系统将追踪主车周围的所有车辆。仿真开始阶段，雷达探测区域内没有汽车。然后，一辆汽车超越并变线至主车之前，另外两辆汽车则保持在自己的车道进行超车。我们试图准确地追踪雷达可以探测到的所有车辆。

这个问题中有两个关键因素。一是使用测量数据对被追踪汽车的运动进行建模，以提高对每辆汽车的位置和速度的估计准确度。二是系统地将测量分配至不同的轨道。一条轨道应该代表一辆汽车，但雷达只是返回回波测量值，它并不知道回波来源。

我们首先通过实现卡尔曼滤波器来追踪一辆汽车。我们需要编写测量与动力学函数以传递至卡尔曼滤波器，需要通过仿真来生成测量值。然后，我们将应用前一章提到的MHT

技术来解决这个问题。

本章中，我们将实现如下目标：

1. 建模汽车动力学
2. 建模雷达系统
3. 编写控制算法
4. 实现 3D 动作的可视化
5. 实现无迹卡尔曼滤波
6. 实现 MHT

13.1　汽车动力学

13.1.1　问题

我们需要对汽车动力学进行建模。我们将其限制为二维的平面模型，用 *x/y* 和车轮角度模拟汽车的位置，这样汽车就可以改变方向。

13.1.2　方法

编写一个可以以函数句柄方式传递给 `RungeKutta` 调用的函数。

13.1.3　步骤

与雷达非常相似，我们需要两个函数来实现汽车的动力学。`RHSAutomobile` 用于仿真。`RHSAutomobile` 拥有完整的动力模型，包括发动机和转向模型。模拟了空气动力学阻力、滚动阻力和侧向力阻力（汽车不会在没有阻力的情况下侧向滑动）。`RHSAutomobile` 能同时处理多辆汽车。另一种选择是每个车子都有配套的函数，并单独调用 `RungeKutta` 一次。后一种方法适用于所有情况，除非你想要模拟碰撞。在许多类型的碰撞中，两辆汽车碰撞后会粘住，实际上在仿真中成为一辆汽车。真正的追踪系统需要处理这种情况。每辆车有六个状态。它们是：

1. *x* 位置
2. *y* 位置
3. *x* 速度
4. *y* 速度
5. 垂直角度
6. 垂直角速度

速度的导数由力和由扭矩导出的角速率驱动。平面动力学模型如图 13.1 所示 [29]。与参考模型不同，我们固定后轮，而前轮的两个角度能调节，却保持相同。

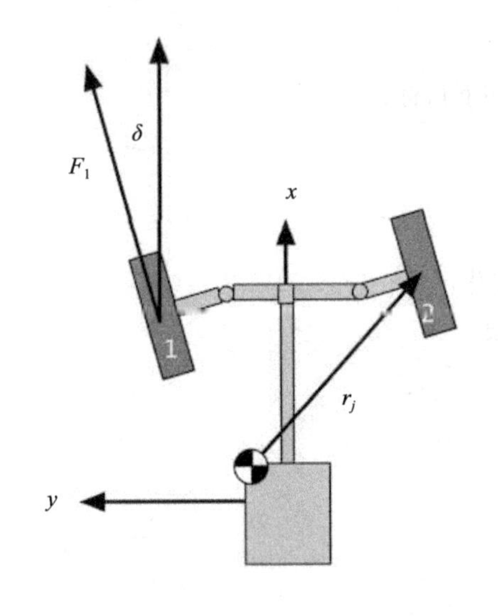

图 13.1　平面汽车动力学模型

该动力学方程可以写成旋转的形式：

$$m(\dot{v}_x - 2\omega v_y) = \sum_{k=1}^{4} F_{k_x} - qC_{D_x} A_x u_x \tag{13.1}$$

$$m(\dot{v}_y + 2\omega v_x) = \sum_{k=1}^{4} F_{k_y} - qC_{D_y} A_y u_y \tag{13.2}$$

$$I\dot{\omega} = \sum_{k=1}^{4} r_k^{\times} F_k \tag{13.3}$$

其中压力为：

$$q = \frac{1}{2}\rho\sqrt{v_x^2 + v_y^2} \tag{13.4}$$

和

$$v = \begin{bmatrix} v_x \\ v_y \end{bmatrix} \tag{13.5}$$

单位向量为：

$$u = \frac{\begin{bmatrix} v_x \\ v_y \end{bmatrix}}{\sqrt{v_x^2 + v_y^2}} \tag{13.6}$$

法向力是 mg，其中 g 是重力加速度。对于轮胎 k，轮胎接触道路的轮胎接触点处的力为：

$$F_{t_k}=\begin{bmatrix}T/\rho-F_r\\-F_c\end{bmatrix}\tag{13.7}$$

其中 ρ 是轮胎的直径，F_r 是滚动摩擦：

$$F_r=f_0+K_1v_{t_x}^2\tag{13.8}$$

其中 v_{t_x} 是轮毂在滚动方向的速度。对于前驱车来说，后轮的扭矩 T 为 0，接触摩擦为：

$$F_c=\mu_c mg\frac{v_{t_y}}{|v_t|}\tag{13.9}$$

这个力垂直于车轮的滚动方向的法向，即进入或离开图 13.2 中的纸张方向。速度项确保摩擦力不会导致无限循环。也就是说，当 y 速度为零时，力为零。μ_c 是轮胎的常数。

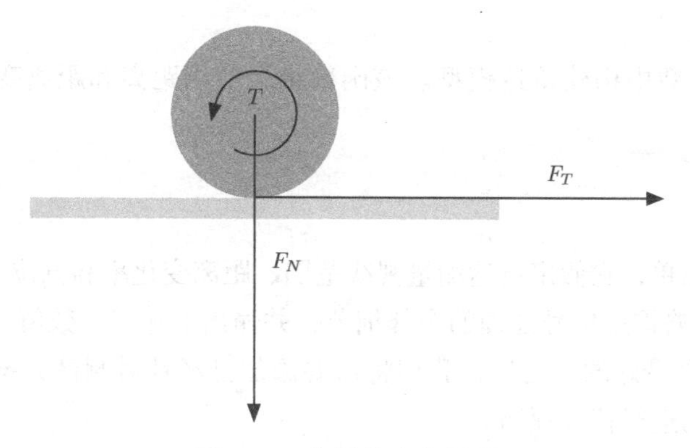

图 13.2　车轮的力和扭矩

从轮胎到车架的变换为：

$$c=\begin{bmatrix}\cos\delta & -\sin\delta\\ \sin\delta & \cos\delta\end{bmatrix}\tag{13.10}$$

此处，δ 是方向盘的角度，故：

$$F_k=cF_{tk}\tag{13.11}$$

$$v_t=c^T\begin{bmatrix}v_x\\v_y\end{bmatrix}\tag{13.12}$$

与偏航角和偏航角速率相关的运动方程为：

$$\dot{\theta}=\omega \tag{13.13}$$

而惯性速度 V 与汽车行驶所需的速度的关系为：

$$V=\begin{bmatrix}\cos\theta & -\sin\theta \\ \sin\theta & \cos\theta\end{bmatrix}v \tag{13.14}$$

我们将向你在 13.4 节中的作图部分展示动力学仿真的过程。

13.2 汽车雷达建模

13.2.1 问题

本示例使用的传感器是汽车雷达。雷达测量方位、距离和距离变化率。我们需要两个函数：一个用于实现仿真，另一个用于无迹卡尔曼滤波器（UKF）。

13.2.2 方法

在 MATLAB 函数中构建雷达模型。该函数将会使用距离和距离变化率的解析导数来实现。

13.2.3 步骤

雷达模型极其简单，它假定雷达测量视线范围、距离变化率和方位（即与汽车前进方向的角度）。该模型忽略雷达信号处理的全部细节，并输出上述三个数值。这种简单模型对于一个项目的开始总是最好的。之后，我们将需要添加已经针对测试数据进行过验证的细节模型，以证明系统的运行符合预期。

通过特定数据结构输入雷达的位置和速度，其中并不包括对雷达信噪比的建模。来自雷达的接收功率为 $\frac{1}{r^4}$。在该模型中，信号在最大距离处变为 0，该距离是通过雷达与目标之间的位置差异来确定的。如果 δ 为差距，我们写成：

$$\delta=\begin{bmatrix}x-x_r \\ y-y_r \\ z-z_r\end{bmatrix} \tag{13.15}$$

则距离为：

$$\rho=\sqrt{\delta_x^2+\delta_y^2+\delta_z^2} \tag{13.16}$$

速度变化量为：

$$v = \begin{bmatrix} v_x - v_{x_r} \\ v_y - v_{y_r} \\ v_z - v_{z_r} \end{bmatrix} \quad (13.17)$$

在这两个方程中，下标 r 表示雷达。距离变化率为：

$$\dot{\rho} = \frac{v^T \delta}{\rho} \quad (13.18)$$

AutoRadar 函数可以处理多个目标，并可以为整条轨迹生成雷达测量。这真的很方便，因为你可以给它输入你的轨迹，然后观察它的返回结果，这样就可以在不运行仿真的情况下体验到这个问题。它还允许你确保传感器模型符合预期！这一点至关重要，因为所有的模型都有自己的假设和限定，非常有可能这个模型确实不适合你的应用。例如，某个模型是二维的，而如果你担心系统对于主车上方正在通过桥梁的车辆感到困惑，则该模型将不适用于这样的测试场景。

请注意，AutoRadar 函数具有内置演示功能，因此如果没有输出，函数将绘制结果图形。在代码中添加演示功能是一种非常友好的函数使用方式，使得其他用户更加易于使用你的代码，甚至对于作者自身来说也非常有用，如果在编写代码几个月后需要再次查看和理解自己的函数。因为代码很长，我们将演示功能放在子函数中。如果演示部分只需要几行代码，则不需要子函数。在演示函数之前是用来定义数据结构的函数。

第二个函数是 AutoRadarUKF，与 AutoRadar 具有相同的核心代码，同时与 UKF 兼容。虽然我们可以继续使用函数 AutoRadar，但是用这个函数会更加方便。转换矩阵 cITOC（惯性到汽车的转换）是二维的，因为仿真是在平坦的世界中进行的。

```
s        = sin(d.theta);
c        = cos(d.theta);
cIToC    = [c s;-s c];
dR       = cIToC*x(1:2);
dV       = cIToC*x(3:4);

rng      = sqrt(dR'*dR);
y        = [rng; dR'*dV/rng; atan(dR(2)/dR(1))];
```

雷达返回距离、距离变化率以及目标的方位角。尽管我们使用雷达作为传感器，但是没有理由不能使用相机、激光测距仪或声呐等来作为传感器。本书提供的算法和软件的限制是只能处理一个传感器。你可以通过普林斯顿卫星系统公司获取商业软件包，将其扩展至多个传感器，例如用于带有雷达和摄像头的汽车。图 13.3 显示了内置的雷达演示功能。目标车辆正在雷达前面穿梭行驶，并以稳定的速度下降。穿梭行驶导致了随时间变化的距离变化率。

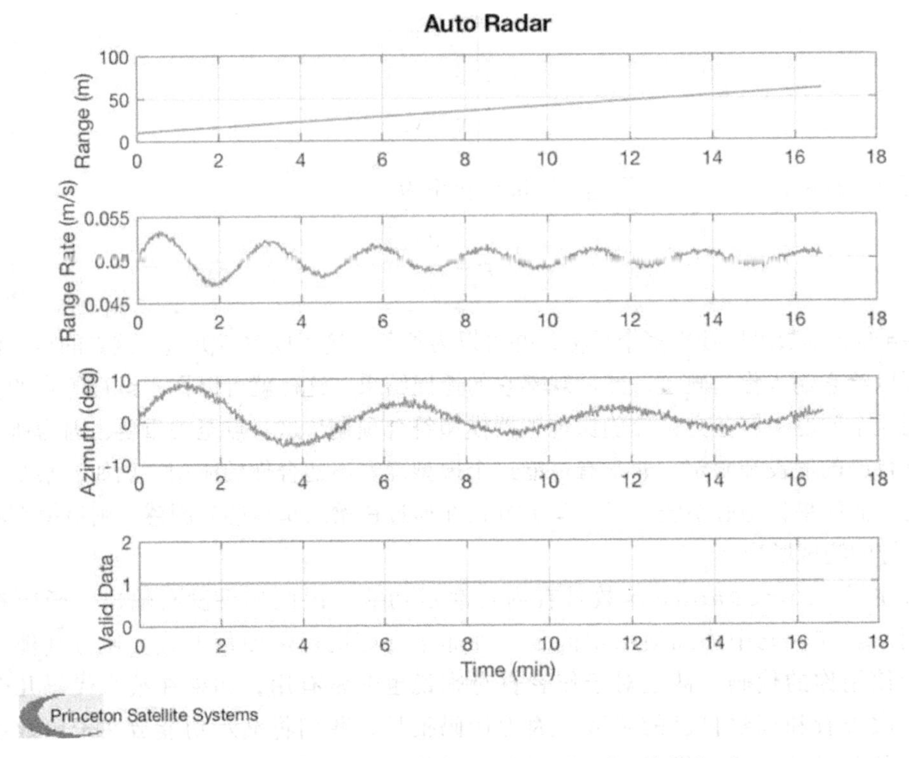

图 13.3　内置雷达演示，目标汽车在雷达前面穿梭行驶

13.3　汽车的自主超车控制

13.3.1　问题

为了能让雷达测量一些有趣的东西，我们需要实现汽车在道路上的运动。为此，我们需要开发一个汽车变换车道的算法。

13.3.2　方法

汽车由转向控制器驱动，执行基本的汽车操控动作，例如控制油门（油门踏板）和转向角，多个操作可以链式连接在一起。这也为多假设检验（MHT）系统提供了具有挑战性的测试，其中第一个功能是自主超车，第二个功能是变换车道。

13.3.3　步骤

函数 `AutomobilePassing` 通过将方向盘指向目标来实现超车控制。函数产生转向角需求和扭矩需求，也就是我们对转向系统的需求。在真实的驾驶过程中，汽车硬件将尝试满足我们的需求，但在转向角或电机扭矩满足需求之前会有一段滞后时间。在许多情况下，我们将需求传递至另一个可以满足需求的控制系统。算法非常简单。它不在乎是否有人挡路，也没有避免躲避其他车辆的控制权。该代码假定该车道为空。不要在你的汽车上尝试！超车状态由变量 passState 定义。在超车之前，passState 为 0；超车期间则为 1。当汽车返回到原来的车道时，状态重新设置为 0。

```
% Lead the target unless the passing car is in front
if( passee.x(1) + dX > passer.x(1) )
  xTarget = passee.x(1) + dX;
else
  xTarget = passer.x(1) + dX;
end

% This causes the passing car to cut in front of the car being passed
if( passer(1).passState == 0 )
  if( passer.x(1) > passee.x(1) + 2*dX )
    dY = 0;
    passer(1).passState = 1;
  end
else
  dY = 0;
end

% Control calculation
target          = [xTarget;passee.x(2) + dY];
theta           = passer.x(5);
dR              = target - passer.x(1:2);
angle           = atan2(dR(2),dR(1));
err             = angle - theta;
passer.delta    = gain(1)*(err + gain(3)*(err - passer.errOld));
passer.errOld   = err;
passer.torque   = gain(2)*(passee.x(3) + dV - passer.x(3));
```

第二个函数实现车道变换，它通过将方向盘指向目标来实现车道变换控制。该函数产生转向角需求和扭矩需求。默认收益相当有效。你应该始终提供有意义的默认值。

```
% Default gains
if( nargin < 5 )
  gain = [0.05 80 120];
end
% Lead the target unless the passing car is in front
xTarget         = passer.x(1) + dX;

% Control calculation
target          = [xTarget;y];
theta           = passer.x(5);
dR              = target - passer.x(1:2);
angle           = atan2(dR(2),dR(1));
err             = angle - theta;
passer.delta    = gain(1)*(err + gain(3)*(err - passer.errOld));
passer.errOld   = err;
passer.torque   = gain(2)*(v - passer.x(3));
```

13.4 汽车动画

13.4.1 问题

可视化汽车运行。

13.4.2 方法

先创建一个函数来读入 .obj 文件，然后编写一个函数来绘制模型动画。

13.4.3 步骤

第一部分是找一个汽车模型。一个很好的资源是 TurboSquid（https://www.turbosquid.com）。你会发现成千上万的模型。我们需要 .obj 格式并且更倾向于那些由少量多边形构成的模型。理想情况下，我们最好有基于三角形的模型。对于本章找到的模型，模型中存在矩形，所以我们使用 Macintosh 应用程序 Cheetah3D（https://www.cheetah3d.com）将它们转换为三角形。OBJ 模型附带 .obj 文件、.mtl 文件（材质文件）和纹理图像。我们只使用 .obj 文件。

LoadOBJ 加载文件并将其放入数据结构中。数据结构使用 OBJ 文件的 g 字段将文件分解为组件。在这种情况下，组件分解为四个轮胎和整车的其余部分。该演示只是 LoadOBJ('MyCar.obj')。你只需要扩展名为 .obj 的文件。汽车的图形如图 13.4 所示。

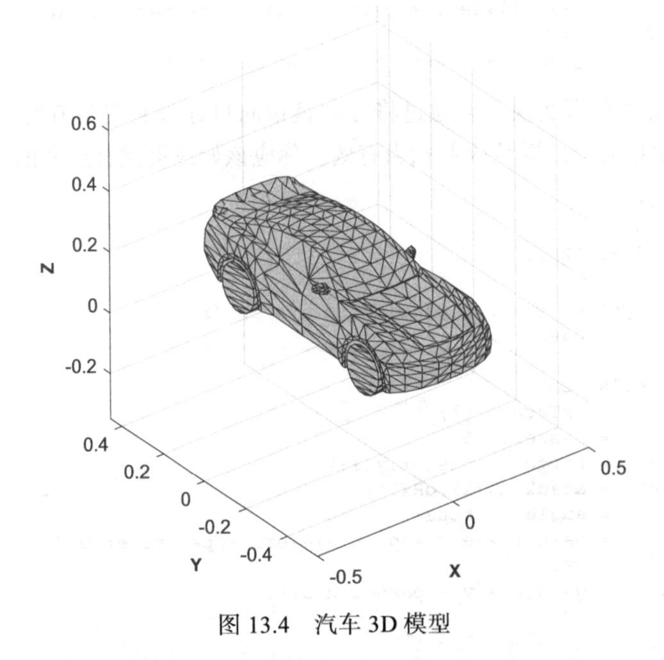

图 13.4 汽车 3D 模型

每次调用一次 patch 函数生成图像。

DrawComponents 的第一部分初始化模型并对其进行更新。我们保存并返回指向 patch 的指针，这样我们只需要在每次调用时更新向量。

```
switch( lower(action) )
  case 'initialize'

    n = length(g.component);
    h = zeros(1,n);

    for k = 1:n
      h(k) = DrawMesh(g.component(k) );
    end

  case 'update'
    UpdateMesh(h,g.component,x);

  otherwise
    warning('%s␣not␣available',action);
end
```

通过调用 patch 来绘制网格。patch 有许多值得探索的选项。我们使用选项的最小集合。我们使边缘变黑以使模型看起来更加清晰。Phong 反射模型是一种经验照明模型。它包括漫反射和高光照明。

```
function h = DrawMesh( m )

h = patch(  'Vertices', m.v, 'Faces',   m.f, 'FaceColor', m.color,...
            'EdgeColor',[0 0 0],'EdgeLighting', 'phong',...
            'FaceLighting', 'phong');
```

UpdateMesh 函数通过围绕 z 轴旋转顶点然后添加 x 和 y 位置偏移来完成图形的更新。输入数组是 [x; y; yaw]。然后我们设置新的顶点。该函数可以处理位置、速度和偏移角度的数组。

```
function UpdateMesh( h, c, x )

for j = 1:size(x,2)
  for k = 1:length(c)
    cs      = cos(x(3,j));
    sn      = sin(x(3,j));
    b       = [cs -sn 0 ;sn cs 0;0 0 1];
    v       = (b*c(k).v')';
    v(:,1)  = v(:,1) + x(1,j);
    v(:,2)  = v(:,2) + x(2,j);
    set(h(k),'vertices',v);
  end
end
```

作图示例 AutomobileDemo 实现了超车控制。AutomobileInitialize 读入 OBJ 文件。以下代码设置图形窗口：

```
% Set up the figure
NewFig( 'Car␣Passing' )
axes('DataAspectRatio',[1 1 1],'PlotBoxAspectRatio',[1 1 1] );

h(1,:) = DrawComponents( 'initialize', d.car(1).g );
h(2,:) = DrawComponents( 'initialize', d.car(2).g );

XLabelS('X␣(m)')
YLabelS('Y␣(m)')
ZLabelS('Z␣(m)')

set(gca,'ylim',[-4 4],'zlim',[0 2]);

grid on
view(3)
rotate3d on
```

在每次通过仿真循环期过程中，我们会更新一次图形。我们为每个车辆的组件作图函数 patch 返回的句柄调用函数 DrawComponents。我们调整作图范围，以便能够总是密切关注两辆车子。我们也可以在轴数据结构中使用相机字段。为了平滑动画，我们在设置新的 x 轴坐标轴范围 xlim 之后，调用 drawnow。

```
% Draw the cars
pos1 = x([1 2]);
pos2 = x([7 8]);
DrawComponents( 'update', d.car(1).g, h(1,:), [pos1;pi/2 + x( 5)] );
DrawComponents( 'update', d.car(2).g, h(2,:), [pos2;pi/2 + x(11)] );

xlim = [min(x([1 7]))-10 max(x([1 7]))+10];
set(gca,'xlim',xlim);
drawnow
```

图 13.5 展示了超车过程的 4 个关键点。

13.5 汽车仿真与卡尔曼滤波器

13.5.1 问题

我们想追踪一辆汽车，通过雷达测量来追踪它在我们车辆周围的机动行为。这些汽车可能会随时出现并消失。雷达测量数据需要转换为被追踪车辆的位置和速度。而在两次雷达测量之间，需要对汽车在给定时间的位置给出最佳估计。

13.5.2 方法

实现 UKF，利用雷达测量数据来更新被追踪车辆的动力学模型。

13.5.3 步骤

我们首先使用卡尔曼滤波器动力学模型创建函数 RHSAutomobileXY，卡尔曼滤波器右侧只是微分方程而已。

$$\dot{x} = v_x \tag{13.19}$$

$$\dot{y} = v_y \tag{13.20}$$

$$\dot{v}_x = 0 \tag{13.21}$$

$$\dot{v}_y = 0 \tag{13.22}$$

符号上面的点表示时间导数或随时间变化的速率。这些是汽车的状态方程。该模型表明随时间变化的位置与速度成正比，还表明速度是恒定的。有关速度变化的信息将仅来自测量。我们也没有模拟角度或角速率。这是因为我们没有从雷达中获取有关它的信息。但是，你可能想尝试去包含它！

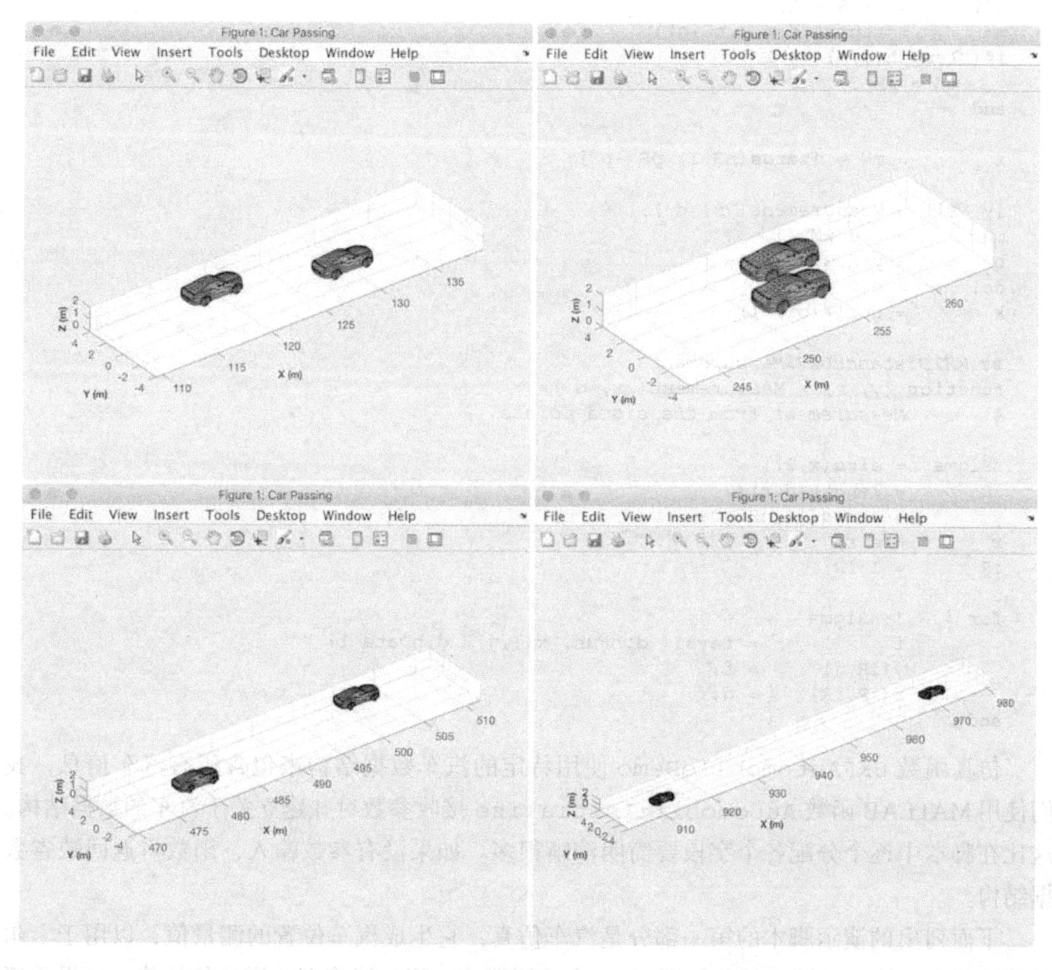

图 13.5　汽车仿真循环的截图，演示了车辆超车过程

RHSAutomobileXY 函数如下所示，它只有一行代码！这是因为它只是模拟点质量的动力学。

```
xDot = [x(3:4);0;0];
```

本节的演示仿真与用于多假设系统追踪演示的仿真相同。仿真示例中仅仅展示了卡尔曼滤波器。由于卡尔曼滤波器是软件工具箱的核心部分，因此在添加测量任务的功能之前，我们必须确保滤波器能够正常工作。

MHTDistanceUKF 使用 UKF 来得到用于门控计算的 MHT 距离。测量函数的形式为 $h(x, d)$，其中 d 为 UKF 数据结构。MHTDistanceUKF 使用了 σ 点，代码与 UKFUpdate 类似。随着不确定性逐渐变小，残差也必须更小以使其保持在门限值内。

```
pS       = d.c*chol(d.p)';
nS       = length(d.m);
nSig     = 2*nS + 1;
mM       = repmat(d.m,1,nSig);
if( length(d.m) == 1 )
    mM = mM';
end

x        = mM + [zeros(nS,1) pS -pS];

[y, r]   = Measurement( x, d );
mu       = y*d.wM;
b        = y*d.w*y' + r;
del      = d.y - mu;
k        = del'*(b\del);

%% MHTDistanceUKF>Measurement
function [y, r] = Measurement( x, d )
%        Measurement from the sigma points

nSigma   = size(x,2);
lR       = length(d.r);
y        = zeros(lR,nSigma);
r        = d.r;
iR       = 1:lR;

for j = 1:nSigma
        f             = feval( d.hFun, x(:,j), d.hData );
        y(iR,j)       = f;
        r(iR,iR)      = d.r;
end
```

仿真函数 UKFAutomobileDemo 使用特定的汽车数据结构来包含所有汽车信息，我们使用 MATLAB 函数 AutomobileInitialize 接收参数对并建立关于汽车的数据结构。这比在脚本中逐个分配各个字段要简明清晰很多。如果没有参数输入，函数将返回缺省数据结构。

下面列出的演示脚本的第一部分是汽车仿真，它生成汽车位置的测量值，以用于卡尔曼滤波器中。演示的第二部分处理 UKF 中的测量值，以生成汽车轨道的估计值。如果重复使用仿真结果，则可以将生成仿真数据的代码提取到单独的文件之中。

结果如图 13.6 ~ 13.8 所示。

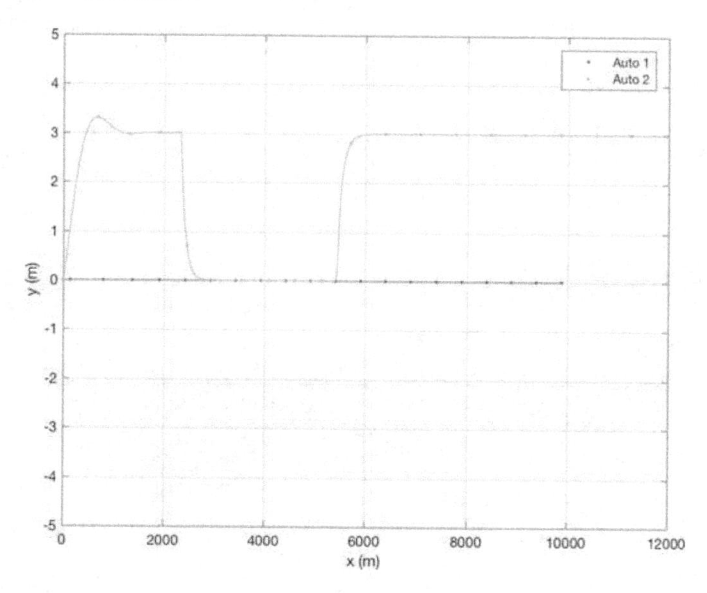

图 13.6　汽车运行轨迹

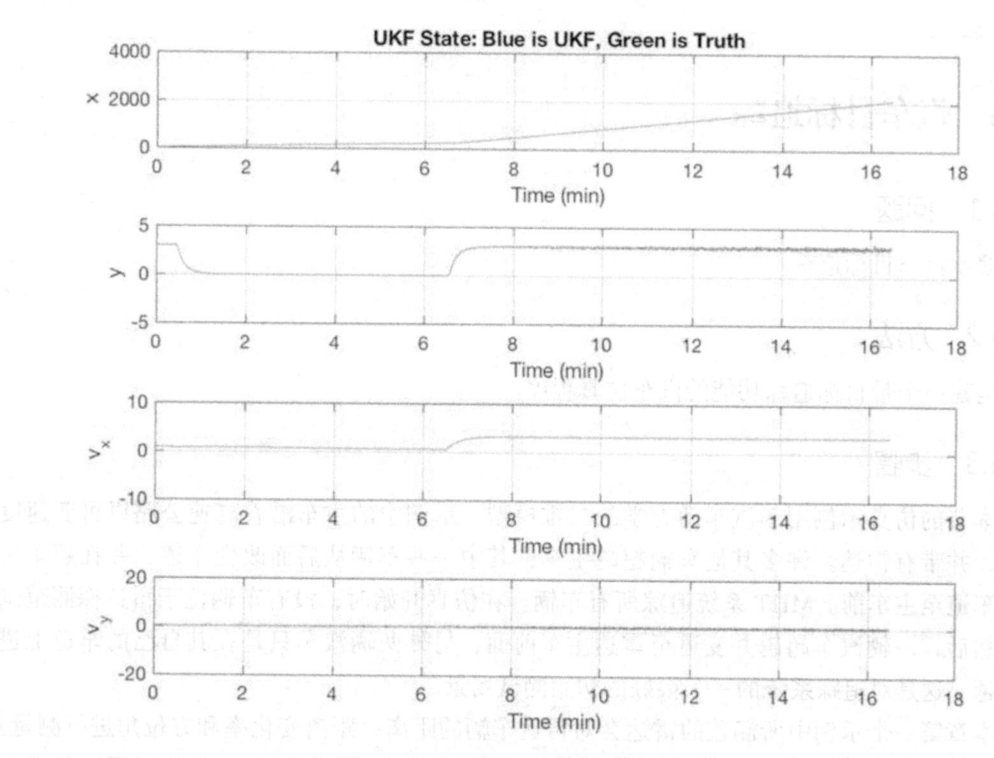

图 13.7　真实状态与 UKF 估计状态

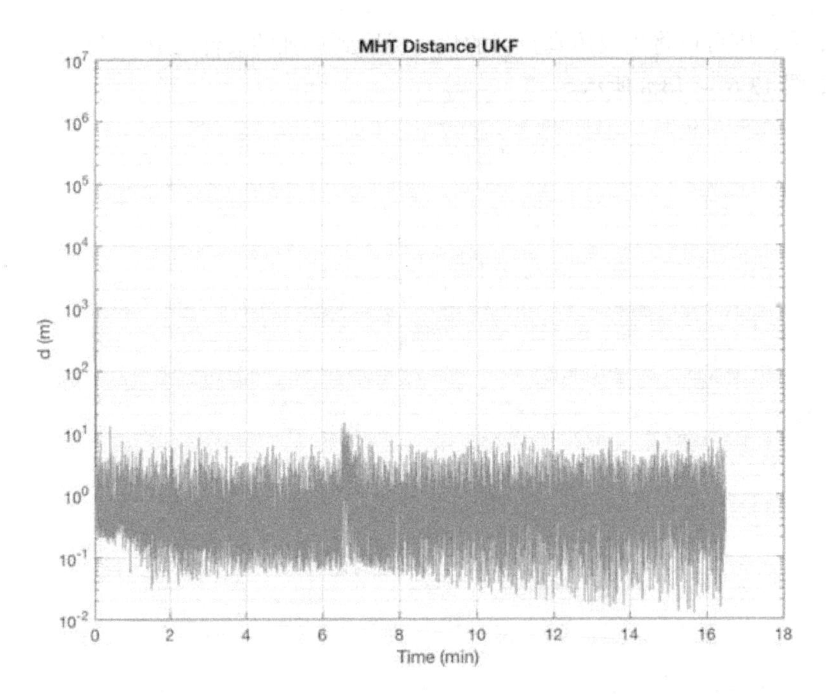

图 13.8 仿真过程中车辆之间的 MHT 距离。注意汽车开始加速时产生的距离尖峰

13.6 汽车目标追踪

13.6.1 问题

演示汽车目标追踪。

13.6.2 方法

构建一个带目标追踪功能的汽车仿真程序。

13.6.3 步骤

本节的仿真示例用于汽车动力学的二维模型。示例中的主车沿着高速公路以可变速度行驶，并带有雷达。许多其他车辆超越主车，其中一些车辆从后面改变车道，并在超车后切换车道至主车前。MHT 系统追踪所有车辆。在仿真开始时，没有车辆位于雷达探测范围内。然后，一辆汽车超越并变道至雷达主车前面，另外两辆汽车只是在其自己的车道上进行超越。这是对追踪系统的一个很好的初始测试场景。

本章第一个示例中所涵盖的雷达会对雷达车辆的距离、距离变化率和方位角进行测量。模型会直接根据目标与追踪车辆的相对速度和位置来生成这些值。我们没有对雷达信号处理进行建模，但是雷达具有探测范围和距离限定，请参考 AutoRadar。

汽车由执行基本汽车操控的转向控制器驱动，可以控制油门（加速踏板）和转向角。多个操控动作可以链式连接在一起。这对 MHT 系统提出了一个具有挑战性的测试。你可以尝试不同的操作，也可以添加自己的操控功能。

示例中使用了第 4 章中描述的无迹卡尔曼滤波器 UKF，因为雷达是一种高度非线性的测量方式。UKF 动力学模型 RHSAutomobileXY 是相对于雷达汽车惯性坐标系中的双重积分器。该模型通过使协方差（包括位置和速度）大于相对加速度分析预期值的方式来适应转向和油门变化。另一种选择是使用具有“转向”模型和“加速度”模型的交互式多模型（IMM），但这也会增加不必要的复杂性。而且，即使使用 IMM，也依然会保留相当大的不确定性，因为转向模型将被限定在一个或两个转向角。使用 MHT 实现仿真的脚本为 MHTAutomobileDemo。仿真中有四辆车，编号为 4 的车辆将被超越。图 13.10 显示了对汽车 3 的雷达测量，这是被追踪的最后一辆车。MHT 系统能够很好地处理车辆采集问题。MHT 图形用户界面如图 13.11 所示，界面中显示了在仿真结束时包含三个轨道的假设，这正是我们期望的结果。

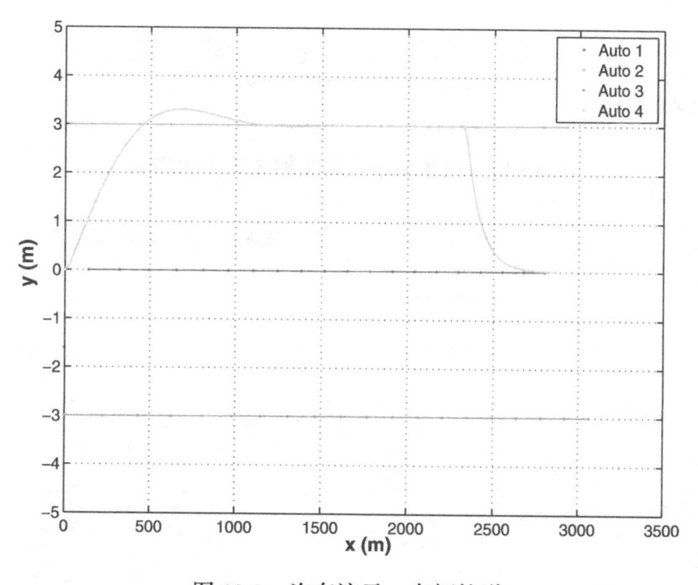

图 13.9　汽车演示：车辆轨道

图 13.12 显示了最终的轨道树结果，其中存在冗余轨道。这些轨道可以被删除，因为它们是其他轨道的克隆，并不会影响假设的生成。

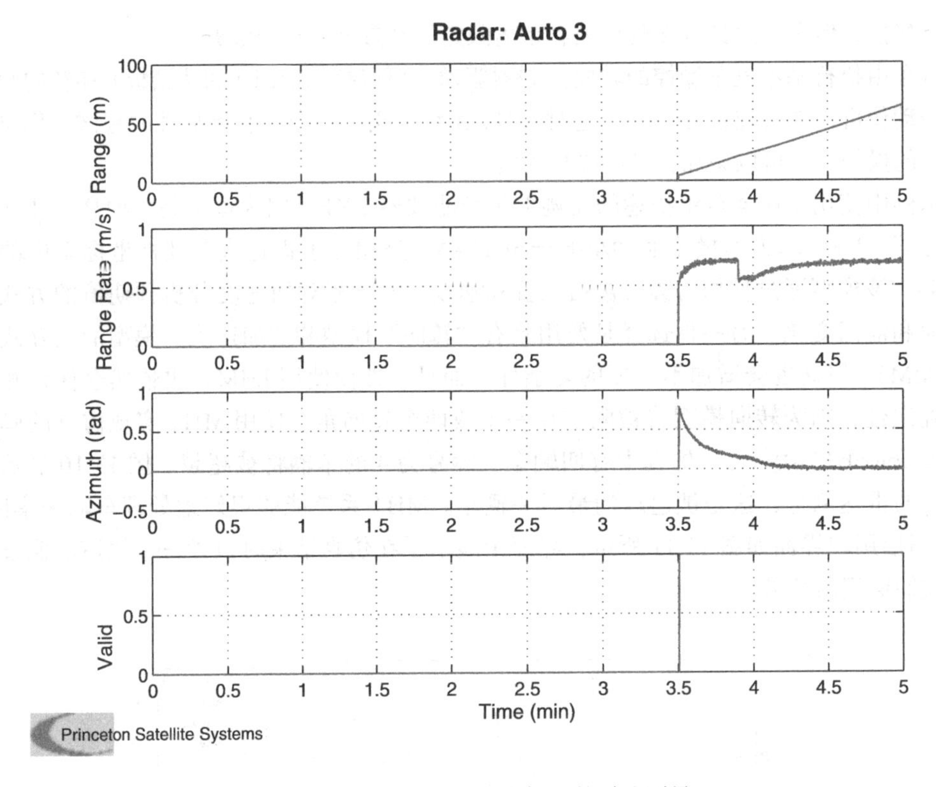

图 13.10 汽车演示：对车辆 3 的雷达测量

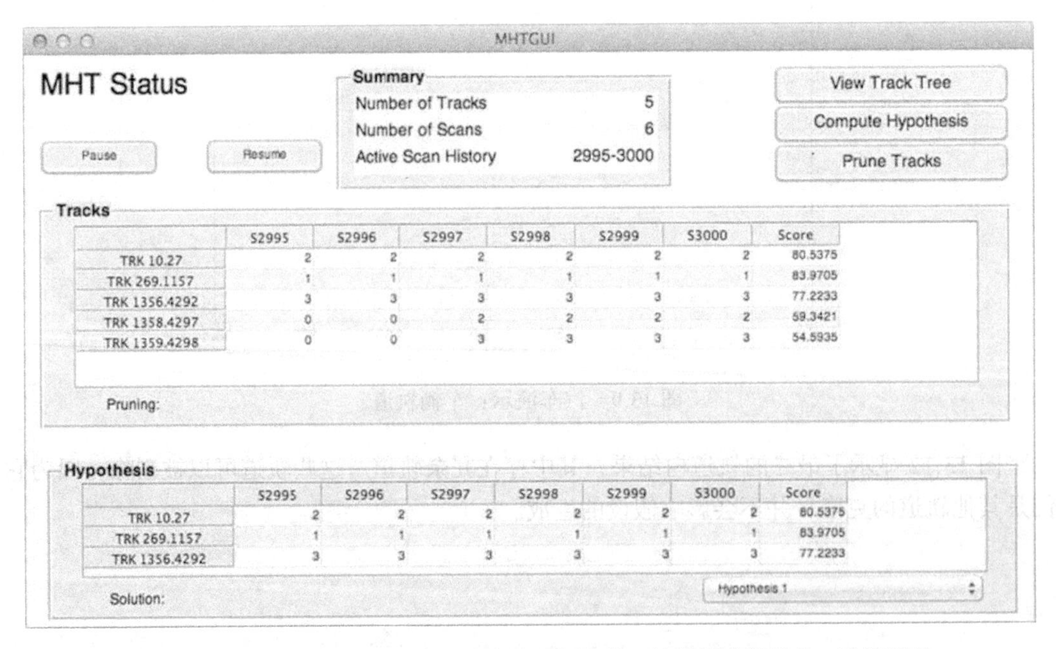

图 13.11 MHT 图形用户界面：显示了三条轨道，每条轨道都具备一致性测量

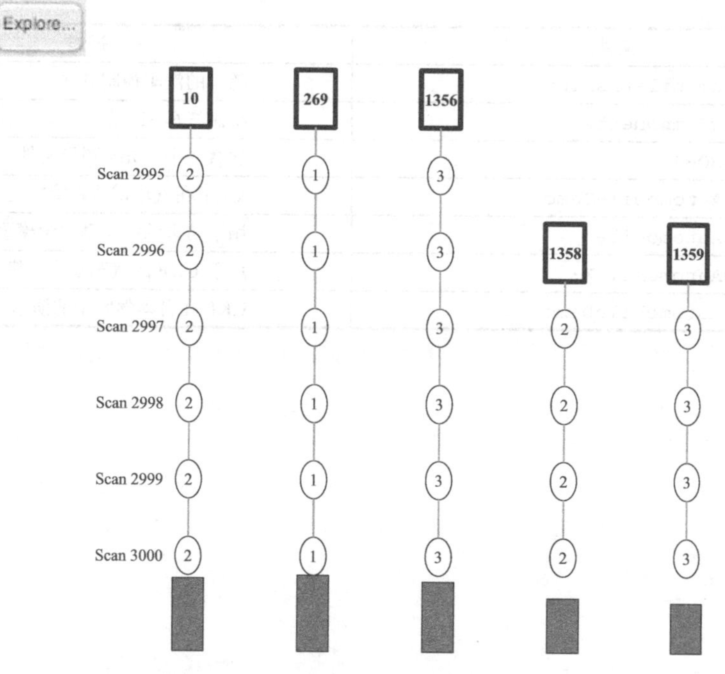

图 13.12　汽车演示：最终的轨道树

13.7　小结

本章讨论了汽车追踪的问题。汽车具有雷达系统，可以在雷达视野内探测其他车辆。该系统准确地将测量值分配至对应轨道，并成功地学习出每一辆相邻汽车的轨迹。我们从建立 UKF 滤波器来开始建模汽车的运动，结合雷达系统的测量值，在仿真脚本中演示 UKF。然后，我们构建脚本，结合轨道导向 MHT 方法，用以分配雷达对多辆汽车采集的测量值。这使我们的雷达系统能够自主和可靠地追踪多辆汽车。

我们还学习了如何建立简单的汽车控制器，包括使用两个控制器对车辆进行操控，并允许它们超越其他车辆。表 13.1 列出了本章中使用的示例代码。

表 13.1　本章代码列表

文件	描述
AutoRadar	用于仿真的汽车雷达模型
AutoRadarUKF	用于 UKF 的汽车雷达模型
AutomobileDemo	汽车动画
AutomobileInitialize	初始化汽车数据结构
AutomobileLaneChange	变换车道的汽车控制算法

（续）

文件	描述
AutomobilePassing	超车的汽车控制算法
DrawComponents	绘制汽车 3D 模型
LoadOBJ	加载一个 .obj 图形文件
MHTAutomobileDemo	MHT 在汽车雷达系统中的应用
RHSAutomobile	用于仿真的汽车动力学模型
RHSAutomobileXY	用于 UKF 的汽车动力学模型
UKFAutomobileDemo	UKF 在自动驾驶中的演示

第 14 章 Chapter 14

基于案例的专家系统

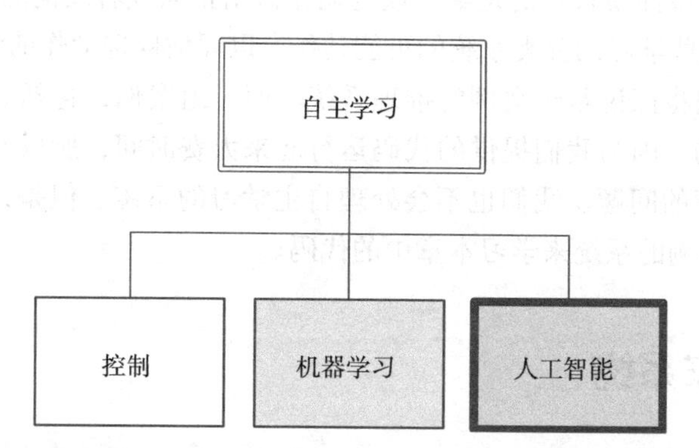

在本章中，我们将介绍基于案例的专家系统，这是我们自主学习分类法的人工智能分支的一个节点。有两大类专家系统，基于规则的和基于案例的。基于规则的系统有一套适用于做出决定的规则，它们只是一种在计算机代码中编写决策语句的更有条理的方式。当决策涉及数百或数千条规则时，这些系统提供了一种自动化流程的方法。基于案例的系统则通过一组预定义的案例来决策。

在专家系统的环境中学习很大程度上取决于专家系统的配置。有三种主要方法，它们在学习自主性水平和系统新知识的平均通用性方面有所不同。

最不自主的学习方法是在简单的基于规则的专家系统中引入新的规则集。这种学习可以高度量身定制，重点突出，但完全是在外部教师的要求下完成的。一般而言，具有极其通用规则的非常具体的基于规则的系统往往存在很多需要对其规则进行例外处理的边缘情况。因此，这种类型的学习虽然易于管理和实施，但既不是自主的，也不是通用的。

第二种方法是事实搜集。专家系统根据已知的因果关系以及不断发展的世界模型做出决策，学习被分成两个子部分。学习新的因果系统规则与前述基于规则的学习类型非常相似，需要外部指令，但可以更通用（因为它结合更简单的基于规则的系统可能具有的更一般的世界知识）。然而，学习新事实可以是非常自主的，并且涉及通过增加自动推理系统可以利用的信息量来改进专家系统的现实模型。

第三种方法是完全基于自主的推理，先观察行动及其后果，从而推断什么样的先验和行动组合导致什么样的结果。例如，如果两个相似的动作导致积极的结果，那么在这两种情况下相同的那些先验可以开始被推断为肯定动作的必要先决条件。当看到额外的行动时，可以改进这些推论，并且可以在预测中增加信心。

这三种方法的实施难度依次递增。尽管规则依赖性和优先级可能变得复杂，但向基于规则的专家系统添加规则非常简单。一旦建立了用于处理输入数据的适当通用的传感系统，自动推理系统中基于事实的知识扩展也相当简单。第三种方法是迄今为止最困难的方法；但是，基于规则的系统也可以包含这种类型的学习。此外，更一般的模式识别算法，可以利用神经网络，可以应用于训练数据（包括在线的、无监督的训练数据）以执行学习识别条件模式的功能。所谓条件模式指的是给定候选动作做出正向或者反向的结果的模式。然后，系统可以检查针对这些学习的分类系统的可能动作，以评估候选动作的潜在结果。

在本章中，我们将探讨基于案例的推理系统。而一组案例，包括它们的状态和值，是由字符串形式给出的。因为我们提供的代码运行起来太费时间，所以并没有尝试处理拥有数千个案例的数据库的问题。我们也不会处理自主学习的系统。但是，可以通过将新案例的结果反馈到基于案例的系统来学习本章中的代码。

14.1 构建专家系统

14.1.1 问题

我们需要一个工具去构建基于案例的专家系统。我们的工具最好能够处理小案例集。

14.1.2 方法

构建一个函数 `BuildExpertSystem`，它接受参数对以构建基于案例的专家系统。

14.1.3 步骤

知识库由状态、值和生产规则组成。新案例分为四个部分：案例名称、状态和值以及结果，一个状态可以有多个值。

状态目录是推理系统可用的所有信息的列表。它被格式化为状态和状态值，仅允许字符串值。元胞数组存储所有数据。

默认的状态目录如下所示，用于车轮控制系统的响应。可接受的或者正向的状态值被存在元胞数组内，紧随状态定义：

```
{
        {'wheel-turning'},          {'yes','no'};
        {'power'},                  {'on','off'};
        {'torque-command'},         {'yes','no'}
}
```

我们的案例数据库旨在检测故障。我们有三件事要检查以确定车轮是否正常工作。如果车轮正在转动并且电源打开并且有一个扭矩命令，那么说明它正在工作。轮子可以在没有扭矩命令或关闭电源的情况下转动，因为它只是从先前命令的旋转中慢慢停下来。如果车轮没有转动，则可能是没有扭矩指令或电源关闭。

14.2　运行专家系统

14.2.1　问题

创建一个基于案例的专家系统并运行之。

14.2.2　方法

构建一个专家系统引擎，以实现基于案例的推导系统。该引擎应该被设计成能够处理少量的案例，并且具有更新案例数据库的能力。

14.2.3　步骤

一旦从状态目录中定义了几个案例，就可以测试系统。函数 CBREngine 实现了基于案例的推理引擎。我们的想法是传递一个案例 newCase，看看它是否与系统数据结构中存储的任何现有案例相匹配。对于我们的问题，我们认为已拥有检测任何故障所需的所有案例。使用 strcmpi 与内置函数进行字符串匹配。然后返回找到匹配的第一个值。

该算法尝试找到匹配的案例的总分，以确定该示例是否与存储的案例匹配。引擎将新案例中的状态值与案例数据库中的状态值进行匹配。它按状态数量对结果进行加权。如果新案例的状态多于现有案例，则会将结果偏向数据库案例中的状态数除以新案例中的状态数。如果多个案例与新案例匹配并且匹配案例的结果不同，则结果被声明为“不明确”。如果它们是相同的，它会给出新案例。案例名称使你更容易理解结果。我们使用 strcmpi 让字符串匹配不区分大小写。

```
function [outcome, pMatch] = CBREngine( newCase, system )

% Find the cases that most closely match the given state values
pMatch  = zeros(1,length(system.case));
pMatchF = length(newCase.state); % Number of states in the new case
for k = 1:length(system.case)
```

```
    f = min([1 length(system.case(k).activeStates)/pMatchF]);
    for j = 1:length(newCase.state)
      % Does state j match any active states?
      q = StringMatch( newCase.state(j), system.case(k).activeStates );
      if( ~isempty(q) )
        % See if our values match
        i = strcmpi(newCase.values{j},system.case(k).values{q});
        if( i )
          pMatch(k) = pMatch(k) + f/pMatchF;
        end
      end
    end
  end

  i = find(pMatch == 1);
  if( isempty(i) )
    i = max(pMatch,1);
  end

  outcome = system.case(i(1)).outcome;

  for k = 2:length(i)
    if( ~strcmp(system.case(i(k)).outcome,outcome))
      outcome = 'ambiguous';
    end
  end
```

演示脚本 ExpertSystemDemo 非常简单。第一部分构建系统，剩余代码运行一些案例。‘id’表示其后的数据在元胞数组中的索引。例如，目录中的前三个条目，它们是编号为 1 ~ 3。

接下来的参数用于案例，它们是项目 1 ~ 4。当 BuildExpertSystem 遍历参数对列表时，它使用最近 id 作为后续参数对的索引。

```
  system = BuildExpertSystem( [], 'id',1,...
                              'catalog␣state␣name','wheel-turning',...
                              'catalog␣value',{'yes','no'},...
                              'id',2,...
                              'catalog␣state␣name','power',...
                              'catalog␣value',{'on' 'off'},...
                              'id',3,...
                              'catalog␣state␣name','torque-command',...
                              'catalog␣value',{'yes','no'},...
                              'id',1,...
                              'case␣name', 'Wheel␣operating',...
                              'case␣states',{'wheel-turning', 'power',
                                 'torque-command'},...
                              'case␣values',{'yes' 'on' 'yes'},...
                              'case␣outcome','working',...
                              'id',2,...
                              'case␣name', 'Wheel␣power␣ambiguous',...
                              'case␣states',{'wheel-turning', 'power',
                                 'torque-command'},...
                              'case␣values',{'yes' {'on' 'off'} 'no'
                                 },...
                              'case␣outcome','working',...
```

```
                    'id',3,...
                    'case_name', 'Wheel_broken',...
                    'case_states',{'wheel-turning', 'power',
                       'torque-command'},...
                    'case_values',{'no' 'on' 'yes'},...
                    'case_outcome','broken',...
                    'id',4,...
                    'case_name', 'Wheel_turning',...
                    'case_states',{'wheel-turning', 'power'
                       },...
                    'case_values',{'yes' 'on'},...
                    'case_outcome','working',...
                    'match_percent',80);

newCase.state  = {'wheel-turning', 'power', 'torque-command'};
newCase.values = {'yes','on','no'};
newCase.outcome = '';

[newCase.outcome, pMatch] = CBREngine( newCase, system );

fprintf(1,'New_case_outcome:_%s\n\n',newCase.outcome);

fprintf(1,'Case_ID_Name________________________Percentage_Match\n');
for k = 1:length(pMatch)
  fprintf(1,'Case_%d:_%-30s_%4.0f\n',k,system.case(k).name,pMatch(k)
      *100);
end
```

如上所见，我们匹配了两个案例，但因为它们的输出是相同的，所以轮子被宣布在工作状态。我们可以使用 BuildExpertSystem 将这个新案例添加到数据库中。

我们在脚本中使用 fprintf 将以下结果打印到命令窗口中。

```
>> ExpertSystemDemo
New case outcome: working

Case ID Name                            Percentage Match
Case 1: Wheel working                     67
Case 2: Wheel power ambiguous             67
Case 3: Wheel broken                      33
Case 4: Wheel turning                     44
```

此示例适用于具有二元结果的非常小的基于案例的专家系统。无须更改代码即可处理多个结果。但是，匹配过程很慢，因为它将会遍历所有情况。处理数千个案例的更强大的系统需要某种决策树来剔除无须测试的案例。例如，假设我们有几个不同的组件正在测试，比如起落架，我们需要知道：轮胎没瘪，制动器在工作，齿轮已展开，齿轮已锁定。如果未展开齿轮，我们不再需要测试制动器或轮胎，或者齿轮是否锁定。

14.3 小结

本章演示了一个简单的基于案例的推理专家系统。系统可配置，允许向先前案例的结果中添加新案例。另一种选择是基于规则的系统。表 14.1 列出了配套代码中包含的函数和脚本。

表 14.1 本章代码列表

文件	描述
BuildExpertSystem	用于构建基于案例的专家系统数据库的函数
CBREngine	基于案例的推理引擎
ExpertSystemDemo	专家系统演示

附录 A Appendix A

自主学习的历史

A.1 引言

第 1 章中我们引入了自主学习的概念，将其分为三个领域：机器学习、控制和人工智能（AI）。本附录中，你将了解每个领域是如何演变的。自动控制早于人工智能，然而我们对自适应控制或学习控制更感兴趣。这是一个相对较新的发展领域，真正开始发展还是始于人工智能仍处于基础研究的阶段。机器学习有时被认为是人工智能的分支，然而，机器学习中使用的许多方法来自不同的技术领域，例如统计与优化。

A.2 人工智能

人工智能研究始于第二次世界大战之后不久[22]。早期的研究工作基于大脑结构、命题逻辑和图灵计算理论等知识。Warren McCulloch 和 Walter Pitts 根据阈值逻辑创建了神经网络的数学方程式，从而促使神经网络的研究分为两个方向，一个集中于大脑的生物过程，另一个则是将神经网络应用于人工智能。已经证明任何函数都可以通过一组互相连接的神经元来实现，而且由此构成的神经网络具备学习能力。Wiener 于 1948 年出版的《Cybernetics》描述了控制、通信和统计信号处理的概念。神经网络的下一个里程碑是 Hebb 于 1949 年出版的《The Organization of Behavior》，它将网络连接与大脑中的学习过程联系起来。这本书成为学习与自适应系统的发展起源。Marvin Minsky 和 Dean Edmonds 于 1950 年建立了第一台神经计算机。

1956 年，Allen Newell 和 Herbert Simon 设计了一个以非数值方式工作的推理程序——

Logic Theorist（LT）。程序的第一个版本使用索引卡手动仿真，可以证明数学定理甚至能够改进人的推导过程。它完成了对《数学原理》一书中 52 个数学定理中的 38 个定理的证明。LT 使用启发式搜索树来限制搜索空间。LT 的计算机实现使用了 IPL 信息处理语言，正是 IPL 促成了之后 Lisp 语言的诞生。

积木世界，则是第一次展示计算机在通用推理方面的一次尝试。积木世界是一个微型世界，一组积木块放置在桌子上，其中一些积木放置在其他积木块之上。人工智能系统将以某种方式重新排列积木块。放置在其他积木下面的积木块无法移动，直到其顶部的积木被移走。这是一个与河内塔不一样的问题。积木世界是一个重大的进步，它表明机器至少可以在一个有限的环境中进行推理。这个项目引入了计算机视觉技术，神经网络技术的实现工作也开始启动。

在“积木世界”与 Newell 和 Simon 的 LT 之后继续发展的技术被称为一般问题解决器（GPS）技术。它被设计为模仿人类解决问题的方法。针对有限类型的智力问题，它可以做到非常像人类那样去解决问题。虽然 GPS 解决了某些简单问题，如图 A.1 中所示的河内塔问题，但是它不能解决现实世界中的很多问题，因为搜索过程会很快迷失在诸多可能性的组合爆炸之中。

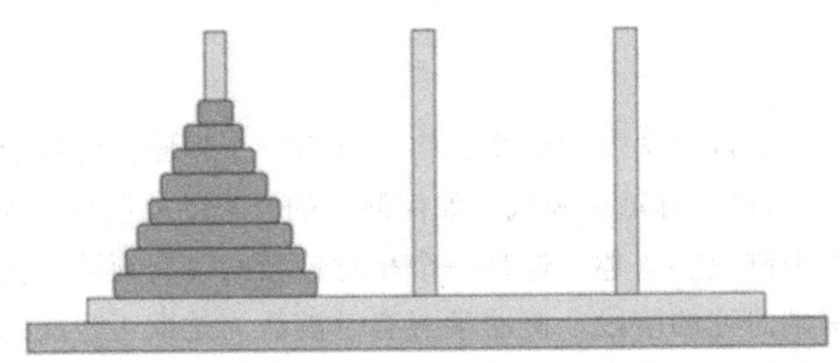

图 A.1 河内塔。盘子必须从第一个柱子上移动到最后一个，移动过程中不能将直径较大的盘子放在直径较小盘子的顶部

1959 年，Hermern Gelernter 编写了几何定理证明器，它可以证明那些相当棘手的定理。第一个游戏程序也是在这个时候编写的。1958 年，John McCarthy 发明了 Lisp（LISt Processing）语言，其逐渐成为人工智能语言的代表。它现在作为 Scheme 和 Common Lisp 仍然可用。Lisp 是在 FORTRAN 之后仅仅一年实现的。一个典型的 Lisp 表达式如下：

```
(defun sqrt-iter (guess x)
  (if (good-enough-p guess x)
      guess
      (sqrt-iter (improve guess x) x)))
```

这个表达式的作用是通过递归方式计算平方根。后来，专用的 Lisp 机器被建造出来。但是当通用处理器变得更快时，这些 Lisp 机器便又失去了人们的青睐。

麻省理工学院（MIT）提出利用分时技术来促进人工智能研究。McCarthy 教授创建了一个假想的计算机程序 Advice Taker。这是一个完整的 AI 系统，可以体现一般世界的信息。

它使用包括谓词演算在内的形式语言，例如它可以从简单的规则集中找出一条到机场的路线。被人们称作“人工智能之父”的 Marvin Minsky 在麻省理工学院开始从事“微型世界”的研究工作，使用简化模型促进对知识结构的理解和应用。在这些有限的领域中，人工智能可以很好地解决问题，如微积分中的闭合形式积分。Minsky 和 Seymour Papert 出版的《Perceptrons》一书是人工神经网络分析的基础。这本书促进了人工智能研究朝着符号处理的方向发展。该书指出，单个神经元不能实现例如异或这样的逻辑功能，但是书中错误地暗示多层网络也具有相同的问题。后来发现三层网络可以实现这样的逻辑功能。

提示　三层网络是解决大部分学习问题的最小解。

20 世纪 60 年代人工智能研究开始尝试解决更具挑战性的问题，此时人工智能技术的局限性日益凸显。第一代语言翻译程序给出的翻译结果无法保持一致。通过对大量可能性进行尝试（例如国际象棋）来解决问题的方法遇到了计算能力的限制。Paluszek 先生（本书作者之一）在选修麻省理工学院著名的人工智能课程“Patrick Winston's 6.034”时写了一篇论文，建议在国际象棋中使用模式识别技术以尽可能像人类棋手那样对棋盘模式进行可视化分析。但是事实证明，这并不是今天创造出国际象棋冠军电脑程序的方法。随着问题变得越来越复杂，这种方法就变得愈加不合适；并且随着问题复杂性的增加，可能性的数量迅速增长。多层神经网络发明于 20 世纪 60 年代，但直到 20 世纪 80 年代才真正开始被人们重视。

20 世纪 70 年代开始研究使用竞争性学习机制的自组织映射 [12]。神经网络研究的复苏发生在 20 世纪 80 年代。基于知识的人工智能系统也在同一时期被提出。根据 Jackson[14] 的定义：

“专家系统是一个计算机程序，利用某些特定主题的知识进行表达和推理，以解决问题或提供建议。”

这包括可以存储大量专业领域知识的专家系统，这些系统也可能在其处理过程中包含不确定性。专家系统应用于医疗诊断和其他问题中。与人工智能技术不同，专家系统能够处理具有真实复杂性的问题并获得很好的性能。专家系统还能够解释自己的推理过程，这个特征在其应用中至关重要。有时这些被统称为基于知识的系统，CLIPS 就是其中著名的开源专家系统。

神经网络的反向传播算法在 20 世纪 80 年代得到了重塑，导致了这个领域的新生。两方面的研究同步进行，一个是人类神经网络（即人类大脑），另一个是用于有效计算神经网络的算法的创建。这些努力最终诞生了机器学习应用中的深度学习网络。

随着开始基于严格的数学与统计分析技术来研究算法，人工智能在 20 世纪 80 年代取得了重大进展。隐藏马尔可夫模型是具有未观察（即隐藏）状态的模型。隐藏马尔可夫模型 HMM 应用于语音中；与海量数据库相结合，实现了具有高鲁棒性的语音识别技术。机器翻译也有所改进。作为今天已知的第一种机器学习形式，数据挖掘也开始得到发展。国际象棋程序最初还需要通过专用计算机（如 IBM 的深蓝）得到改善。随着计算能力的提高，超越大多数人类棋手的国际象棋程序已经完全可以在个人计算机上运行。

贝叶斯网络的形式化允许在推理问题中引入不确定性的应用。20 世纪 90 年代末引入"智能体"的概念，搜索引擎、网上机器人和网站内容聚合器等都是互联网上使用智能体的示例。图 A.2 给出了一个经过筛选的自主系统历史事件的时间图。

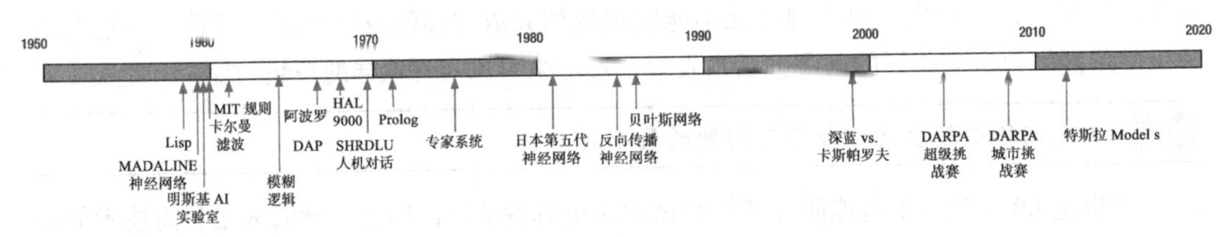

图 A.2 人工智能时间线

今天，人工智能的前沿应用包括自动驾驶汽车、语音识别、规划与调度、游戏、机器人和机器翻译。所有这些应用都是基于人工智能技术的，并且已经被广泛使用。你可以使用 Google Translate 将 PDF 文档翻译成任何语言。翻译结果虽然仍不完美，但已经足以满足许多用途。当然，可以确定的是人们不会用它来翻译文学作品！

人工智能的最新进展还包括 IBM 的 Watson。Watson 是一个问答计算系统，具有先进的自然语言处理和大规模数据库的信息检索的能力。2011 年 Watson 在问答竞赛节目 Jeopardy 中战胜了人类冠军选手，目前正应用于医疗领域。

A.3 学习控制

对自适应控制或智能控制的研究始于 20 世纪 50 年代 [1]，用来解决飞机控制的问题。当时的控制系统对于线性系统非常有效。飞行器动力学可以针对一个特定速度被线性化。例如，水平飞行中总速度的简单方程为

$$m\frac{\mathrm{d}v}{\mathrm{d}t}=T-\frac{1}{2}\rho C_D S v^2 \tag{A.1}$$

这说明质量 m 乘以速度的变化 $\frac{\mathrm{d}v}{\mathrm{d}t}$ 等于推力 T 减去阻力。C_D 是阻力系数，S 是受力面积（即导致阻力的面积）。推力用于控制。这是一个关于 v 的非线性方程式，因为存在平方项 v^2。我们可以将其关于速度 v_s 线性化，使得 $v=v_\rho+v_S$，并得到

$$m\frac{\mathrm{d}v_\delta}{\mathrm{d}t}=T-\rho C_D S v_s v_\delta \tag{A.2}$$

而这个方程式关于 v_δ 是线性的。我们可以用一个简单的推力控制法则来控制速度：

$$T=T_s-cv_\delta \tag{A.3}$$

其中，$T_s = \frac{1}{2}\rho C_D S v_s^2$，$c$ 是阻尼系数，ρ 是大气密度，是高度的非线性函数。为了使线性控制能够工作，控制必须是自适应的。如果我们想要保证阻尼值一定，就是下面等式括号中的量：

$$m\frac{\mathrm{d}v_\delta}{\mathrm{d}t} = -(c + \rho C_D S v_s)v_\delta \tag{A.4}$$

我们需要知道 ρ、C_D、S 和 v_s 等参数。进而就产生了增益调度控制系统，我们基于飞机在增益调度中的位置来测量飞行条件和调度线性增益。

20 世纪 60 年代，自适应控制技术取得了巨大进展。状态空间理论的发展使得多回路控制系统的设计变得更为简单，即控制系统使用不同的控制回路一次控制多个状态。通用空间控制器的方程式为

$$\dot{x} = Ax + Bu \tag{A.5}$$

$$y = Cx + Du \tag{A.6}$$

$$u = -Ky \tag{A.7}$$

其中 A、B、C 和 D 是矩阵，x 是状态，y 是测量值，u 是控制输入。状态是随时间变化的数量，该数量需要定义系统正在执行的操作。对于只能沿一个方向移动的点质量，位置和速度组成了两种状态。如果 A 能够完全建模系统并且 y 包含关于状态向量 x 的所有信息，则该系统是稳定的。全状态反馈将是 $y = -Kx$，其中 K 可以被计算以具有确定的相位和增益裕度（即对延迟的容忍度和对放大误差的容忍度）。这是控制理论的一大进步。在此之前，多回路系统必须单独设计，然后非常小心地把它们组合在一起。

学习控制和自适应控制可以基于共同的框架来实现，其中引入了卡尔曼滤波器，也称为线性二次估计。

航天器需要自主控制，因为它们经常超出地面联系范围或时间延迟太长，无法有效地进行地面监督。第一个数字自动驾驶仪出现在阿波罗号航天器上，于 1968 年首次在阿波罗 7 号上使用。Don Eyles[9] 给出了月球舱数字自动驾驶仪的历史。地球同步通信卫星是自动控制的，一个运营商可以同时控制数十个卫星。

系统辨识技术在确定系统参数（例如上文提到过的阻尼系数）方面取得了进步。自适应控制应用于实际问题中。自动驾驶仪也已经从相当简单的机械导向增强系统发展到可在计算机控制下起飞、巡航和降落的复杂控制系统。

20 世纪 70 年代完成了关于自适应控制的稳定性证明，并且很好地建立了线性控制系统的稳定性。但自适应系统本质上是非线性的，因而人们开始研究通用稳定控制器，并且在自适应控制的鲁棒性方面取得了进展。鲁棒性是系统处理假定已知参数变化的能力，参数变化有时可能是因为系统故障引发的。20 世纪 70 年代，数字控制变得越来越普遍，取代了由晶体管和运算放大器组成的传统模拟电路。

20世纪80年代开始出现商业化的自适应控制器。大多数的现代单回路控制器都具有某种形式的自适应能力。人们也发现自适应技术同样可用于调节控制器。

最近出现了一种人工智能与控制技术融合的趋势。人们提出了新的专家系统，根据环境来确定使用什么算法（而不仅仅是参数）。例如，在滑翔机的有翼重入期间，控制系统针对轨道使用一个系统，在高海拔处使用另一个系统，在高马赫数期间使用第三个系统（马赫是速度与音速之比），而第四个则在低马赫数和着陆期间使用。一架F3D Skynight于1957年8月12日使用了自动载机着陆系统。这是第一次着陆系统的船载试验，旨在自动降落在舰上。Naira Hovakimyan（伊利诺斯大学U-C）和Nahn Nguyen（NASA）是这一领域的先驱。在小规模F-18上展示了自适应控制，在大部分机翼丢失后控制和着陆飞机！

A.4 机器学习

机器学习是作为人工智能的分支发展起来的，但是其中的许多技术则是历史悠久。Thomas Bayes于1763年提出了贝叶斯定理，如下所示：

$$P(A_i \mid B)=\frac{P(B \mid A_i)P(A_i)}{\sum P(B \mid A_i)} \tag{A.8}$$

$$P(A_i \mid B)=\frac{P(B \mid A_i)P(A_i)}{P(B)}$$

这就是给定B时A_i的概率，其中假设$P(B) \neq 0$。贝叶斯定理中引入了证据对信念的影响。回归技术则是由Legendre于1805年和高斯于1809年先后提出。

如人工智能部分所述，现代机器学习开始于数据挖掘，就是从数据中获得新的理解、新的知识的过程。在人工智能发展早期，有相当多的工作是关于如何建立从数据中进行学习的机器。然而，这些研究逐渐失去了人们的青睐，并于20世纪90年代被重塑为机器学习领域，其目标是使用统计学解决模式识别的实际问题。这得益于大量可用的在线数据以及开发人员可用的计算能力的巨大提升。机器学习与统计学密切相关。

在20世纪90年代初，Vapnik和同事发明了一种计算能力强大的监督学习网络，称为支持向量机（SVM）。这些网络可以解决模式识别、回归和其他类型的机器学习问题。

机器学习越来越广泛的应用领域之一是自动驾驶。自动驾驶利用自主学习的各个方面，包括控制、人工智能和机器学习。计算机视觉技术使用在大多数系统中，因为摄像头成本低廉，并且能提供比雷达或声呐（这些也是有用的）更丰富的信息。没有经过真实场景中的学习是不可能建立起真正安全的自动驾驶系统的，因此，这些系统的设计者将他们的汽车放在道路上并收集用于系统微调的真实场景数据。

机器学习的其他应用还包括利用高速股票交易和算法来指导投资。这些都在迅速发展，并已经可以供消费者使用。数据挖掘和机器学习用于预测各种人类和自然事件。互联网上的用户搜索行为被用于追踪疾病爆发。如果有潜在的大量数据，而互联网又使得收集大量数据变得容易，那么你就可以确定机器学习技术将被应用于挖掘数据。

A.5 展望

今天自主学习的所有分支都在高速发展，许多技术已经被应用在实际场景中，甚至包括在低成本消费技术中的应用。几乎世界上每个汽车公司和许多非汽车行业公司都在努力完善自动驾驶技术。军事机构对人工智能与机器学习尤其感兴趣。例如，今天的作战飞机已经拥有智能控制系统，可以从飞行员手中接管飞机，以防止飞机撞向地面。

虽然完全自主的学习系统是许多领域的目标，但人和机器智能的相互融合也是一个活跃的研究领域。许多人工智能研究在探索人类大脑如何工作，这项工作将会使机器学习系统更加无缝地与人类进行融合。这对于涉及人类的自主控制是至关重要的，同时也能够增强人类自身的能力。

对机器学习来说，现在正是激动人心的时刻！我们希望本书能带领你进入机器学习的世界！

Appendix B 附录 B

机器学习软件

B.1 自主学习软件

机器学习软件有很多来源。实现机器学习算法的软件是机器学习技术中不可或缺的一环，这些软件帮助用户从数据中学习，进而帮助机器去学习和适应它们的环境。本书会介绍一些可以立即使用的软件工具，但是，这些软件并不是为工业应用而设计的。本章介绍可以用于 MATLAB 环境的软件，包括各种专业和开源版本的 MATLAB 软件。本书可能不会涵盖所有可用的软件包，因为总是不断会有新的软件工具包出现，而较旧的工具包则可能会变得过时。

为项目选择的软件包取决于目标和软件的专业水平。本章中的许多软件包都是研究工具，可用于设计、分析和改进各种类型的机器学习系统。但要将它们转变为可部署的生产质量系统，则需要为针对每个应用定制开发的软件进行编译、集成和测试。其他软件包，例如商业专家系统外壳程序，可以部署为你的应用程序。你可以寻找与部署环境最兼容的软件包。例如，如果你的目标是嵌入式系统，则需要使用与该开发环境最兼容的嵌入式处理器和软件包的开发工具。

本附录内容主要是介绍通常被称为“机器学习”的软件。它们提供统计功能以帮助我们洞察数据，用于“大数据”的分析环境中。书中还包括对自主学习系统其他分支工具箱的描述，例如系统辨识。系统辨识属于自动控制的一个分支，自动控制的目的是了解受控系统，允许更好和更精确地实施控制。

为了保证完整性，本章还包括一些与 MATLAB 兼容但需要额外步骤才能够在 MATLAB 内部使用的流行软件和工具，示例包括 R、Python 和 SNOPT。使用时都可以直接在软件包中使用 MATLAB 接口，并且将 MATLAB 用作前端对整个应用流程会非常有帮助。另外，用户还可以创建自己的集成工具箱，其中包含 MATLAB、Simulink 和你自己选择的机器学习软件包。

你会注意到本章也包括了优化软件。优化技术作为机器学习过程中的一个工具，用来找到最佳或者“优化”的参数集合。本书的决策树一章中用到了它。

如果我们的内容中没有包括你最喜欢的或者你自己开发的工具箱，请不要失望！我们提前道歉！

B.2 商业 MATLAB 软件

B.2.1 MathWorks 公司产品

MathWorks 公司销售很多机器学习工具箱产品，在我们的分类体系（见图 1.3）中它们属于机器学习分支。MathWorks 公司的产品提供用于数据分析的高质量算法以及用于可视化数据的图形工具。可视化工具是任何机器学习系统的关键部分。它们可以用于数据采集，例如用于图像识别或车辆自动控制系统的一部分，也可以用于开发期间的诊断与调试。所有这些软件包都可以相互集成并与其他 MATLAB 函数集成，以生成用于机器学习的强大系统。我们接下来将讨论的最适用的工具箱包括：

- 统计与机器学习工具箱
- 深度学习工具箱[⊖]
- 计算机视觉系统工具箱
- 系统辨识工具箱
- 模糊逻辑工具箱

B.2.1.1 统计与机器学习工具箱

统计与机器学习工具箱提供用于从大量数据中获取趋势和模式的数据分析方法。这些方法不需要用于分析数据的模型。工具箱函数可以大致分为分类工具、回归工具和聚类工具。

分类方法用于将数据区分为不同的类别。例如，图像形式的数据可用于将器官图像分类为是否具有肿瘤。分类学习通常应用于手写识别、信用评分和面部识别等问题中。分类方法包括支持向量机（SVM）、决策树和神经网络等。

回归方法允许你基于当前数据构建模型以预测未来的数据。在有新数据可用时可以持续更新回归模型。如果数据只使用一次来创建模型，那么属于批处理方法。在数据可用时合并新数据的回归方法属于递归方法。

聚类方法在数据中发现自然分组，目标识别是聚类方法的一个应用。例如，如果想识

⊖ 之前为“神经网络工具箱”。——译者注

别图像中的汽车，那么就去查找图像中属于汽车部分的关联数据。虽然汽车具有不同的形状和尺寸，但它们仍然有许多共同的特征。

工具箱具有许多功能来支持这些应用领域，也有许多功能可能并不完全适合。统计与机器学习工具箱是学习与 MATLAB 环境无缝集成的专业工具的一个很好的开始。

B.2.1.2 深度学习工具箱

MATLAB 神经网络工具箱是一个与 MATLAB 无缝集成的综合的神经网络工具。工具箱提供创建、训练和仿真神经网络的功能。工具箱包括卷积神经网络和深度学习网络。神经网络是计算密集型的，因为存在大量的节点和关联权重，尤其是在训练期间。如果你有另外一个 MATLAB 扩展工具——并行计算工具箱，神经网络工具箱就允许你在多核处理器和图形处理单元（GPU）上进行分布式计算。甚至你可以使用 MATLAB 分布式计算服务器 ™ 将其进一步扩展到计算机网络集群。与所有 MATLAB 产品一样，神经网络工具箱提供了丰富的图形和可视化功能，使得计算结果更加易于理解。

神经网络工具箱能够处理大型数据集，支持 GB 级或 TB 级的数据。这使得其能够满足工业级应用问题和复杂研究的要求。MATLAB 还提供丰富的教学视频、网络研讨和教程，包括完整的深度学习应用资源。

B.2.1.3 计算机视觉系统工具箱

MATLAB 计算机视觉系统工具箱提供了开发计算机视觉系统的功能。工具箱提供丰富的视频处理功能，也包括特征检测与提取功能。它还支持三维（3D）视觉，并可处理来自立体相机的输入信息。它还支持 3D 运动检测。如果你的输入来自相机，这是很有用的。

B.2.1.4 系统辨识工具箱

系统辨识工具箱提供 MATLAB 函数和 Simulink 模块用于构建系统的数学模型。你可以从输入／输出数据中识别传递函数，并对模型进行参数识别。工具箱同时支持线性与非线性的系统辨识。这可以用作控制系统的一部分。将系统划分为可以将方程式作为模型的部分和无法用方程建模的部分通常是有帮助的。你的系统可以使用系统识别工具箱获取前一部分的参数。

B.2.2 普林斯顿卫星系统产品

我们自己的一些商业软件包也提供了自主学习范围内的工具。

B.2.2.1 核心控制工具箱

核心控制工具箱提供了我们的航天器控制工具箱的控制和评估功能，包括机器人和化学处理等一般工业动态示例。卡尔曼滤波器例程软件套装包括常规滤波器、扩展卡尔曼滤波器和无迹卡尔曼滤波器，其中无迹滤波器采用快速 σ 点计算算法。所有的卡尔曼滤波器都使用具有单独的预测和更新函数的通用代码格式。这使两个步骤可以独立使用。滤波器可以处理多个能够动态更改的测量源，并且可以测量在不同的时间到达的结果。

附加组件包括图像处理和目标跟踪模块。图像处理模块包括透镜模型、图像处理、光线追踪和图像分析工具。

B.2.2.2　目标追踪

目标追踪模块使用轨道定向多假设检验，这是一种用于当目标数量未知或发生变化时，将测量分配至目标轨道的有效技术。它对于精确追踪多个目标是绝对必要的。

许多情况下，传感器系统必须追踪多个目标，例如在交通流量的高峰期，这将导致将测量与目标或轨道相关联的问题。这是任何追踪系统在实际应用中的关键功能。

轨道定向方法在接收到每次数据扫描之后将使用更新的轨道数据重新计算假设。不同于基于各次扫描信息对假设进行维持和扩展，轨道定向方法舍弃了在扫描 k–1 上形成的假设。经过剪枝的轨道将传播到下一个扫描 k，其中使用新的观察数据构造新的轨道，并重新形成假设。假设的形成步骤被形式化为混合整数线性规划（MILP）问题，并使用 GNU 线性规划工具（GLPK）求解。因为保留的轨迹评分中包含全部相关的统计数据，所以除了必须基于低概率将某些轨道删除之外，并没有发生信息丢失。

多假设检验模块使用一个强大的轨道剪枝算法在一次计算步骤中执行剪枝。由于其速度快，并不需要专门的剪枝方法以获得更健壮、更可靠的结果。因此，轨道管理软件非常简单。

核心控制工具箱包括卡尔曼滤波器、扩展卡尔曼滤波器和无迹卡尔曼滤波器，可以独立使用或作为 MHT 系统的一部分使用。无迹卡尔曼滤波器自动使用 σ 点，并且不需要对测量函数或测量模型的线性化版本进行求导。

基于马尔可夫跳变系统的交互式多模型（IMM）系统也可以用作 MHT 系统的一部分。IMM 使用多个动态模型以便于追踪机动目标，一个模型可以负责机动轨道，而另一个则负责匀速运动。测量值会被分配至所有模型。

B.3　MATLAB 开源资源

MATLAB 开源工具是实现机器学习最前沿技术的很好资源，例如机器学习和凸优化工具箱都是可用的开源工具箱。

B.3.1　深度学习工具箱

Rasmus Berg Palm 的深度学习工具箱是一个用于深度学习的 MATLAB 工具箱。它包括深度信念网络（DBN）、堆叠自动编码机（SAE）、卷积神经网络（CNN）和其他神经网络函数。这些工具可以通过 MathWorks File Exchange 获得。

B.3.2　深度神经网络

Masayuki Tanaka 在深度神经网络的研究中，将基于受限玻尔兹曼机堆叠而成的深度信念网络作为深度学习工具，具有监督学习和无监督学习两种方式。同样，这些工具可以通过 MathWorks File Exchange 获得。

B.3.3 MatConvNet

MatConvNet 实现了用于图像处理的卷积神经网络。它包括一系列已经预先训练好的卷积神经网络模型，可用于实现图像处理功能。

B.4 非 MATLAB 机器学习工具

有很多用于机器学习的开源和商业产品。这里我们介绍一些更受欢迎的开源工具，包括机器学习和凸优化工具箱。

B.4.1 R 语言

R 语言是用于统计计算的开源软件，可以在 MacOS、UNIX 和 Windows 系统中编译执行。它类似于贝尔实验室的 John Chambers 和其同事开发的 S 语言。R 语言包括许多统计功能和图形技术。

你可以使用 system 命令在 MATLAB 中以批处理模式使用 R，例如输入

```
system('R␣CMD␣BATCH␣inputfile␣outputfile');
```

将运行 inputfile 中的代码，返回结果存入 outputfile。然后你可以将 outputfile 读入 MATLAB 中。

B.4.2 scikit-learn

scikit-learn 是用 Python 语言编写的机器学习库，包括一系列机器学习工具：

1. 分类
2. 回归
3. 聚类
4. 维度约简
5. 模型选择
6. 预处理

scikit-learn 广泛应用于数据挖掘与数据分析领域。

MATLAB 支持 Python 语言的实现 CPython。Mac 和 Linux 系统已经预装了 Python，Windows 系统用户需要自行安装 Python 发行版。

B.4.3 LIBSVM

LIBSVM[6] 是一个用于实现 SVM 的开源库。它有大量的 SVM 工具集合，包括许多来自于 LIBSVM 用户的扩展。LIBSVM 工具包括分布式处理与多核扩展，作者是 P330.2 和

P330.3，你可以在 P330.4 找到它。

B.5 优化工具

优化工具通常是机器学习系统的一部分。优化器基于给定的一组对优化变量的约束条件实现代价的最小化，例如变量的最大值或最小值就是一种约束类型。约束和代价可以是线性或非线性的。

B.5.1 LOQO

LOQO[27] 是来自普林斯顿大学的一个解决平滑约束优化问题的系统。问题可以是线性的或非线性的、凸的或非凸的、约束的或非约束的。唯一真正的限制是定义问题的函数是平滑的（在由算法评估的点的位置）。如果问题是凸的，LOQO 能够找到一个全局最优解。否则，它会在给定起始点的附近寻找局部最优解。

一旦你将 LOQO 编译为 mex 文件，你必须给它一个初始估计和稀疏矩阵作为问题定义变量。你也可以传递函数句柄，为计算过程的每次迭代提供动画功能。

B.5.2 SNOPT

SNOPT[10] 是加州大学圣地亚哥分校用于解决大规模优化问题（包括线性和非线性）的软件包。它对于函数和梯度评估计算代价非常昂贵的非线性问题特别有效。函数需要是平滑的，但不必是凸的。SNOPT 的设计中利用了雅可比矩阵的稀疏性，有效地减小了所解决问题的大小。对于最佳控制问题，雅可比矩阵是非常稀疏的，因为矩阵中的行和列跨越大量的时间点，但只有相邻的时间点会有非零项。

SNOPT 利用非线性函数和梯度值。所获得的解将是局部最优（其可以是或不是全局最优）。如果某些梯度未知，它们将通过有限差分来估计。通过弹性边界有条不紊地处理不可行的问题。SNOPT 允许违反非线性约束并且使这种违反的总和最小化。如果只有一些变量是非线性的，或者主动约束的数量几乎等于变量的数量，则 SNOPT 在大型问题中的效率会得到提高。

B.5.3 GLPK

GLPK 用于解决各种线性规划问题。它是 GNU 项目的一部分（https://www.gnu.org/software/glpk/）。最著名的解决线性规划的公式为：

$$Ax = b \tag{B.1}$$

$$y = cx \tag{B.2}$$

希望找到 x 使得当其乘以 A 时等于 b。c 是成本向量，当其乘以 x 时给出了应用 x 的标量代

价。如果 x 与 b 的长度相同，则解是

$$x = A^{-1}b \tag{B.3}$$

否则，我们可以使用 GLPK 来求解使得 y 最小的 x。另外，GLPK 还可以解决那些 x 只能是一个整数或者甚至只是 0 或 1 的问题。

B.5.4 CVX

CVX[4] 是一个基于 MATLAB 的凸优化建模系统。CVX 将 MATLAB 转换为一种建模语言，允许使用标准 MATLAB 表达式语法指定约束和目标。

在其默认模式下，CVX 支持特殊的凸优化方法，我们称之为规范凸编程（Disciplined Convex Programming，DCP）。在这种方法下，凸函数和集合是，从它们的基本库开始，利用凸集分析的一小组规则构建的。使用这些规则表达的约束和目标将自动转换为规范形式并进行解决。CVX 可以和 SeDuMi 一起免费使用，或者从 CVX Research 获得商业使用许可。

B.5.5 SeDuMi

SeDuMi[25] 是用于优化二阶锥的 MATLAB 软件，目前由 Lehigh 大学负责开发。它可以处理二次约束。SeDuMi 用于 Acikmese[1] 中。SeDuMi 是 Self-Dual Minimization 的简写，实现了在自对偶同质锥体中的自对偶嵌入式技术。这使得某些优化问题可以在一次迭代中得到解决。SeDuMi 可以作为 YALMIP 的一部分来使用，也可以作为独立软件包提供。

B.5.6 YALMIP

YALMIP 是由 Johan Lofberg 开发的免费 MATLAB 软件，为其他优化工具提供了一个易于使用的界面。它能够解释约束条件并且基于约束来选择优化工具，其中，SeDuMi 和 MATLAB 优化工具箱中的 fmincon 都是可用的工具。

B.6 专家系统软件

市面上有数十个（即使没有数百个）专家系统。对于 MATLAB 用户，最有用的封装是可以使用 C 或 C++ 代码的封装。使用 `.mex` 文件在 C 中编写接口很简单。CLIPS 是一个专家系统 https:http://www.clipsrules.net/?q=AboutCLIPS，代表 C 语言集成产品系统的意思。它是用于创建专家系统的规则语言，允许用户轻松实现启发式解决方案，已被用于许多应用，包括：

- 用于航天飞机飞行控制器的智能训练系统
- 人工智能在航天飞机任务控制中的应用
- PI-in-a-Box：基于知识的空间科学实验系统
- DRAIR 顾问系统：基于知识的物资系统缺陷分析

- 多任务 VICAR 规划器：科学数据的图像处理
- IMPACT：网络事件关联应用程序的开发和部署经验
- NASA 人员安全处理专家系统
- 用于非破坏性废弃物分析的专家系统技术
- 基于混合知识的系统，用于自动分类来自超声波导轨检查的 B 扫描图像
- 用于识别面部动作及其强度的专家系统
- 开发基于混合知识的配电系统运行多目标优化系统

CLIPS 目前由 Gary Riley 维护，他编写了《专家系统：原理与编程》一书，现已发行第 4 版。在下一节中，我们将学习 .mex 文件以将 MATLAB 与 CLIPS 和其他软件连接。

B.7 MATLAB MEX 文件

B.7.1 问题

CLIPS 需要连接到 MATLAB 之中。

B.7.2 方法

创建一个 .mex 文件接口来互联 MATLAB 和 CLIPS。

B.7.3 步骤

下面的 MEXTest.c 文件封装了 MEX 接口，由于篇幅关系，忽略了具体的实现细节。

```
//
//  MEXTest.c
//

#include "MEXTest.h"
#include "mex.h"

void mexFunction( int nlhs, mxArray *plhs[], int nrhs, const mxArray
   *prhs[] )
{
    // Check the arguments
    if( nrhs != 2 )
    {
        mexErrMsgTxt("Two inputs required.");
    }
    if( nlhs != 1 )
    {
        mexErrMsgTxt("One output required.");
    }
 }
```

以及头文件 MEXTest.h：

```
//
//  MEXTest.h
//

#ifndef MEXTest_h
#define MEXTest_h

#include <stdio.h>

#endif /* MEXTest_h */
```

你可以用任意的文本编辑器自行编辑这些文件，然后在 MATLAB 命令行中运行：

```
>> mex MEXTest.c
Building with 'Xcode␣Clang++'.
MEX completed successfully.
```

mex 所做的只是调用开发系统的编译器和链接器而已。“XCode”是 MacOS 开发环境。“Clang”是一个 C/C++ 编译器。你最终得到文件 MEXTest .mexmaci64，如果你使用的是 MacOS。但是，在命令窗口中键入 help MEXTest 不会返回任何内容。如果需要帮助，请添加文件 MEXTest.m，例如：

```
function CLIPS
%% Help for the CLIPS.cpp file
```

如果你尝试运行函数，你将会得到：

```
>> MEXTest
Error using MEXTest
Two inputs required.
```

CLIPS 的 .mex 不怎么复杂。它读入一段规则文件，接着把输入送入到规则中以判断哪个规则被调用。规则文件名叫 Rules.CLP，比如：

```
(defrule troubleshoot-car
  (wheel-turning no) (power yes) (torque-command yes)
  =>
  (cbkFunction))
```

defrule 定义了一条规则。cbkFunction 是回调函数，如果规则 troubleshoot-car 为真，该函数被调用，这个过程称为触发。你可以使用任何文本编辑器编写规则文件。要运行 .mex 文件，你需要输入：

```
>> mex CLIPS.c -lCLIPS
Building with 'Xcode␣Clang++'.
MEX completed successfully.
```

-lCLIPS 加载动态库 libCLIPS.dylib。这个动态库是使用 MacOS 上的 XCode 从 CLIPS 源代码构建的，这是一组 C 文件。现在你已准备好运行该功能。在命令窗口中键入事实：

```
>> facts = '(wheel-turning␣no)␣(power␣yes)␣(torque-command␣yes)'

facts =
    '(wheel-turning␣no)␣(power␣yes)␣(torque-command␣yes)'
```

如果想要运行该函数，调用 CLIPS 函数，把 facts 作为输入：

```
>> CLIPS(facts)

ans =
    'Wheel␣failed'
```

现在可以看到它是如何运转的了。改变第一条事实为“yes”。

```
>> facts =  '(wheel-turning␣yes)␣(power␣yes)␣(torque-command␣yes)';
>> CLIPS(facts)

ans =
    'Wheel␣working'
```

你可以使用此功能通过制定更精细的规则库来创建任意的专家系统。

参考文献

[1] Behcet Açikmese and Scott R. Ploen. Convex Programming Approach to Powered Descent Guidance for Mars Landing. *Journal of Guidance, Control, and Dynamics*, 30(5):1353–1366, 2007.

[2] K. J. Åström and B. Wittenmark. *Adaptive Control, Second Edition.* Addison-Wesley, 1995.

[3] S.S. Blackman and R.F. Popoli. *Design and Analysis of Modern Tracking Systems.* Artech House, 1999.

[4] S. Boyd. CVX: Matlab Software for Disciplined Convex Programming. http://cvxr.com/cvx/, 2015.

[5] A. E. Bryson Jr. *Control of Spacecraft and Aircraft.* Princeton, 1994.

[6] Chih-Chung Chang and Chih-Jen Lin. LIBSVM – A Library for Support Vector Machines. https://www.csie.ntu.edu.tw/~cjlin/libsvm/, 2015.

[7] Ka Cheok et al. Fuzzy Logic-Based Smart Automatic Windshield Wiper. *IEEE Control Systems*, December 1996.

[8] Corinna Cortes and Vladimir Vapnik. Support-Vector Networks. *Machine Learning*, 20:273–297, 1995.

[9] Don Eyles. *Sunburst and Luminary: An Apollo Memoir.* Fort Point Press, 2018.

[10] Philip Gill, Walter Murray, and Michael Saunders. SNOPT 6.0 Description. http://www.sbsi-sol-optimize.com/asp/sol_products_snopt_desc.htm, 2013.

[11] J. Grus. *Data Science from Scratch.* O'Reilly, 2015.

[12] S. Haykin. *Neural Networks.* Prentice-Hall, 1999.

[13] Matthijs Hollemans. Convolutional Neural Networks on the iPhone with VGGNet. http://matthijshollemans.com/2016/08/30/vggnet-convolutional-neural-network-iphone/, 2016.

[14] P. Jackson. *Introduction to Expert Systems, Third Edition.* Addison-Wesley, 1999.

[15] Byoung S. Kim and Anthony J. Calise. Nonlinear Flight Control Using Neural Networks. *Journal of Guidance, Control, and Dynamics*, 20(1):26–33, 1997.

[16] J. B. Mueller. *Design and Analysis of Optimal Ascent Trajectories for Stratospheric Air-*

ships. PhD thesis, University of Minnesota, 2013.

[17] J. B. Mueller and G. J. Balas. Implementation and Testing of LPV Controllers for the F/A-18 System Research Aircraft. In *Proceedings*, number AIAA-2000- 4446. AIAA, August 2000.

[18] Andrew Ng, Jiquan Ngiam, Chuan Yu Foo, Yifan Mai, Caroline Suen, Adam Coates, Andrew Maas, Awni Hannun, Brody Huval, Tao Wang, and Sameep Tandon. UFDL Tutorial. http://ufldl.stanford.edu/tutorial/, 2016.

[19] Nils J. Nilsson. *Artificial Intelligence: A New Synthesis*. Morgran Kaufmann Publishers, 1998.

[20] Sebastian Raschka. *Python Machine Learning*. [PACKT], 2015.

[21] D. B. Reid. An Algorithm for Tracking Multiple Targets. *IEEE Transactions on Automatic Control*, AC=24(6):843–854, December 1979.

[22] S. Russell and P. Norvig. *Artificial Intelligence: A Modern Approach, Third Edition*. Prentice-Hall, 2010.

[23] S. Sarkka. Lecture 3: Bayesian Optimal Filtering Equations and the Kalman Filter. Technical Report, Department of Biomedical Engineering and Computational Science, Aalto University School of Science, February 2011.

[24] L. D. Stone, C. A. Barlow, and T. L. Corwin. *Bayesian Multiple Target Tracking*. Artech House, 1999.

[25] Jos F. Sturm. Using SeDuMi 1.02, a MATLAB Toolbox for Optimization Over Symmetric Cones. http://sedumi.ie.lehigh.edu/wp-content/sedumi-downloads/usrguide.ps, 1998.

[26] K Terano, Asai T., and M. Sugeno. *Fuzzy Systems Theory and Its Applications*. Academic Press, 1992.

[27] R. J. Vanderbei. LOQO USERS MANUAL VERSION 4.05. http://www.princeton.edu/~rvdb/tex/loqo/loqo405.pdf, September 2013.

[28] M. C. VanDyke, J. L. Schwartz, and C. D. Hall. Unscented Kalman Filtering for Spacecraft Attitude State and Parameter Estimation. *Advances in Astronautical Sciences*, 2005.

[29] Matthew G. Villella. *Nonlinear Modeling and Control of Automobiles with Dynamic Wheel-Road Friction and Wheel Torque Inputs*. PhD thesis, Georgia Institute of Technology, April 2004.

[30] Peggy S. Williams-Hayes. Flight Test Implementation of a Second Generation Intelligent Flight Control System. Technical Report NASA/TM-2005-213669, NASA Dryden Flight Research Center, November 2005.

中英文术语对照表

Adaptive control	自适应控制
Artificial intelligence (AI)	人工智能
Autonomous driving	自动驾驶
Autonomous learning	自主学习
Bayesian network	贝叶斯网络
Binary decision tree	二叉决策树
Case-based expert system	基于案例的专家系统
Cell array	元胞数组
Classification tree	分类树
Computer Vision System Toolbox	计算机视觉系统工具箱
Cybernetics	控制论
Damped oscillator	阻尼振荡器
Data mining	数据挖掘
Decision tree	决策树
Deep learning	深度学习
Deep Neural Network	深度神经网络
Euler integration	欧拉积分
Extended Kalman Filter (EKF)	扩展卡尔曼滤波器
Fast Fourier Transform (FFT)	快速傅里叶变换
Frequency spectrum	频谱
Fuzzy logic	模糊逻辑
Gaussian membership function	高斯隶属函数
General bell function	通用钟形函数
Graphical user interface (GUI)	图形用户界面
Hidden Markov Model (HMM)	隐藏马尔可夫模型
Kalman filter	卡尔曼滤波器
Kernel function	核函数
Linear Kalman Filter	线性卡尔曼滤波器
Linear regression	线性回归
Log-likelihood ratio	log 似然率

Longitudinal control	纵向控制
Machine learning	机器学习
Membership function	隶属函数
Model Reference Adaptive Control (MRAC)	模型参考自适应控制
Monte Carlo methods	蒙特卡罗方法
Multi-layer feed-forward (MLFF)	多层前馈
Multiple hypothesis testing (MHT)	多重假设检验
Neural network/net	神经网络
Neural Network Toolbox	神经网络工具箱
Nonlinear simulation	非线性仿真
Online learning	在线学习
Parallel Computing Toolbox	并行计算工具箱
Pattern recognition	模式识别
Perceptron	感知器
Recursive learning algorithm	递归学习算法
Regression	回归
Root mean square error (RMSE)	均方根误差
Rule-based expert system	基于规则的专家系统
RungeKutta	荣格库塔法
Second-order system	二阶系统
Semi-supervised learning	半监督学习
Sigmoidal membership function	S 形隶属函数
Sigmoid function	S 形函数
Statistics and Machine Learning Toolbox,	统计与机器学习工具箱
Supervised learning	监督学习
Support vector machine (SVM)	支持向量机
System Identification Toolbox	系统辨识工具箱
Target Tracking	目标追踪
Triangular membership function	三角隶属函数
Unscented Kalman Filter (UKF)	无迹卡尔曼滤波
Unsupervised learning	无监督学习

推荐阅读

机器学习：使用OpenCV和Python进行智能图像处理

作者：Michael Beyeler ISBN：978-7-111-61151-6 定价：69.00元

OpenCV 3和Qt5计算机视觉应用开发

作者：Amin Ahmaditazehkandi ISBN：978-7-111-61470-8 定价：89.00元

计算机视觉算法：基于OpenCV的计算机应用开发

作者：Amin Ahmadi 等 ISBN：978-7-111-62315-1 定价：69.00元

Java图像处理：基于OpenCV与JVM

作者：Nicolas Modrzyk ISBN：978-7-111-62388-5 定价：99.00元

推荐阅读

Python机器学习实践：测试驱动的开发方法

作者：Matthew Kirk ISBN：978-7-111-58166-6 定价：59.00元

文本挖掘：基于R语言的整洁工具

作者：Julia Silge , David Robinson ISBN：978-7-111-58855-9 定价：59.00元

TensorFlow学习指南：深度学习系统构建详解

作者：Tom Hope, Yehezkel S. Resheff, Itay Lieder ISBN：978-7-111-60072-5 定价：69.00元

算法技术手册（原书第2版）

作者：George T. Heineman等 ISBN：978-7-111-56222-1 定价：89.00元